科学出版社“十四五”普通高等教育本科规划教材

机器学习与边缘人工智能实验

胡永明　黄　浩　李　玮　编著

科学出版社

北　京

内 容 简 介

本书共 14 章，涵盖了深度学习中的大部分学习网络方法。第 1～2 章介绍开发环境软件安装和深度学习相关的软件包，第 3～4 章是鸢尾花多分类全连接神经网络识别案例与实现，第 5～6 章是 MINIST 手写数字识别案例，第 7 章是 Fashion MNIST 服装识别案例，可以加深对卷积神经网络的认识，第 8 章介绍 CIFAR-10 数据集彩色图片识别案例，第 9 章介绍循环卷积神经网络并通过字母预测实现，第 10 章是 Embedding 编码下通过 4 个字母预测下一个字母的案例，第 11 章是股票预测案例，第 12 章是基于 OpenCV 和 Keras 的人脸识别案例，第 13 章是基于 Yolov3_tiny AI 小车的目标检测案例，第 14 章是 AI 智能小车的斑马线识别案例。

本书内容通俗易懂，操作性强，适合作为人工智能、计算机、软件工程、电子科学与技术、自动化等专业本科生的实践操作与训练教材，对于初学人工智能的研究生也具有一定的参考价值。

图书在版编目（CIP）数据

机器学习与边缘人工智能实验 / 胡永明，黄浩，李玮编著. —北京：科学出版社，2022.4

科学出版社“十四五”普通高等教育本科规划教材

ISBN 978-7-03-072042-9

Ⅰ. ①机… Ⅱ. ①胡… ②黄… ③李… Ⅲ. ①机器学习－实验－高等学校－教材 ②人工智能－实验－高等学校－教材 Ⅳ. ①TP18-33

中国版本图书馆 CIP 数据核字（2022）第 057762 号

责任编辑：吉正霞 曾 莉 / 责任校对：高 嵘
责任印制：赵 博 / 封面设计：无极书装

科 学 出 版 社 出版
北京东黄城根北街 16 号
邮政编码：100717
http://www.sciencep.com
固安县铭成印刷有限公司 印刷
科学出版社发行 各地新华书店经销
*
2022 年 4 月第 一 版 开本：787×1092 1/16
2024 年 1 月第二次印刷 印张：15 1/2
字数：394 000

定价：65.00 元

（如有印装质量问题，我社负责调换）

前　言

本书通过一系列的实验内容，循序渐进地培养学生掌握人工智能的基础理论和基本方法，最终使学生具备运用人工智能的基本模型、原理和方法，设计有效的技术解决方案，并提高学生从事相关应用研究与开发的能力。本书以实际操作内容为主，适合于具有数学和计算机基础的大学三年级及以上本科生和研究生，以及有一定知识积累和工作经验并对人工智能行业应用感兴趣的人士。

本书是作者总结多年的科研和教学经验，为适应当前人工智能快速发展对高等学校人才培养的迫切需求而编写的实验教材。全书共 14 章，第 1 章讲解开发环境软件安装并搭建深度学习平台；第 2 章介绍 TensorFlow、OpenCV 等开发包及其他依赖库的安装；第 3～14 章介绍 12 个独立的实验案例，包括图像分类、图像识别、自然语言理解、目标检测等。每个实验案例均涵盖“数据、算法、算力”人工智能三要素中的数据和算法两部分，详细描述人工智能的实验过程。每个章节均采用大量的图片和操作实例来引导与展示整个实验过程，尽量做到详尽地描述。本书部分彩图可扫二维码呈现。

目前，人工智能技术日新月异，涉及人工智能的行业蓬勃发展。本书在内容上尽可能地涵盖典型的人工智能应用的相关技术领域。然而，作为入门级的人工智能实验教材，要综合考虑学校的授课时间安排，许多最新的前沿案例材料未能被编入。因篇幅所限，本书的案例内容有些不够全面，更深入的信息尚待读者在更进一步的学习中进行探索。

人工智能与传统行业、新兴行业深度融合，将其创新成果深度融合于经济、社会的各个领域，提升了全社会的创新力和生产力。本书由湖北大学胡永明组织撰写并统稿。具体写作分工为：湖北大学黄浩编写第 1～4 章；武汉易思达科技有限公司李玮编写第 6～8 章；其余章节由胡永明编写。

人工智能是一个涉及多个学科的交叉学科，由于编者的知识积累有限，书中难免存在疏漏与不足，诚望读者批评指正。

作　者

2021 年 7 月

目　　录

第 1 章　开发环境软件安装

（一）实验目的

（1）配置机器学习环境，成功实现在 Windows 系统下运行机器学习项目。
（2）掌握机器学习环境配置的相关软件，熟练配置机器学习运行平台。
（3）掌握 Anaconda 软件配置相关运行环境。
（4）掌握 Windows 平台下不同环境的搭建方法。

（二）实验内容

（1）安装 Anaconda，并使用 Anaconda 配置相关运行平台。
（2）查找相关资料，根据硬件基础匹配相应软件的版本。
（3）完成 CUDA、cuDNN、Anaconda、PyCharm 的安装。

（三）实验设备

（1）PC 机 1 台。

（四）软件环境匹配

在搭建 Windows 机器学习运行平台的过程中，对于安装软件的版本是有严格要求的，官方根据不同的硬件环境给出了主要软件版本的对应表，如表 1.1 所示。其中 Windows 系统主要以 Windows 10 为主。

表 1.1　TensorFlow、cuDNN、CUDA 对应表

TensorFlow	Python	编译器	编译工具	cuDNN	CUDA
TensorFlow_GPU 2.0.0	2.7、3.3～3.6	GCC 4.8	Bazel 0.19.2	7.4.1 以上	10.0
TensorFlow_GPU 1.13.0	2.7、3.3～3.6	GCC 4.8	Bazel 0.19.2	7.4	10.0
TensorFlow_GPU 1.12.0	2.7、3.3～3.6	GCC 4.8	Bazel 0.15.0	7.0	9.0
TensorFlow_GPU 1.11.0	2.7、3.3～3.6	GCC 4.8	Bazel 0.15.0	7.0	9.0
TensorFlow_GPU 1.10.0	2.7、3.3～3.6	GCC 4.8	Bazel 0.15.0	7.0	9.0
TensorFlow_GPU 1.9.0	2.7、3.3～3.6	GCC 4.8	Bazel 0.11.0	7.0	9.0
TensorFlow_GPU 1.8.0	2.7、3.3～3.6	GCC 4.8	Bazel 0.10.0	7.0	9.0
TensorFlow_GPU 1.7.0	2.7、3.3～3.6	GCC 4.8	Bazel 0.9.0	7.0	9.0
TensorFlow_GPU 1.6.0	2.7、3.3～3.6	GCC 4.8	Bazel 0.9.0	7.0	9.0
TensorFlow_GPU 1.5.0	2.7、3.3～3.6	GCC 4.8	Bazel 0.8.0	7.0	9.0
TensorFlow_GPU 1.4.0	2.7、3.3～3.6	GCC 4.8	Bazel 0.5.4	6.0	8.0
TensorFlow_GPU 1.3.0	2.7、3.3～3.6	GCC 4.8	Bazel 0.4.5	6.0	8.0
TensorFlow_GPU 1.2.0	2.7、3.3～3.6	GCC 4.8	Bazel 0.4.5	5.1	8.0
TensorFlow_GPU 1.1.0	2.7、3.3～3.6	GCC 4.8	Bazel 0.4.2	5.1	8.0
TensorFlow_GPU 1.0.0	2.7、3.3～3.6	GCC 4.8	Bazel 0.4.2	5.1	8.0

因此，在搭建软件运行环境前，需要先了解 PC 机安装的 CUDA 驱动版本，并据此安装相应的运行平台。

查询 CUDA 驱动版本的主要步骤如下。

（1）点击鼠标右键，打开“NVIDIA 控制面板”。点击“系统信息”，如图 1.1 所示。

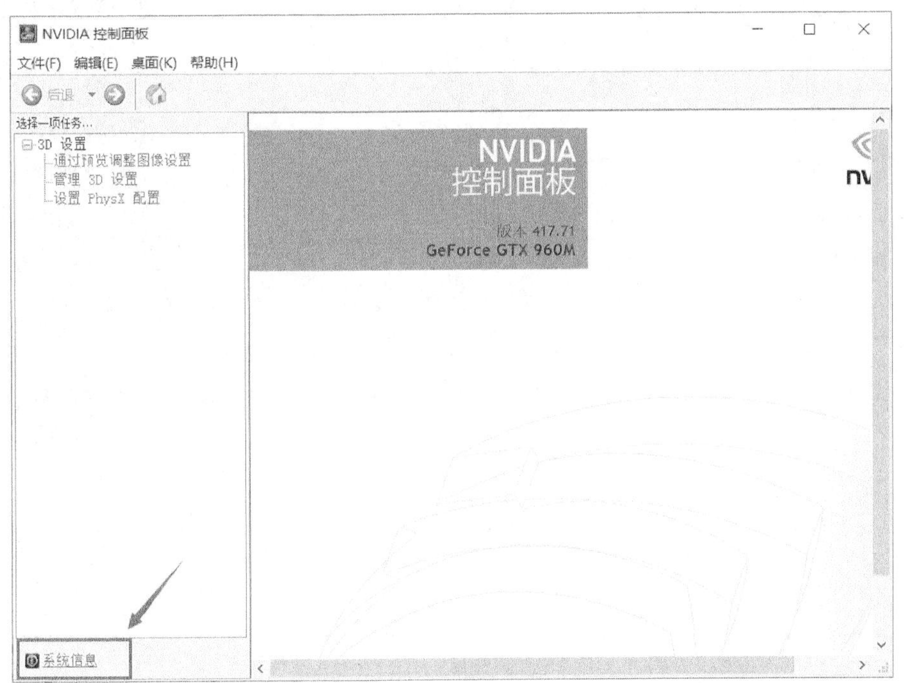

图 1.1　NVIDIA 控制面板

（2）打开“系统信息”界面后，点击“组件”，就可以找到 NVIDIA 的驱动版本，如图 1.2 所示。

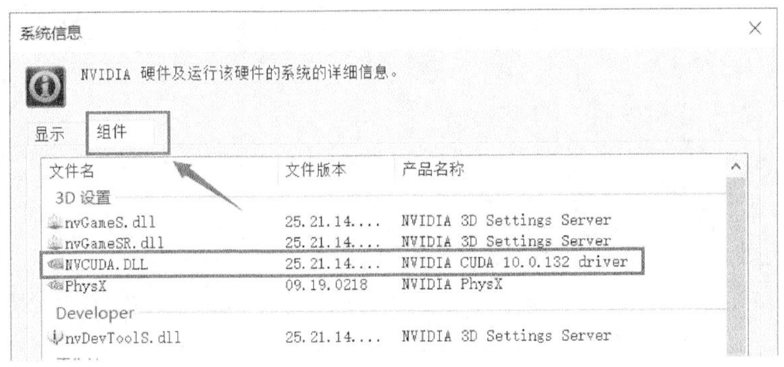

图 1.2　NVIDIA 驱动版本

需要注意的是，驱动版本是可以升级的。如有需要，可以前往官网下载更新驱动版本，但不建议随意升级 NVIDIA 驱动。NVIDIA 驱动官方下载地址：

https://www.nvidia.cn/geforce/drivers/

NVIDIA 的驱动版本与 CUDA 和系统对应表如表 1.2 所示，可以根据需要安装 CUDA，下载对应的 NVIDIA 驱动。

表 1.2　NVIDIA 的驱动版本与 CUDA 和系统对应表

CUDA 工具包	Linux x86_64 驱动版本	Windows x86_x64 驱动版本
11.0.3	450.51.06 以上	451.82 以上
11.0.2	450.51.05 以上	451.48 以上
11.0.1	450.36.06 以上	451.22 以上
10.2	440.33 以上	441.22 以上
10.1update 2	418.39 以上	418.96 以上
10.1update 1	410.48 以上	411.31 以上
10.0	396.37 以上	398.26 以上
9.2	396.26 以上	397.44 以上
9.1	390.46 以上	391.29 以上
9.0	384.81 以上	385.54 以上
8.0GA2	375.26 以上	376.51 以上
8.0GA1	367.48 以上	369.30 以上
7.5	352.31 以上	353.66 以上
7.0	346.46 以上	347.62 以上

（五）实验步骤

1. 安装 CUDA

根据系统驱动版本选择安装 CUDA 10.0。CUDA 10.0 官方下载地址：

https://developer.nvidia.com/CUDA-10.0-download-archive?target_os=Windows&target_arch=x86_64&target_version=10

（1）选择 CUDA 安装路径，如图 1.3 所示。

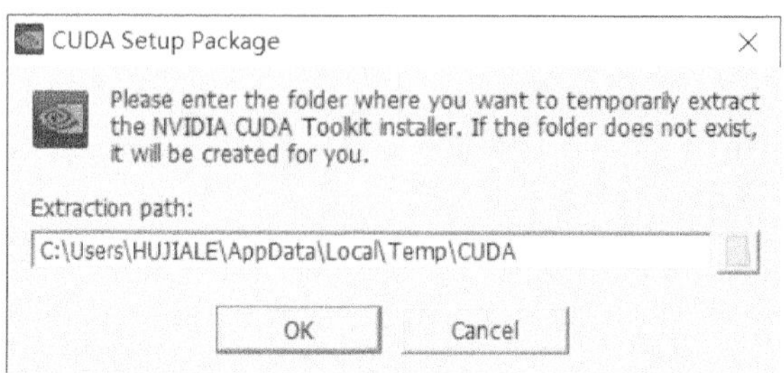

图 1.3　选择 CUDA 安装路径

（2）NVIDIA 安装程序软件许可协议界面如图 1.4 所示，点击“同意并继续”。

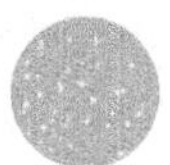

图 1.4　NVIDIA 安装程序软件许可协议

（3）选择“自定义（C）（高级）”，如图 1.5 所示。

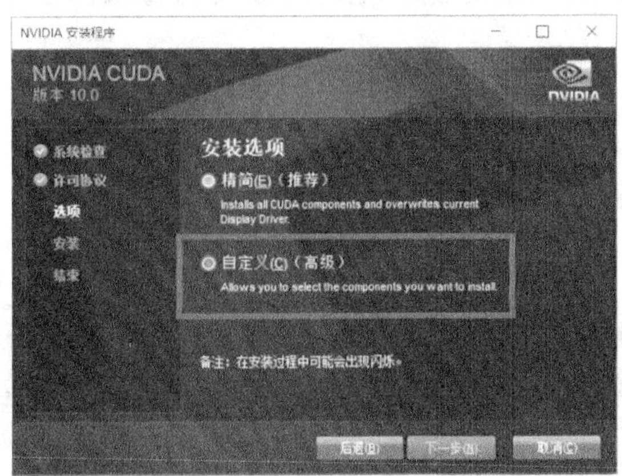

图 1.5　NVIDIA 安装程序安装选项

（4）根据需要安装对应组件，通常驱动会自带“NVIDIA GeForce Experience”，但新升级的驱动可能没有，可以勾选进行安装，如图 1.6 所示。之后正常安装即可。

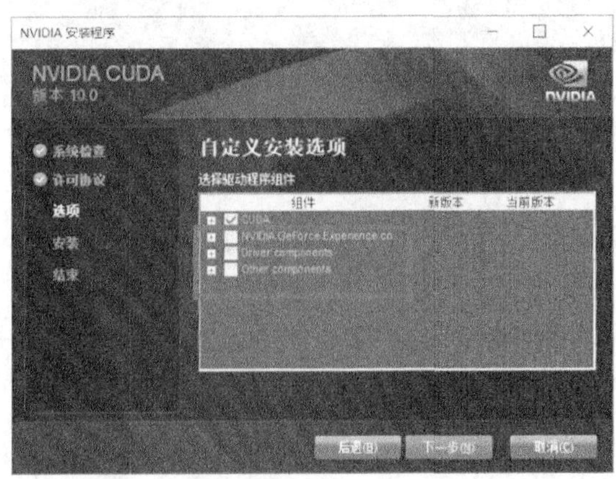

图 1.6　NVIDIA 安装程序自定义安装选项

（5）需要注意的是，如果电脑之前安装过 Visual Studio，可能会造成安装失败，如图 1.7 所示。

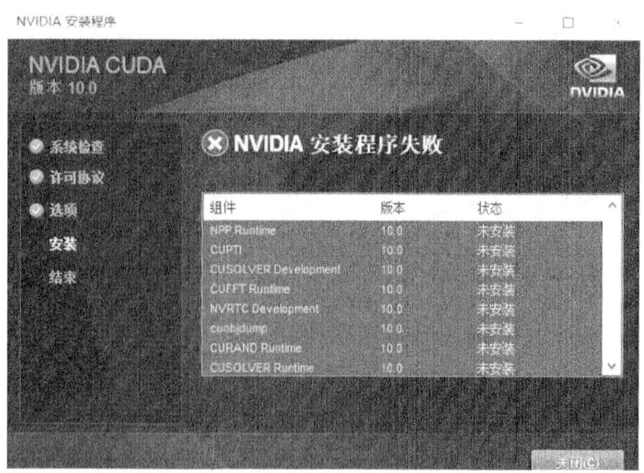

图 1.7　NVIDIA 安装程序失败

此时，将“Visual Studio Integration”前面的勾选去掉，即去掉这个组件选项，就可以正常安装了，如图 1.8 所示。因为实验主要通过 PyCharm 完成，所以并不会有影响。

图 1.8　去掉“Visual Studio Integration”选项

（6）安装成功后，关闭安装进程。打开 C 盘，进入目录：

C:\Program Files\NVIDIA GPU Computing Toolkit\CUDA\v10.0\bin

如果能在目录中成功找到 nvcc.exe 文件，说明安装成功，如图 1.9 所示。

2. 安装 cuDNN

cuDNN 官方下载地址：

https://developer.nvidia.com/rdp/cuDNN-download

« NVIDIA GPU Computing Toolkit › CUDA › v10.0 › bin 搜索"bin"

名称	修改日期	类型	大小
nppial64_100.dll	2018/8/26 12:33	应用程序扩展	8,981 KB
nppicc64_100.dll	2018/8/26 12:33	应用程序扩展	3,477 KB
nppicom64_100.dll	2018/8/26 12:33	应用程序扩展	937 KB
nppidei64_100.dll	2018/8/26 12:33	应用程序扩展	6,282 KB
nppif64_100.dll	2018/8/26 12:33	应用程序扩展	44,796 KB
nppig64_100.dll	2018/8/26 12:33	应用程序扩展	23,126 KB
nppim64_100.dll	2018/8/26 12:33	应用程序扩展	5,630 KB
nppist64_100.dll	2018/8/26 12:33	应用程序扩展	15,545 KB
nppisu64_100.dll	2018/8/26 12:33	应用程序扩展	186 KB
nppitc64_100.dll	2018/8/26 12:33	应用程序扩展	2,395 KB
npps64_100.dll	2018/8/26 12:33	应用程序扩展	7,610 KB
nvblas64_100.dll	2018/8/26 12:33	应用程序扩展	246 KB
nvcc.exe	2018/8/26 12:31	应用程序	373 KB
nvcc.profile	2018/8/26 12:31	PROFILE 文件	1 KB
nvdisasm.exe	2018/8/26 12:31	应用程序	22,380 KB
nvgraph64_100.dll	2018/8/26 12:33	应用程序扩展	68,933 KB
nvlink.exe	2018/8/26 12:31	应用程序	8,869 KB

图 1.9 验证 CUDA 是否安装成功

由表 1.1 可知，与 CUDA 10.0 对应的是 cudnn 7.4，下载时需要特别注意下载安装的系统和版本。下载之后，将文件解压，解压后主要有三个文件夹，即 bin、include、lib。将解压后的文件全部移至 C:\Program Files\NVIDIA GPU Computing Toolkit\CUDA\v10.0 目录下，与原有的 bin、lib、include 文件夹合并。

（1）解压文件夹，并将文件夹打开，进入 CUDA 目录。解压后的文件夹如图 1.10 所示。

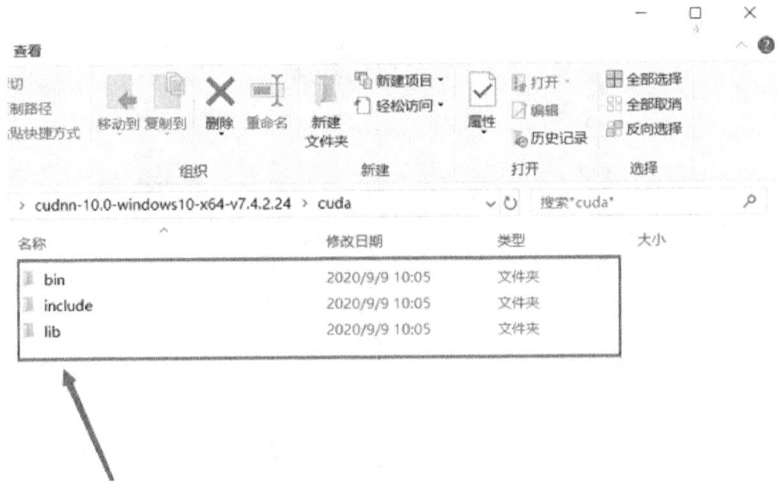

图 1.10 解压后的文件夹

（2）剪切这三个文件夹，将其粘贴至 C:\Program Files\NVIDIA GPU Computing Toolkit\CUDA\v10.0 目录下，与之前的文件夹合并，如图 1.11 所示。如果合并失败，可以手动将文件一一拖进去。

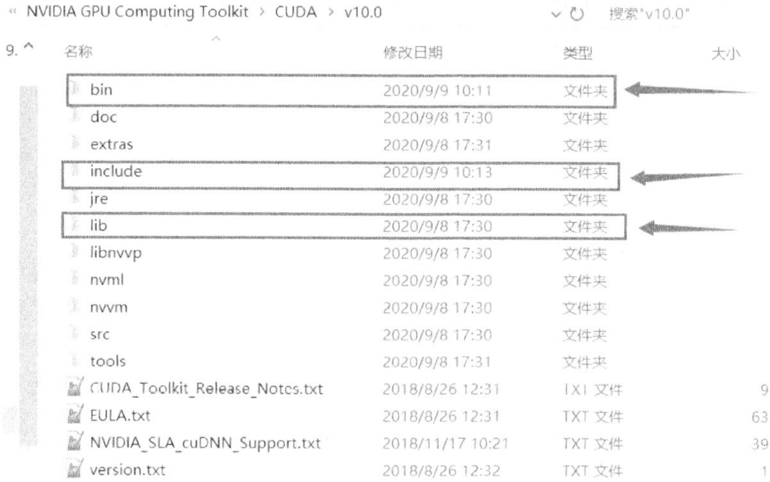

图 1.11　合并文件夹

3. 安装 Anaconda

Anaconda 官方下载地址：

https://repo.anaconda.com/archive/Anaconda3-2020.07-Windows-x86_64.exe

（1）找到并下载 Windows 64 位版本，成功下载后，打开安装包，可以看到如图 1.12 所示界面，点击“Next”进入下一步。

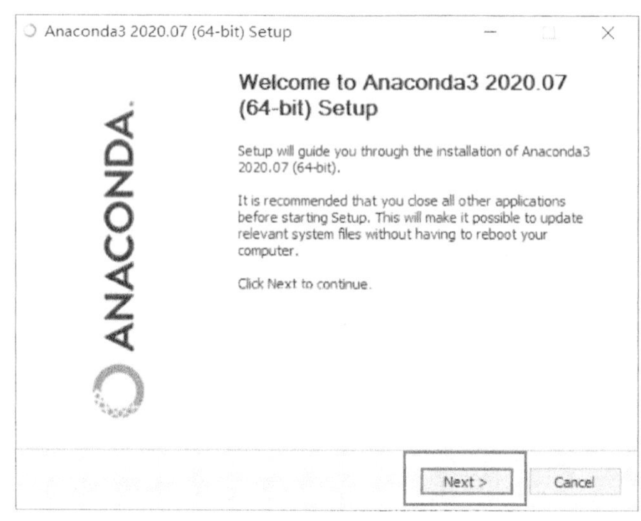

图 1.12　安装 Anaconda

（2）点击“I Agree”，如图 1.13 所示。

（3）选择“All Users”给予权限，点击“Next”进入下一步，如图 1.14 所示。

（4）根据需要更改安装地址，记住更改后的位置，之后配置环境变量还会用到。完成后点击“Next”进入下一步，如图 1.15 所示。

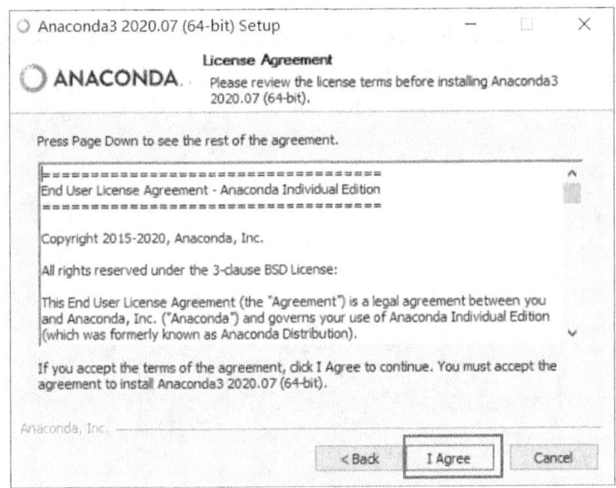

图 1.13　Anaconda 许可协议

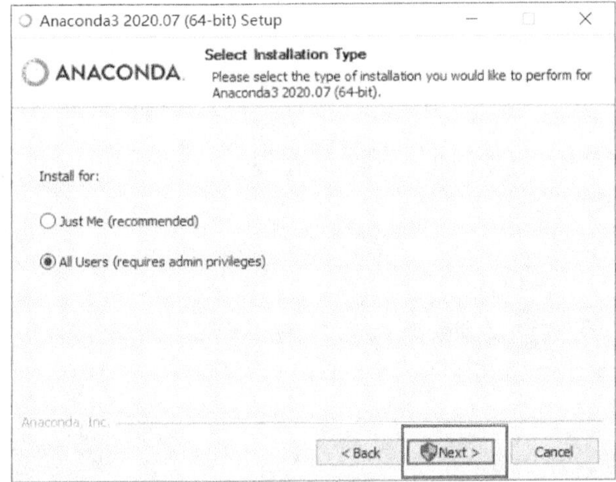

图 1.14　设置 Anaconda 权限

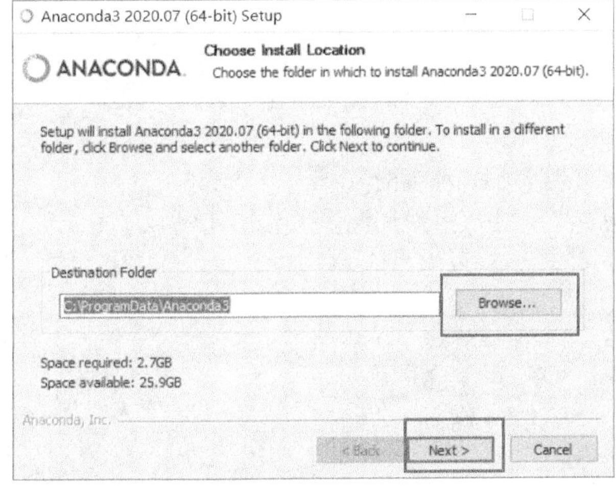

图 1.15　选择 Anaconda 安装路径

（5）进入高级选择，①个是环境变量，②个是配置 Python。最新版本默认配置 Python 3.8，但通常使用的是 Python 3.6，这里不建议配置 3.8 版本，因此两个选项都不勾选。点击“Install”开始安装，如图 1.16 所示。

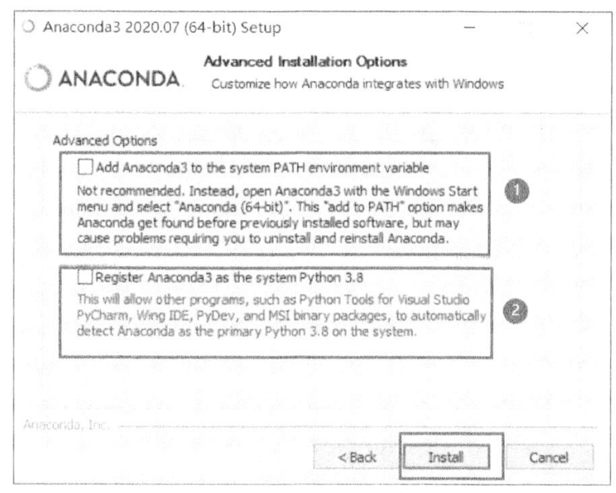

图 1.16 Anaconda 高级选择

（6）Anaconda 安装成功，如图 1.17 所示。

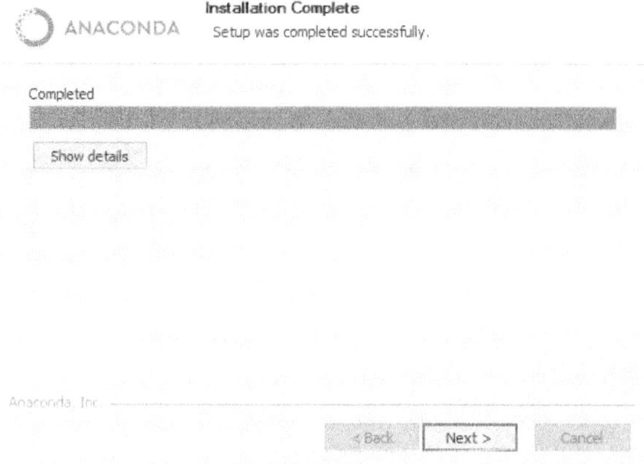

图 1.17 Anaconda 安装成功

（7）安装完成后，还需要配置环境变量。

① 打开“我的电脑”，点击“系统属性”，如图 1.18 所示。

图 1.18 “我的电脑”选项卡

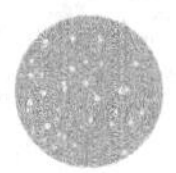

② “系统属性”界面如图 1.19 所示。

图 1.19　“系统属性”界面

③ 点击“系统信息”，进入“系统”界面，如图 1.20 所示。

图 1.20　“系统”界面

④ 点击“高级系统设置”，进入“系统属性”界面，如图 1.21 所示。

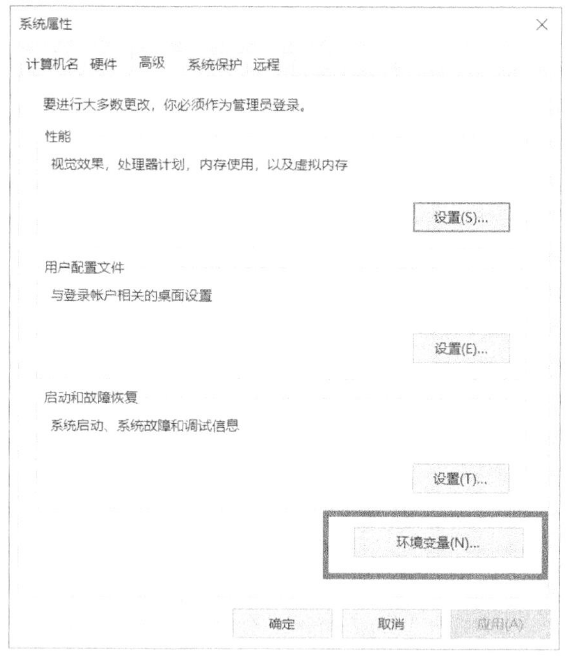

图 1.21　“系统属性”界面

⑤ 点击“环境变量”。添加 Anaconda 的相关环境变量，在用户变量中找到 Path，双击打开，同时新建环境变量，如图 1.22 所示。

图 1.22　“环境变量”界面

⑥ 新建 Anaconda 的相关环境变量。“编辑环境变量”界面如图 1.23 所示。

图 1.23　“编辑环境变量”界面

4. 安装 PyCharm

PyCharm 官方下载地址：

https://www.jetbrains.com/pycharm/download/other.html

（1）根据需要下载并安装对应 PyCharm 版本。图 1.24 给出的是其他版本下载地址，并非一定要下载 2020 最新版，可以根据个人需要下载对应各种年份的版本，推荐下载专业版本。

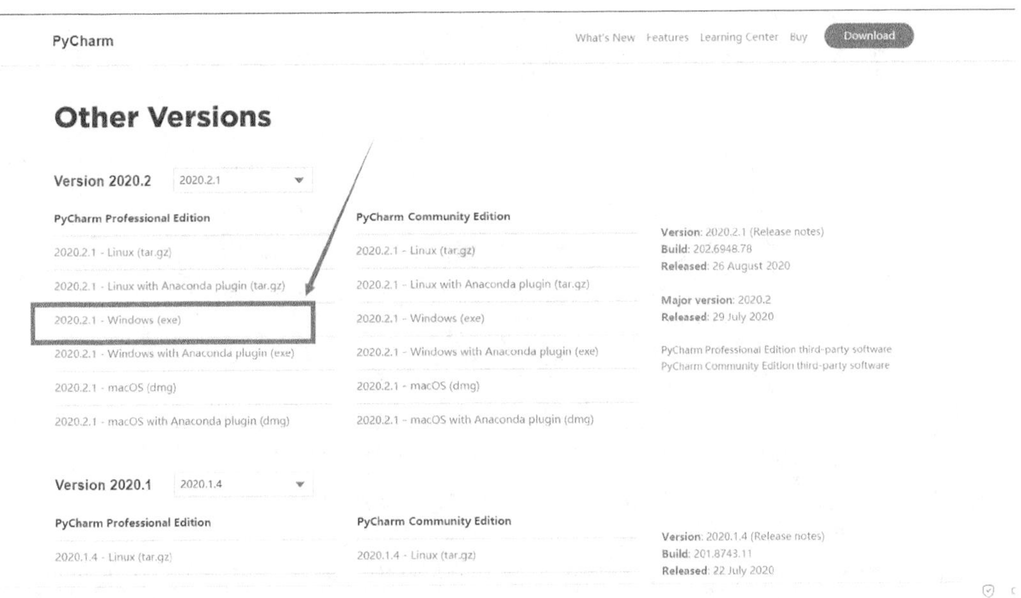

图 1.24　PyCharm 其他版本下载地址

（2）下载完成后，双击安装包，进入安装界面，点击“Next”进入下一步，如图 1.25 所示。

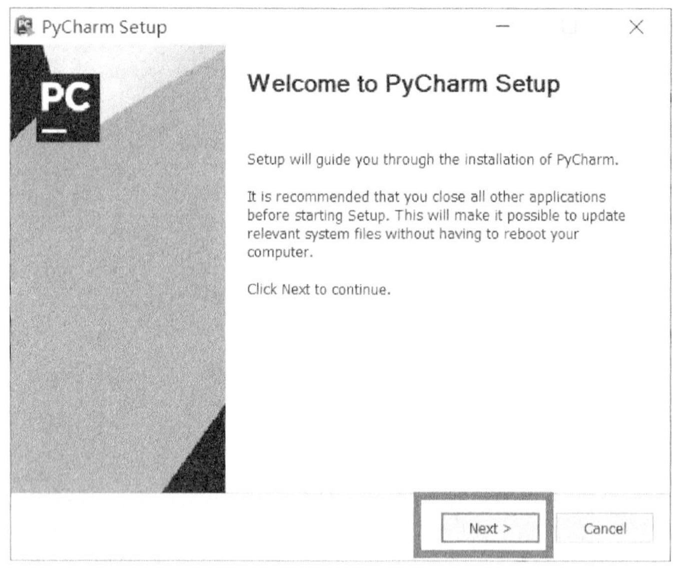

图 1.25　安装 PyCharm

（3）根据磁盘和系统盘大小更改安装地址，点击“Next”进入下一步，如图 1.26 所示。

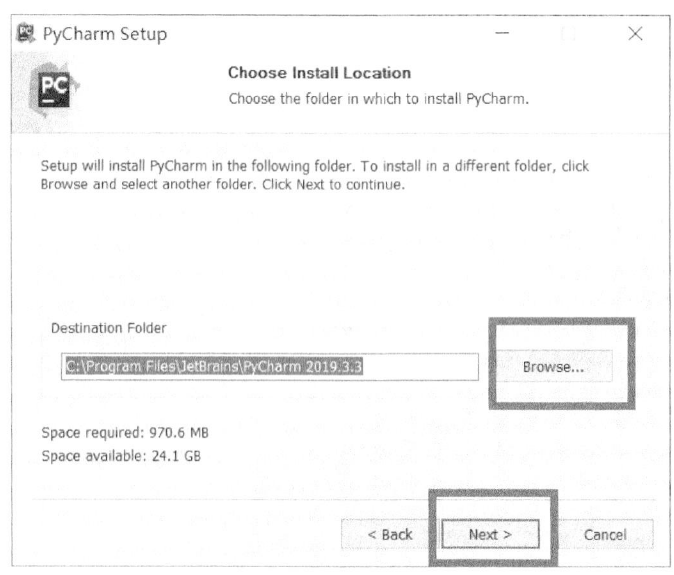

图 1.26　选择 PyCharm 安装路径

（4）如图 1.27 所示，①是创建桌面快捷方式，②是更新上下文菜单，③是关联 py 文件，④是更新路径变量。根据需要勾选安装选项，点击“Next”进入下一步。

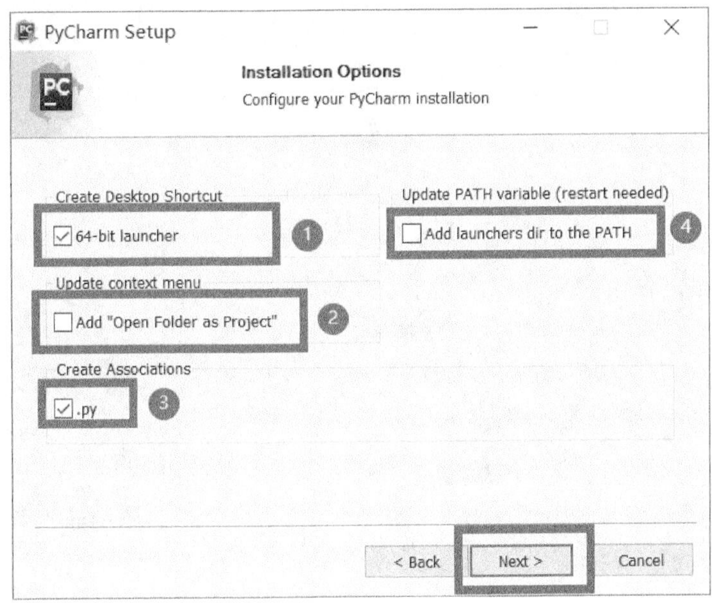

图 1.27　PyCharm 安装选项

（5）点击“Install”开始安装，如图 1.28 所示。

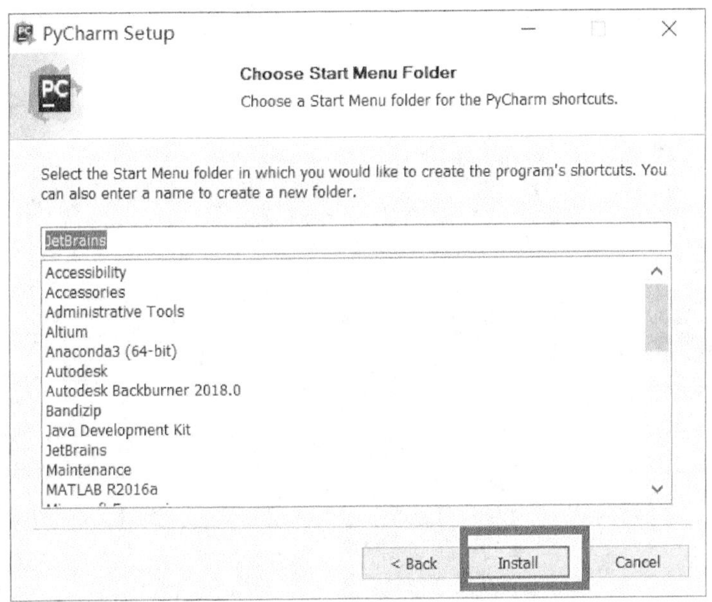

图 1.28　选择“开始”菜单上的文件夹

（6）安装成功后，将 PyCharm 与 Anaconda 的 TensorFlow 关联在一起，以调用 TensorFlow 包。

（7）打开 PyCharm，并创建一个项目，如图 1.29 所示。

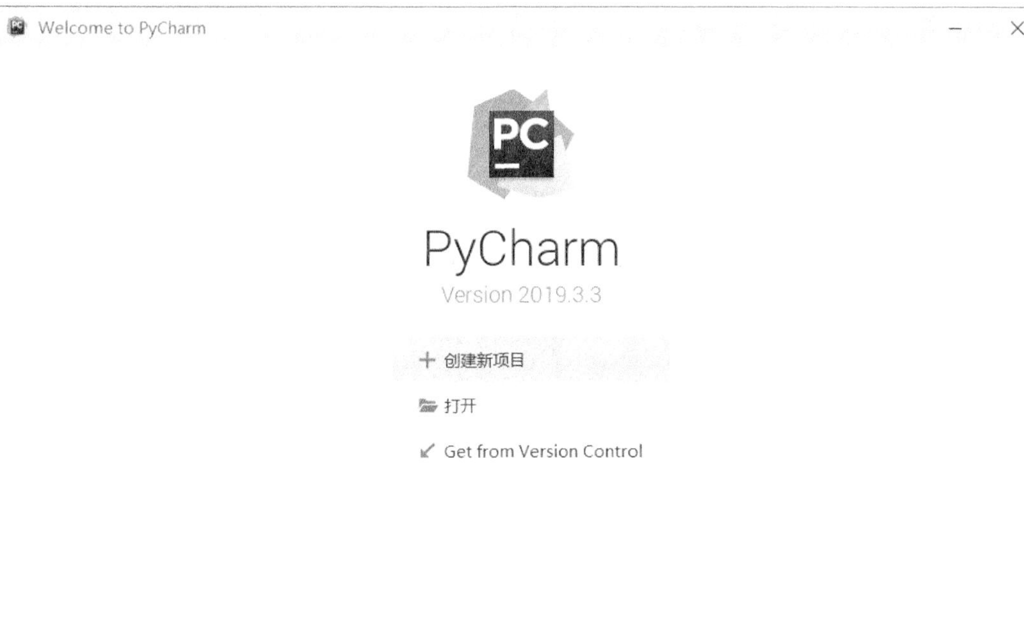

图 1.29　PyCharm 创建新项目

（8）创建新项目后，点击“文件”→“设置”，如图 1.30 所示。

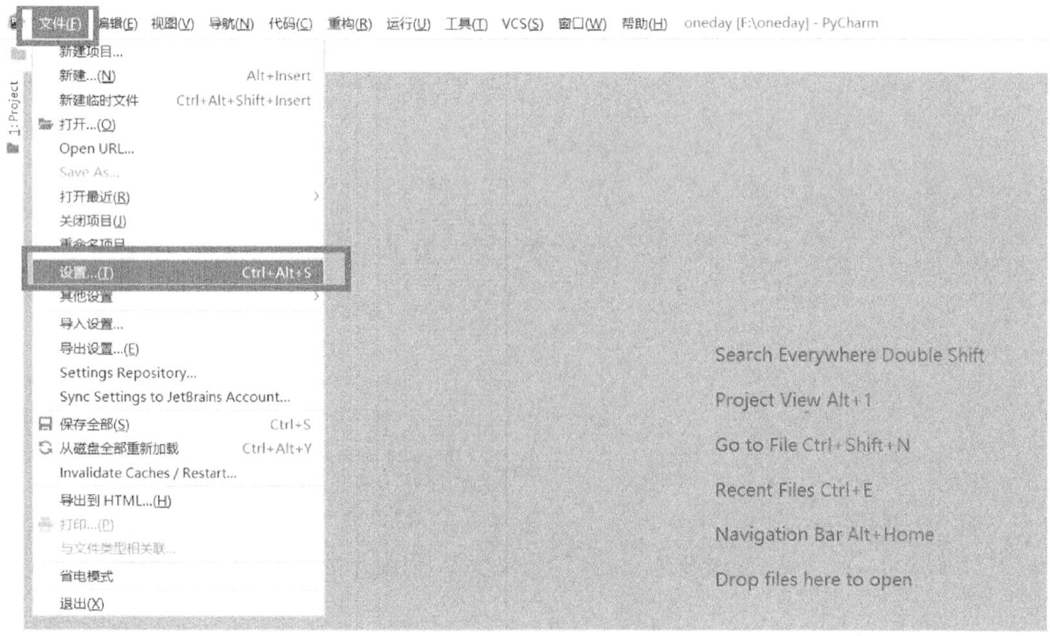

图 1.30　PyCharm 主面板

（9）打开“设置”界面后，按照图 1.31 所示顺序依次点击，添加特定 Python 文件。

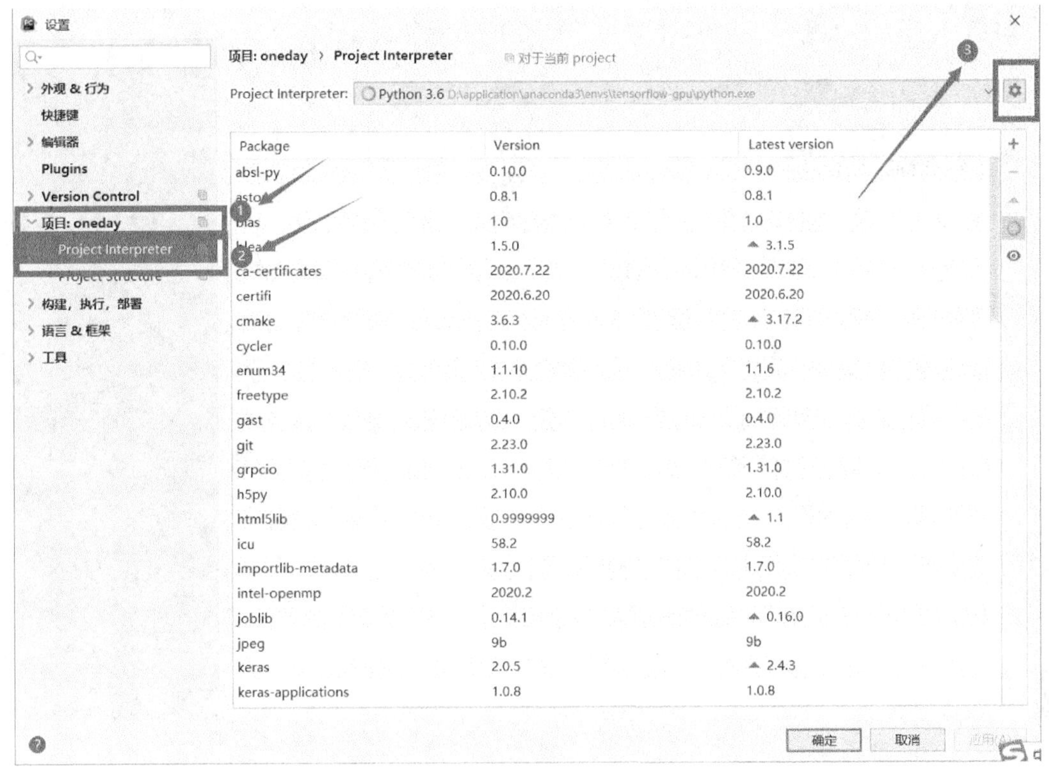

图 1.31　在 PyCharm 中添加特定 Python 文件

（10）点击“Add”添加选项，如图 1.32 所示

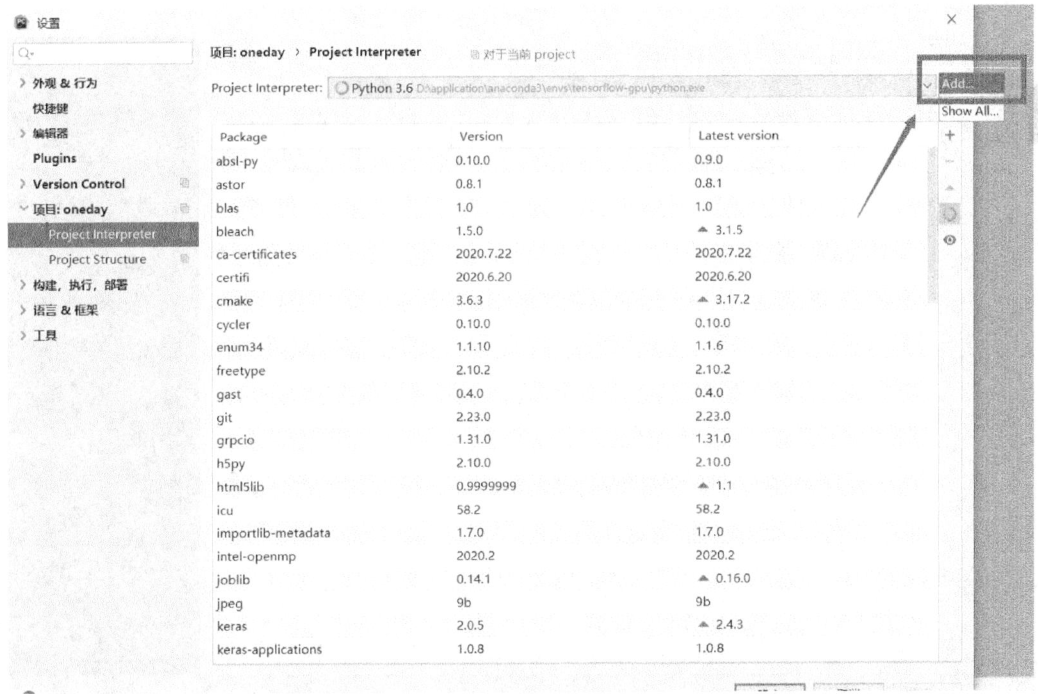

图 1.32　Python 环境设置

（11）打开文件目录，选择添加文件，如图 1.33 所示。

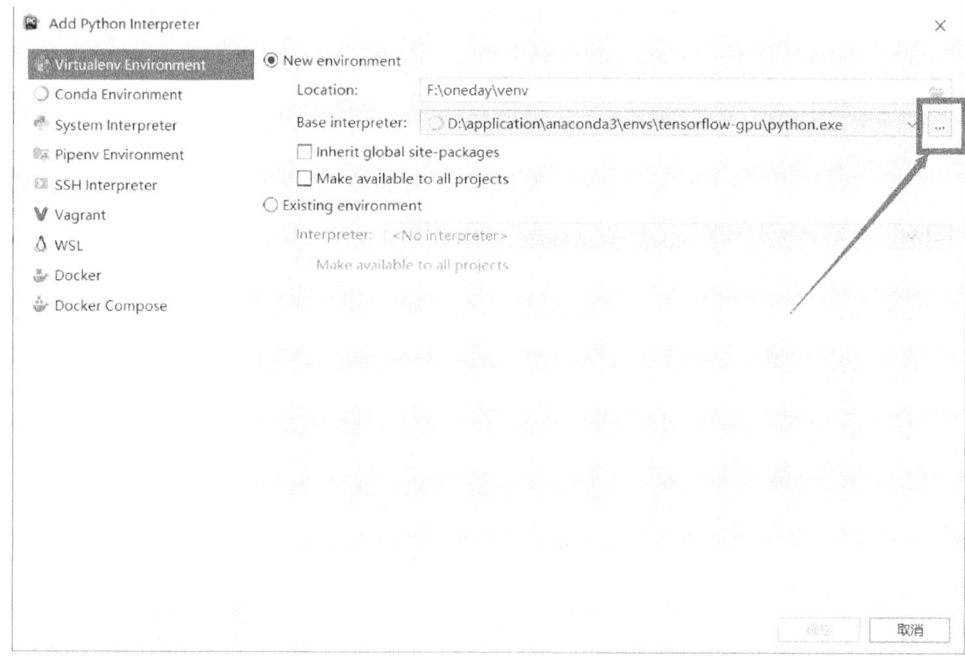

图 1.33　添加 Python 文件

（12）根据安装 Anaconda 的位置，找到 Anaconda\envs\TensorFlow-GPU\Python.exe，找到 Python.exe 文件即可完成添加，并点击“确定”，如图 1.34 所示。

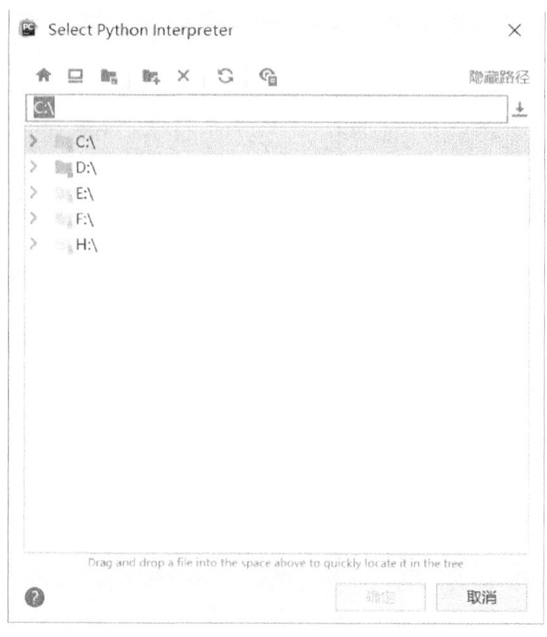

图 1.34　找到 Python.exe 文件

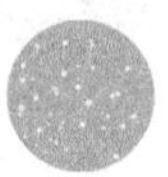

（13）如果以上添加方式失败，可以参考如图 1.35 所示添加方式。

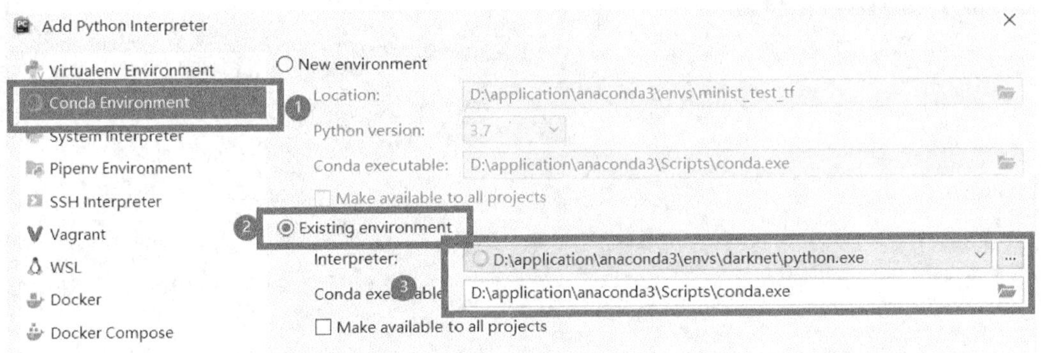

图 1.35　另一种添加 Python 文件的方式

添加完成后，导入即可，如图 1.36 所示。

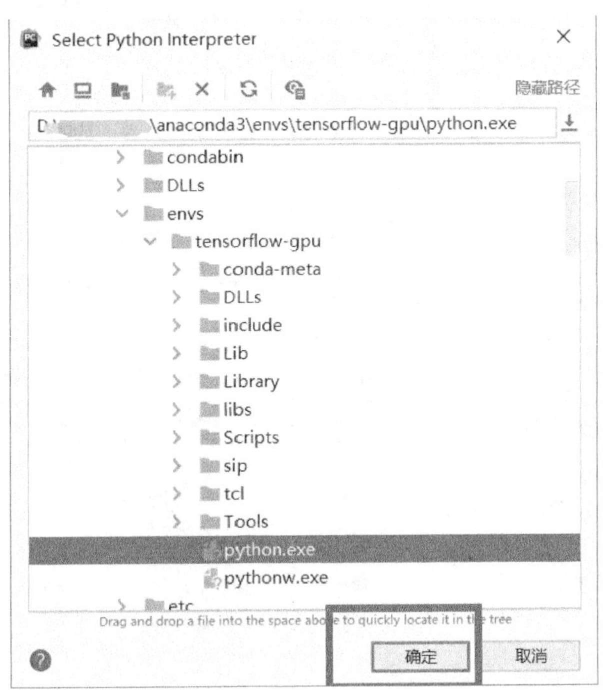

图 1.36　导入 Python 文件

（14）完成后即可正常地新建项目、新建文件。点击“文件”→“新建项目”，如图 1.37 所示。新建的文件必须在新建的项目里面，因此每次都事先新建项目，一个项目可以包含多个文件。

（15）新建项目需要定义项目名，并留意环境文件是否正确。点击“Create”，如图 1.38 所示。

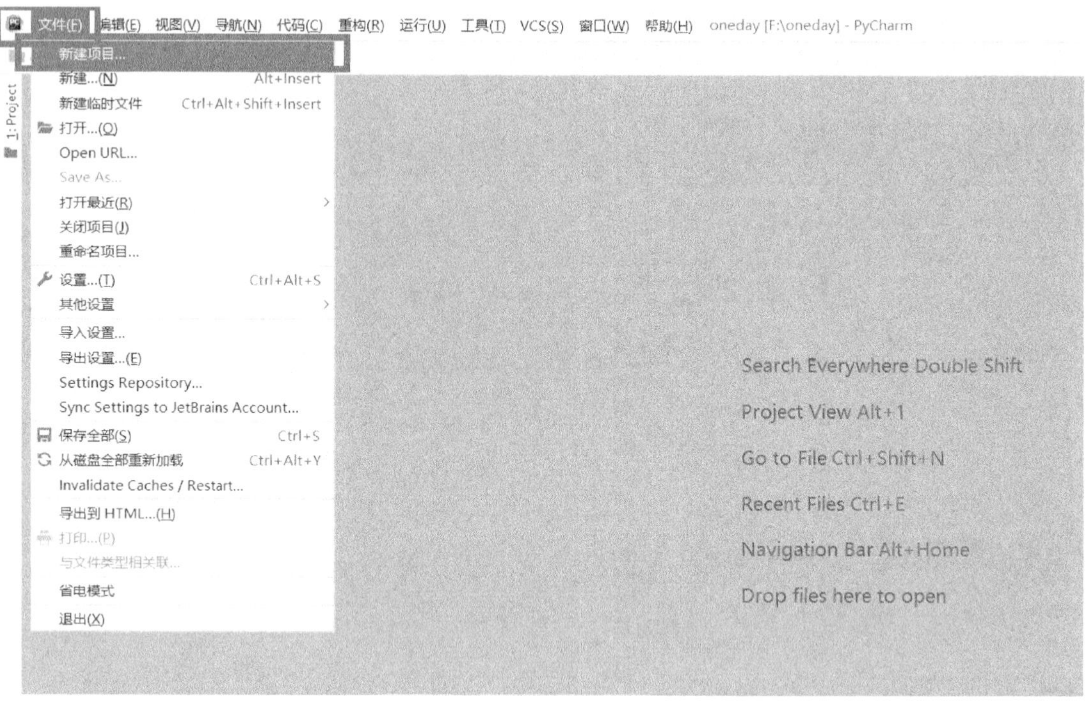

图 1.37　新建 Python 项目

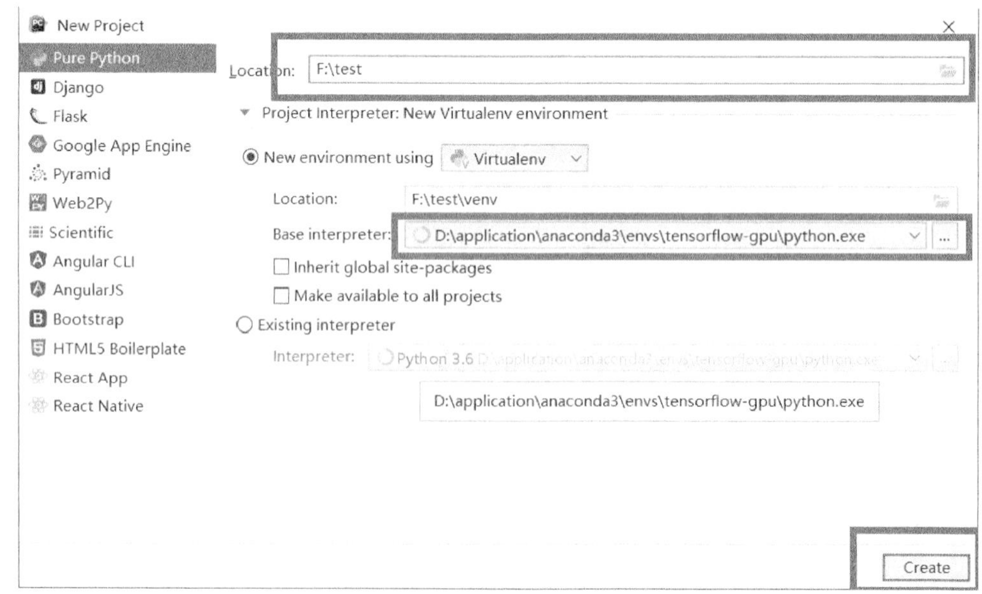

图 1.38　选择新建 Python 项目的路径

（16）新建文件，如图 1.39 所示。

（17）给文件命名，如图 1.40 所示。

（18）回车，新建 Python 文件完成，如图 1.41 所示。完成后即可正常编写 Python 文件。

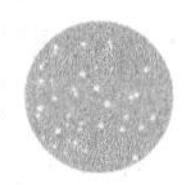

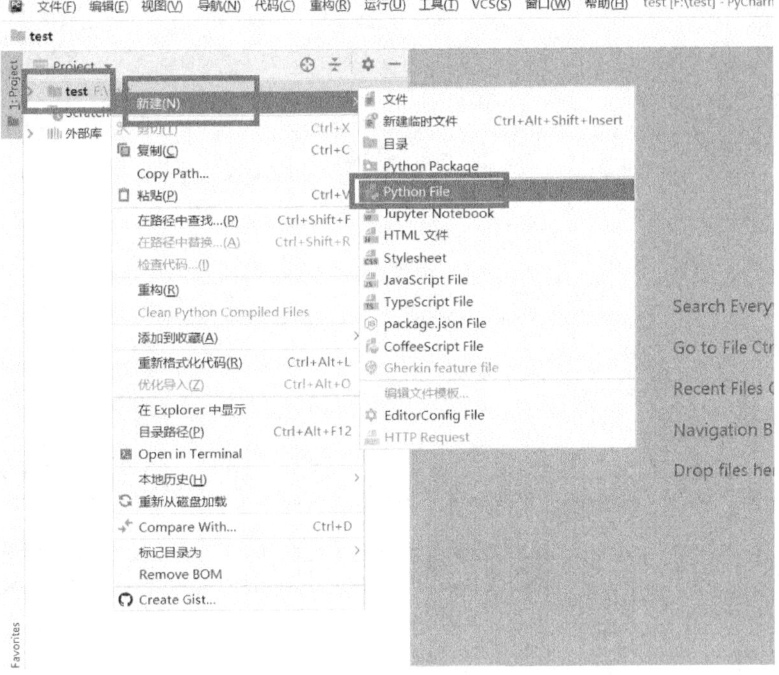

图 1.39　新建 Python 文件

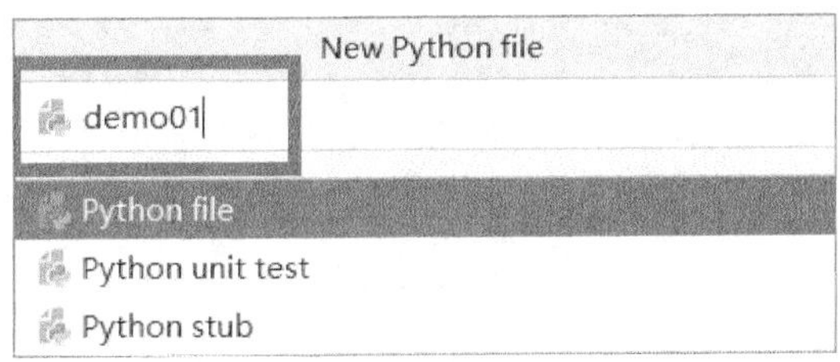

图 1.40　Python 文件命名

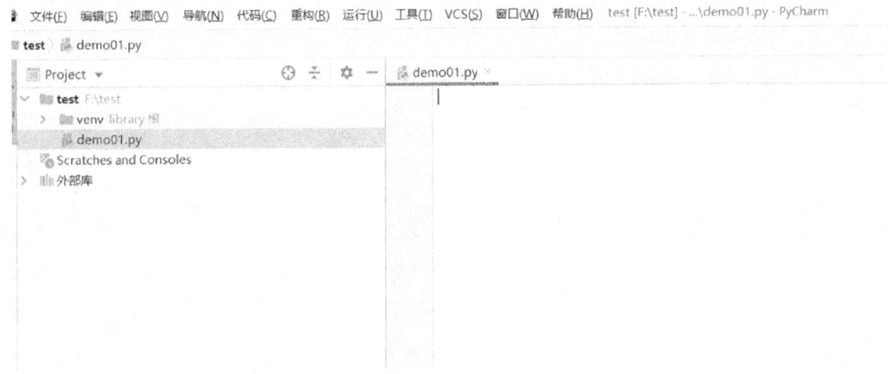

图 1.41　完成新建 Python 文件

(六) 实验要求

（1）成功完成深度学习平台的搭建，熟悉平台搭建的基本软件操作。

（2）自主完成一个适合不同 PC 机的深度学习平台的搭建。

第 2 章　TensorFlow-GPU 1.13.1 和 CV2 等开发包及其他依赖库安装

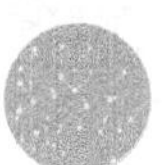

（一）实验目的

（1）安装 TensorFlow 和 CV2 开发包。

（2）完整配置机器学习环境安装依赖包。

（3）掌握在 Anaconda 软件上安装相关开发包。

（4）掌握命名行操作基础指令。

（二）实验内容

（1）安装 TensorFlow-GPU 1.13.1 和 CV2 开发包。

（2）安装依赖库。

（三）实验设备

（1）PC 机 1 台。

（四）软件介绍

1. TensorFlow 开发包介绍

TensorFlow 是一个深度学习框架，支持 Linux、Windows、Macintosh（简称 Mac），甚至 Andrioid、iOs 等平台。TensorFlow 提供非常丰富的与深度学习相关的应用程序接口（application program interface，API），在目前所有深度学习框架里，它所提供的 API 是最全的，包括基本的向量矩阵计算、各种优化算法、各种卷积神经网络（convolutional neural network，CNN）和循环神经网络（recurrent neural network，RNN）基本单元的实现，以及可视化的辅助工具等。

（1）高度的灵活性。TensorFlow 不仅仅是一个深度学习库，只要将计算过程表示成一个数据流图的过程，它就可以进行计算。TensorFlow 允许用计算图的方式建立计算网络，并可以很方便地对网络进行操作（计算图具体是什么意思，后面会有详细介绍）。用户可以基于 TensorFlow 用 Python 编写自己的上层结构和库，如果 TensorFlow 没有提供用户所需要的 API，也可以自己编写底层的 C++代码，通过自定义操作将新编写的功能添加至 TensorFlow 中。

（2）真正的可移植性。TensorFlow 可以在 CPU、GPU 上运行，可以在台式机、服务器、移动设备上运行。在笔记本上运行深度学习的训练，或者不修改代码而将模型在多个 CPU 上运行，或者将训练好的模型在移动设备上运行，这些 TensorFlow 都可以做到。

（3）多语言支持。TensorFlow 采用非常易用的 Python 来构建与执行计算图，同时也支持 C++语言，可以直接编写 Python 和 C++的程序来执行 TensorFlow，也可以采用交互式的 IPython 来方便地尝试各种想法。当然，这只是一个开始，后续会支持更多流行的语言，如 Lua、JavaScript、R 语言。

（4）丰富的算法库。TensorFlow 所提供的算法库在所有开源的深度学习框架里是最全的，并且还在不断地添加新的算法库。这些算法库可以满足大部分的需求，对于普通的应用，基本上不用自定义来实现基本的算法库。

（5）完善的文档。TensorFlow 官方网站提供非常详细的文档介绍，内容包括各种 API 的使用介绍、各种基础应用的使用例子，以及一部分深度学习的基础理论。

2. OpenCV 开发包介绍

OpenCV 是一个基于伯克利软件套件（Berkeley software distribution，BSD）许可（开源）发行的跨平台计算机视觉库，可以在 Linux、Windows、Android、Mac 操作系统上运行。它轻量且高效，由一系列 C 函数和少量 C++类构成，提供 Python、Ruby、MATLAB 等语言的接口，实现了图像处理和计算机视觉方面的很多通用算法。OpenCV 用 C++语言编写，它的主要接口也是 C++语言，但是依然保留了大量的 C 语言接口。在计算机视觉项目的开发中，OpenCV 作为较大众的开源库，拥有丰富的常用图像处理函数库，采用 C、C++语言编写，能够快速地实现一些图像处理和识别任务。此外，OpenCV 还提供 Java、Python、CUDA 等的使用接口、机器学习的基础算法调用，从而使得图像处理与分析变得更加易于上手，开发人员可以将更多的精力用在算法的设计上。

OpenCV 的应用领域包括人机互动、物体识别、图像分割、人脸识别、动作识别、运动跟踪、机器人、运动分析、机器视觉、结构分析、汽车安全驾驶等；图像数据的操作包括分配、释放、复制、设置、转换等；图像是视频的输入/输出（I/O），主要包括文件和摄像头的输入、图像和视频文件的输出；矩阵和向量的操作及线性代数的算法程序主要是矩阵积、解方程、特征值、奇异值等；各种动态数据结构包括列表、队列、集合、树、图等；基本的数字图像处理包括滤波、边缘检测、角点检测、采样与差值、色彩转换、形态操作、直方图、图像金字塔等；结构分析包括连接部件、轮廓处理、距离变换、各自距计算、模板匹配、霍夫（Hough）变换、多边形逼近、直线拟合、椭圆拟合、德洛奈（Delaunay）三角划分等；摄像头定标主要包括发现与跟踪定标模式、定标、基本矩阵估计、齐次矩阵估计、立体对应等；运动分析包括光流、运动分割、跟踪等；目标识别主要使用特征法、隐马尔可夫模型（hidden Markov model，HMM）。基本的图形用户界面（graphical user interface，GUI）包括图像和视频显示、键盘和鼠标事件处理、滚动条等。

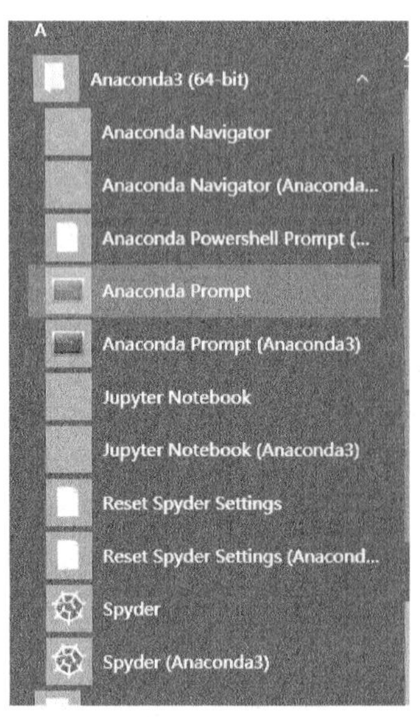

图 2.1 Anaconda Prompt 界面

（五）安装步骤

1. 新建开发环境

安装好基础的程序包后，就可以配置基本的开发环境了，运行人工智能（artifical intelligence，AI）的过程，通常是在 TensorFlow-GPU、CV2 等平台上来完成。因此，需要在基本的软件包上面去搭建自己的运行平台。

（1）成功安装 Anaconda 后，打开 Anaconda Prompt，可以通过按 Win 按键，找到 Anaconda Prompt。点击后，通过后台命令控制，开始搭建环境，如图 2.1 所示。当然，也可以通过图形化界面实现配置安装平台。如果要用图形化界面来实现，就要打开 Anaconda Navigator。

（2）打开 Anaconda Prompt，进入如图 2.2 所示的界面，可以看到默认环境 base。

图 2.2　Anaconda Prompt 默认环境 base

也可以打开 Anaconda Navigator，创建一个属于自己的环境平台，输入“conda create-n tf python = 3.6”后回车。其中，tf 是创建平台的名字，可以根据需要修改，如 TensorFlow 或 TensorFlow-GPU，名字的不同会使得后面在选中软件关联平台时有一定差别，不过这并不会影响实验的进行。至此，已经成功创建了一个名为 tf 的环境，并使用 Python 3.6 版本的编译。创建环境时，系统会自动初始化软件。如图 2.3 所示，输入“y”后回车即可。

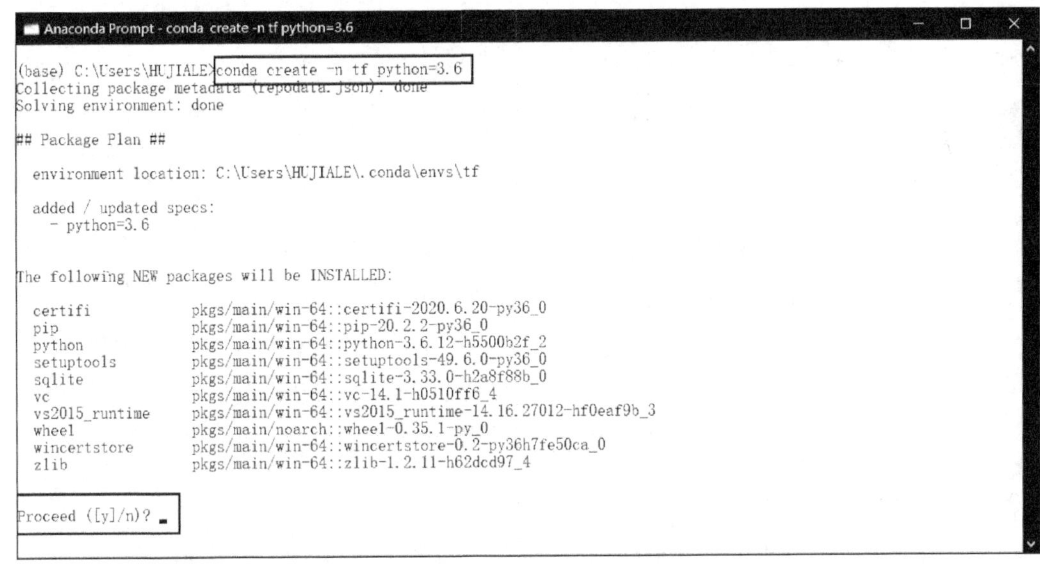

图 2.3　Anaconda Prompt 系统自动初始化软件

（3）环境设置完成后，即可看到如图 2.4 所示界面。

（4）通过 Win 按键找到并打开 Anaconda Navigator，能够看到配置的所有环境，包括之前配置的相关环境，如图 2.5 所示。

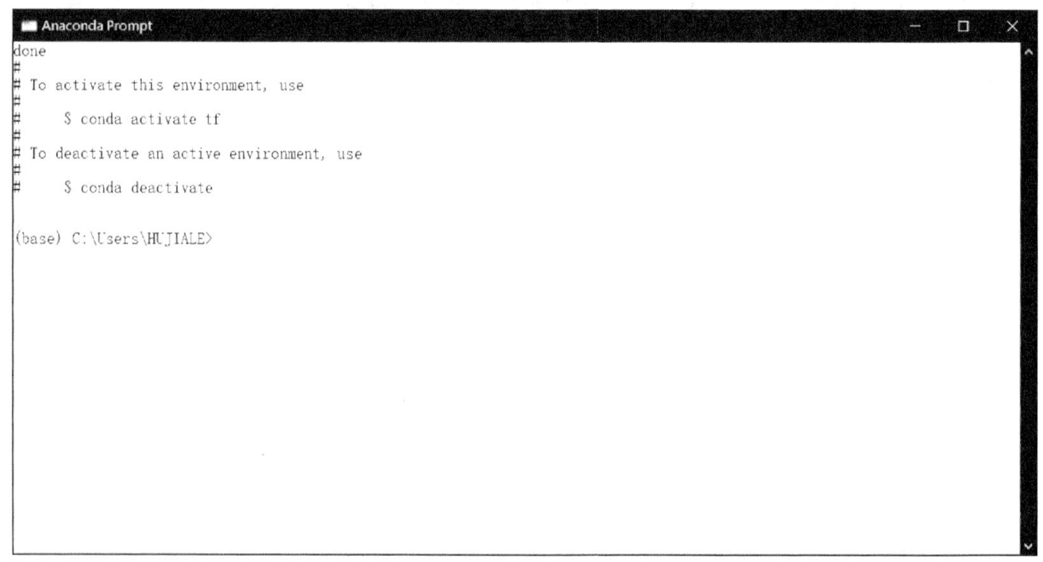

图 2.4　Anaconda Prompt 环境设置完成

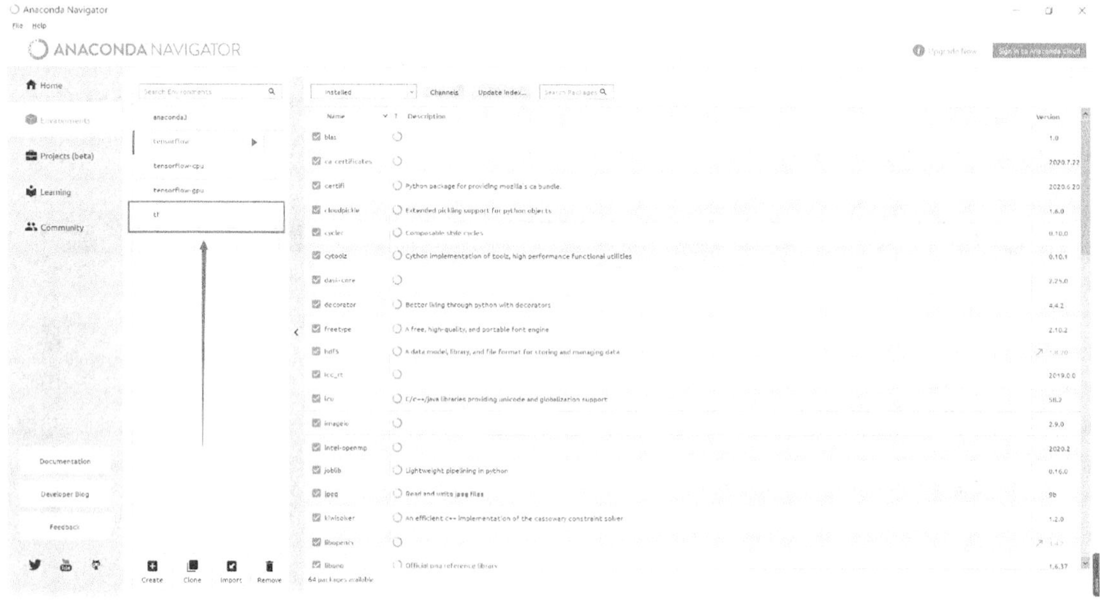

图 2.5　Anaconda Navigator 界面

2. 安装 TensorFlow-GPU 包

（1）安装完成后，就可以随意切换相应界面，并配置相关环境。输入“activate tf”后回车，就可以成功地将 base 环境切换至新创建的 tf 环境，如图 2.6 所示。

（2）对应安装所需要的 TensorFlow-GPU 版本，输入“anaconda search-t condatensorflow”，可以查看全部版本信息，找到 Anaconda 中 TensorFlow 的版本。

图 2.7 中方框区就是版本信息，找到版本对应的编号即可。

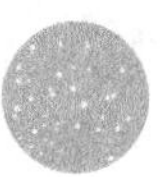

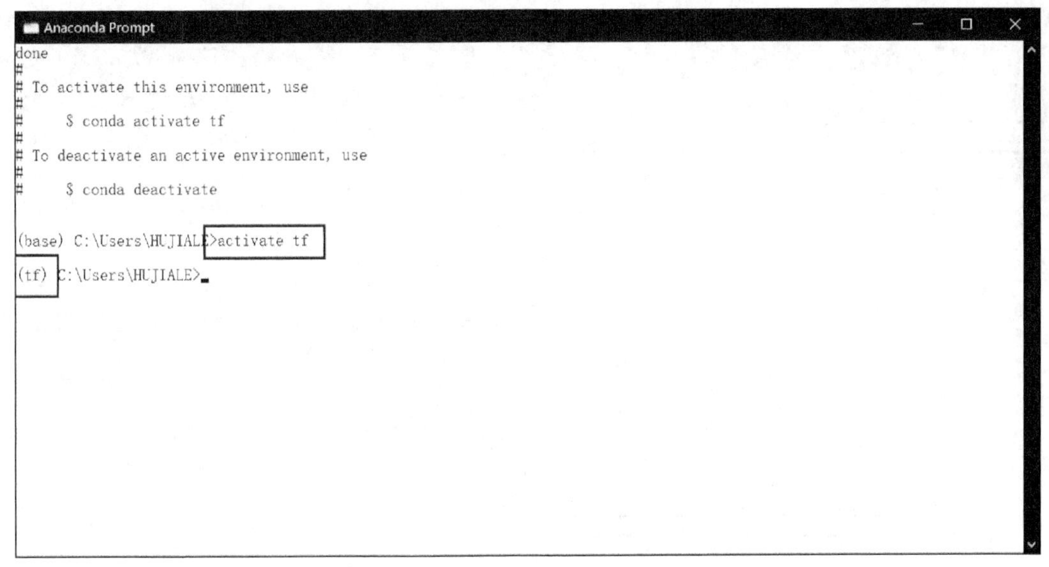

图 2.6　将 base 环境切换至新创建的 tf 环境

图 2.7　Anaconda Prompt 版本信息

（3）根据 CUDA 版本配置最高 TensorFlow-GPU 版本，例如，CUDA 10.0 可以配置 TensorFlow-GPU 1.13.1 版本，如图 2.8 所示，输入“pip install--upgrade--ignore-installed tensorflow-gpu == 1.13.1”。

回车，等待 TensorFlow-GPU 正常安装。系统会下载所有安装包，不同的下载源可能会造成下载时间的不同。如图 2.9 所示，即表示安装成功。

如果需要安装其他版本，如 1.4.0，只需要将“==”后面的数字编号改一下，输入“pip install--upgrade--ignore-installed tensorflow-gpu == 1.4.0”，即可安装 TensorFlow-GPU 1.4.0 版本。

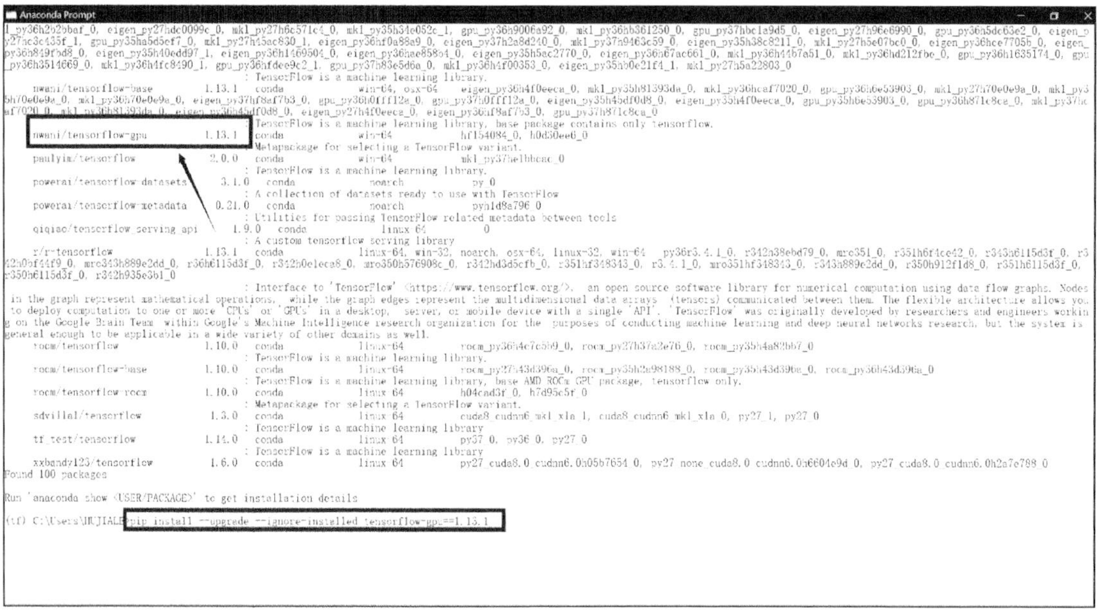

图 2.8　安装 TensorFlow-GPU 1.13.1 版本

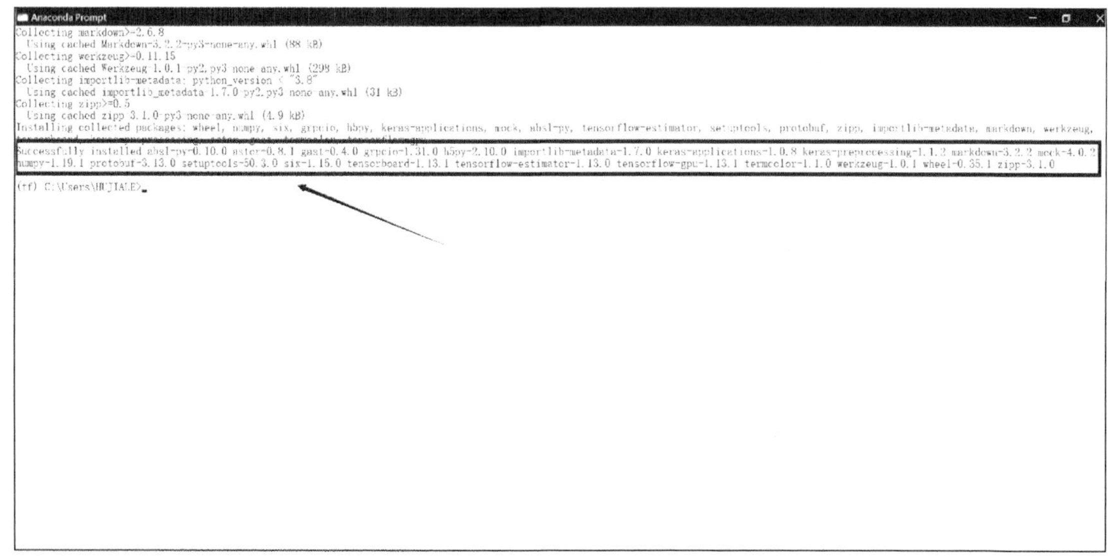

图 2.9　TensorFlow-GPU 安装成功

（4）检查 TensorFlow-GPU 是否成功安装，输入“python”后回车，如图 2.10 所示。

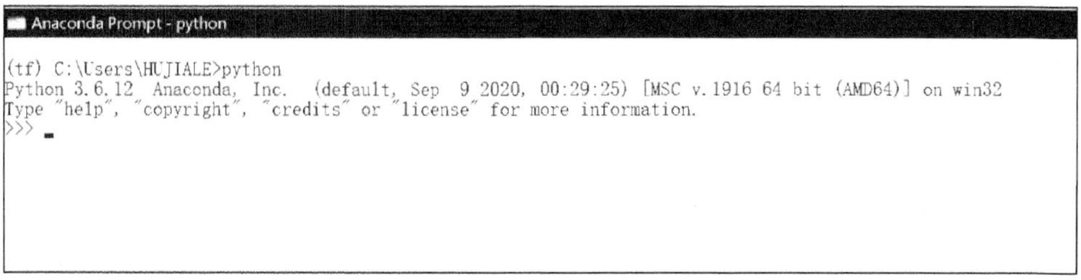

```
Anaconda Prompt - python

(tf) C:\Users\HUJIALE>python
Python 3.6.12 Anaconda, Inc.  (default, Sep  9 2020, 00:29:25) [MSC v.1916 64 bit (AMD64)] on win32
Type "help", "copyright", "credits" or "license" for more information.
>>> _
```

图 2.10　检查 TensorFlow-GPU 是否成功安装

（5）输入“import tensorflow as tf”后回车，可能会出现如图 2.11 所示的问题。

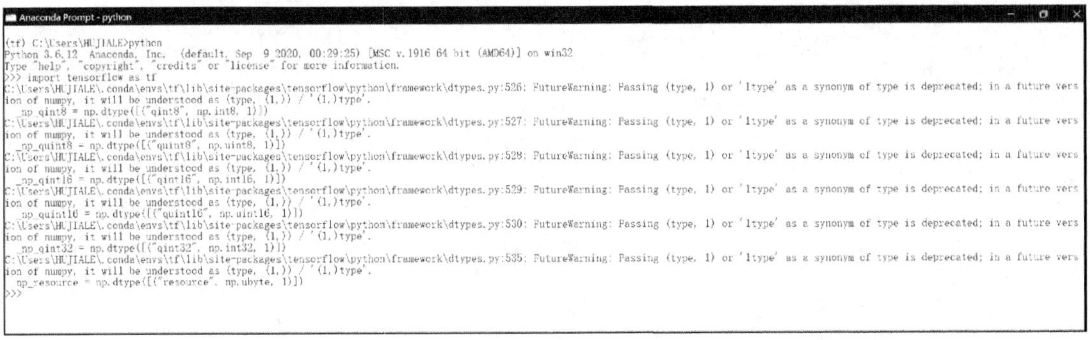

图 2.11　测试界面

此时，打开 C 盘，根据提示进入相关文件夹，在上框中直接输入“C:\Users\HUJIALE\.conda\envs\tf\lib\site-packages\TensorFlow\Python\framework”后回车。进入文件夹后，找到 dtypes.py 文件，如图 2.12 所示。

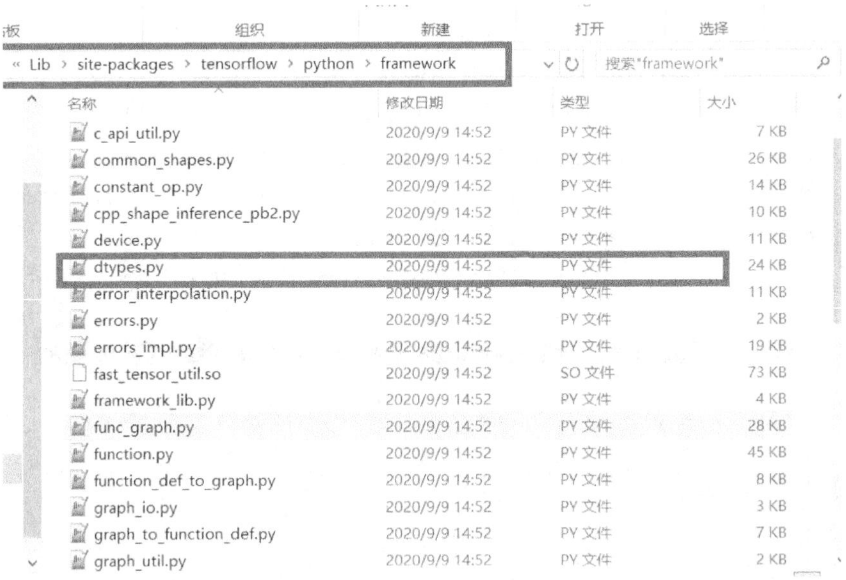

图 2.12　找到 dtypes.py 文件

（6）打开 dtypes.py 文件，找到第 526 行，如图 2.13 所示。

修改 526～535 行代码。原代码为

```
_np_qint8=np.dtype([("qint8",np.int8,1)])
_np_quint8=np.dtype([("quint8",np.uint8,1)])
_np_qint16=np.dtype([("qint16",np.int16,1)])
_np_quint16=np.dtype([("quint16",np.uint16,1)])
_np_qint32=np.dtype([("qint32",np.int32,1)])
np_resource=np.dtype([("resource",np.ubyte,1)])
```

```
_STRING_TO_TF["double"] = float64
_STRING_TO_TF["double_ref"] = float64_ref

# Numpy representation for quantized dtypes.
#
# These are magic strings that are used in the swig wrapper to identify
# quantized types.
# TODO(mrry,keveman): Investigate Numpy type registration to replace this
# hard-coding of names.
_np_qint8 = np.dtype([("qint8", np.int8, 1)])
_np_quint8 = np.dtype([("quint8", np.uint8, 1)])
_np_qint16 = np.dtype([("qint16", np.int16, 1)])
_np_quint16 = np.dtype([("quint16", np.uint16, 1)])
_np_qint32 = np.dtype([("qint32", np.int32, 1)])

# _np_bfloat16 is defined by a module import.

# Custom struct dtype for directly-fed ResourceHandles of supported type(s).
np_resource = np.dtype([("resource", np.ubyte, 1)])

# Standard mappings between types_pb2.DataType values and numpy.dtypes.
_NP_TO_TF = frozenset([
    (np.float16, float16),
    (np.float32, float32),
    (np.float64, float64),
    (np.int32, int32)
```

图 2.13　打开 dtypes.py 文件

修改为

```
_np_qint8=np.dtype([("qint8",np.int8,(1,))])
_np_quint8=np.dtype([("quint8",np.uint8,(1,))])
_np_qint16=np.dtype([("qint16",np.int16,(1,))])
_np_quint16=np.dtype([("quint16",np.uint16,(1,))])
_np_qint32=np.dtype([("qint32",np.int32,(1,))])
np_resource=np.dtype([("resource",np.ubyte,(1,))])
```

（7）同样修改 D:\application\Anaconda3\envs\TensorFlow-GPU\Lib\site-packages\TensorFlow\python\framework 目录下的 dtypes.py 文件，步骤同上。

（8）输入“exit()”退出后，重新进入，输入“python”后回车，如图 2.14 所示。

```
Anaconda Prompt - python
(tf) C:\Users\HUJIALE>python
Python 3.6.12 Anaconda, Inc. (default, Sep 9 2020, 00:29:25) [MSC v.1916 64 bit (AMD64)] on win32
Type "help", "copyright", "credits" or "license" for more information.
>>> import tensorflow as tf
C:\Users\HUJIALE\.conda\envs\tf\lib\site-packages\tensorflow\python\framework\dtypes.py:526: FutureWarning
ion of numpy, it will be understood as (type, (1,)) / '(1,)type'.
  _np_qint8 = np.dtype([("qint8", np.int8, 1)])
C:\Users\HUJIALE\.conda\envs\tf\lib\site-packages\tensorflow\python\framework\dtypes.py:527: FutureWarning
ion of numpy, it will be understood as (type, (1,)) / '(1,)type'.
  _np_quint8 = np.dtype([("quint8", np.uint8, 1)])
C:\Users\HUJIALE\.conda\envs\tf\lib\site-packages\tensorflow\python\framework\dtypes.py:528: FutureWarning
ion of numpy, it will be understood as (type, (1,)) / '(1,)type'.
  _np_qint16 = np.dtype([("qint16", np.int16, 1)])
C:\Users\HUJIALE\.conda\envs\tf\lib\site-packages\tensorflow\python\framework\dtypes.py:529: FutureWarning
ion of numpy, it will be understood as (type, (1,)) / '(1,)type'.
  _np_quint16 = np.dtype([("quint16", np.uint16, 1)])
C:\Users\HUJIALE\.conda\envs\tf\lib\site-packages\tensorflow\python\framework\dtypes.py:530: FutureWarning
ion of numpy, it will be understood as (type, (1,)) / '(1,)type'.
  _np_qint32 = np.dtype([("qint32", np.int32, 1)])
C:\Users\HUJIALE\.conda\envs\tf\lib\site-packages\tensorflow\python\framework\dtypes.py:535: FutureWarning
ion of numpy, it will be understood as (type, (1,)) / '(1,)type'.
  np_resource = np.dtype([("resource", np.ubyte, 1)])
>>> exit()

(tf) C:\Users\HUJIALE>python
Python 3.6.12 Anaconda, Inc. (default, Sep 9 2020, 00:29:25) [MSC v.1916 64 bit (AMD64)] on win32
Type "help", "copyright", "credits" or "license" for more information.
>>>
```

图 2.14　Python 验证

（9）继续输入“import tensorflow as tf”后回车就会看到正常结果，如图 2.15 所示。

```
Anaconda Prompt - python

(tf) C:\Users\HUJIALE>python
Python 3.6.12 Anaconda, Inc. (default, Sep  9 2020, 00:29:25) [MSC v.1916 64 bit (AMD64)] on win32
Type "help", "copyright", "credits" or "license" for more information.
>>> import tensorflow as tf
C:\Users\HUJIALE\.conda\envs\tf\lib\site-packages\tensorflow\python\framework\dtypes.py:526: FutureWarning:
ion of numpy, it will be understood as (type, (1,)) / '(1,)type'.
  _np_qint8 = np.dtype([("qint8", np.int8, 1)])
C:\Users\HUJIALE\.conda\envs\tf\lib\site-packages\tensorflow\python\framework\dtypes.py:527: FutureWarning:
ion of numpy, it will be understood as (type, (1,)) / '(1,)type'.
  _np_quint8 = np.dtype([("quint8", np.uint8, 1)])
C:\Users\HUJIALE\.conda\envs\tf\lib\site-packages\tensorflow\python\framework\dtypes.py:528: FutureWarning:
ion of numpy, it will be understood as (type, (1,)) / '(1,)type'.
  _np_qint16 = np.dtype([("qint16", np.int16, 1)])
C:\Users\HUJIALE\.conda\envs\tf\lib\site-packages\tensorflow\python\framework\dtypes.py:529: FutureWarning:
ion of numpy, it will be understood as (type, (1,)) / '(1,)type'.
  _np_quint16 = np.dtype([("quint16", np.uint16, 1)])
C:\Users\HUJIALE\.conda\envs\tf\lib\site-packages\tensorflow\python\framework\dtypes.py:530: FutureWarning:
ion of numpy, it will be understood as (type, (1,)) / '(1,)type'.
  _np_qint32 = np.dtype([("qint32", np.int32, 1)])
C:\Users\HUJIALE\.conda\envs\tf\lib\site-packages\tensorflow\python\framework\dtypes.py:535: FutureWarning:
ion of numpy, it will be understood as (type, (1,)) / '(1,)type'.
  np_resource = np.dtype([("resource", np.ubyte, 1)])
>>> exit()

(tf) C:\Users\HUJIALE>python
Python 3.6.12 Anaconda, Inc. (default, Sep  9 2020, 00:29:25) [MSC v.1916 64 bit (AMD64)] on win32
Type "help", "copyright", "credits" or "license" for more information.
>>> import tensorflow as tf
>>>
```

图 2.15 Python 解释器验证

（10）输入“tf.__version__”后回车就可以查询到安装的版本了，如图 2.16 所示。

```
Anaconda Prompt - python

(tf) C:\Users\HUJIALE>python
Python 3.6.12 Anaconda, Inc. (default, Sep  9 2020, 00:29:25) [MSC v.1916 64 bit (AMD64)] on win32
Type "help", "copyright", "credits" or "license" for more information.
>>> import tensorflow as tf
C:\Users\HUJIALE\.conda\envs\tf\lib\site-packages\tensorflow\python\framework\dtypes.py:526: FutureWarning: Passing
ion of numpy, it will be understood as (type, (1,)) / '(1,)type'.
  _np_qint8 = np.dtype([("qint8", np.int8, 1)])
C:\Users\HUJIALE\.conda\envs\tf\lib\site-packages\tensorflow\python\framework\dtypes.py:527: FutureWarning: Passing
ion of numpy, it will be understood as (type, (1,)) / '(1,)type'.
  _np_quint8 = np.dtype([("quint8", np.uint8, 1)])
C:\Users\HUJIALE\.conda\envs\tf\lib\site-packages\tensorflow\python\framework\dtypes.py:528: FutureWarning: Passing
ion of numpy, it will be understood as (type, (1,)) / '(1,)type'.
  _np_qint16 = np.dtype([("qint16", np.int16, 1)])
C:\Users\HUJIALE\.conda\envs\tf\lib\site-packages\tensorflow\python\framework\dtypes.py:529: FutureWarning: Passing
ion of numpy, it will be understood as (type, (1,)) / '(1,)type'.
  _np_quint16 = np.dtype([("quint16", np.uint16, 1)])
C:\Users\HUJIALE\.conda\envs\tf\lib\site-packages\tensorflow\python\framework\dtypes.py:530: FutureWarning: Passing
ion of numpy, it will be understood as (type, (1,)) / '(1,)type'.
  _np_qint32 = np.dtype([("qint32", np.int32, 1)])
C:\Users\HUJIALE\.conda\envs\tf\lib\site-packages\tensorflow\python\framework\dtypes.py:535: FutureWarning: Passing
ion of numpy, it will be understood as (type, (1,)) / '(1,)type'.
  np_resource = np.dtype([("resource", np.ubyte, 1)])
>>> exit()

(tf) C:\Users\HUJIALE>python
Python 3.6.12 Anaconda, Inc. (default, Sep  9 2020, 00:29:25) [MSC v.1916 64 bit (AMD64)] on win32
Type "help", "copyright", "credits" or "license" for more information.
>>> import tensorflow as tf
>>> tf.__version__
'1.13.1'
>>>
```

图 2.16 查询 TensorFlow-GPU 版本

3. 安装 OpenCV 开发包

（1）TensorFlow-GPU 安装成功后，开始安装 OpenCV。输入“conda install opencv”（如果出现无法安装的情况，可以尝试输入“python-m pip install opencv-python”）后回车，如图 2.17 所示。

```
ion of numpy, it will be understood as (type, (1,)) / '(1,)type'.
  np_resource = np.dtype([("resource", np.ubyte, 1)])
>>> exit()

(tf) C:\Users\HUJIALE>python
Python 3.6.12 Anaconda, Inc. (default, Sep 9 2020, 00:29:25) [MSC v.1916 64 bit (
Type "help", "copyright", "credits" or "license" for more information.
>>> import tensorflow as tf
>>> tf.__version__
'1.13.1'
>>> exit()

(tf) C:\Users\HUJIALE>conda install opencv
```

图 2.17　安装 OpenCV

（2）输入“y”后回车即可开始安装 OpenCV 包，如图 2.18 所示。

```
Anaconda Prompt - conda uninstall numpy - conda install numpy - conda install scipy - conda install matplotlib - conda install pandas - ...

(tf) C:\Users\HUJIALE>conda install opencv
Collecting package metadata (repodata.json): done
Solving environment: done

## Package Plan ##

  environment location: C:\Users\HUJIALE\.conda\envs\tf

  added / updated specs:
    - opencv


The following NEW packages will be INSTALLED:

  hdf5               pkgs/main/win-64::hdf5-1.8.20-hac2f561_1
  libopencv          pkgs/main/win-64::libopencv-3.4.2-h20b85fd_0
  opencv             pkgs/main/win-64::opencv-3.4.2-py36h40b0b35_0
  py-opencv          pkgs/main/win-64::py-opencv-3.4.2-py36hc319ecb_0


Proceed ([y]/n)?
```

图 2.18　开始安装 OpenCV 包

（3）查看安装是否正确以及安装的版本。输入“python”后回车，进入 Python 安装环境，并通过 Python 的安装环境查看相关安装包，如图 2.19 所示。

```
Anaconda Prompt - conda uninstall numpy - conda install numpy - conda install scipy - conda install matplotlib - conda install pandas - ...
Proceed ([y]/n)? y

Preparing transaction: done
Verifying transaction: done
Executing transaction: done

(tf) C:\Users\HUJIALE>python
Python 3.6.12 Anaconda, Inc. (default, Sep 9 2020, 00:29:25) [MSC v.1916 64 bit (AMD64)] on win32
Type "help", "copyright", "credits" or "license" for more information.
>>>
```

图 2.19　进入 Python 安装环境

（4）进入 Python 环境后，输入“import cv2”后回车，就可以进入 OpenCV 包，如图 2.20 所示。

```
Anaconda Prompt - conda uninstall numpy - conda install numpy - conda install scipy - conda install matplotlib - conda install pandas - ...

(tf) C:\Users\HUJIALE>python
Python 3.6.12 Anaconda, Inc. (default, Sep 9 2020, 00:29:25) [MSC v.1916 64 bit (AMD64)] on win32
Type "help", "copyright", "credits" or "license" for more information.
>>> import cv2
>>>
```

图 2.20　OpenCV 测试

（5）输入“cv2.__version__”后回车，就可以看到 OpenCV 是否正常安装以及安装的版本了，如图 2.21 所示。查看到版本信息就说明 OpenCV 已经正常安装了。

```
Anaconda Prompt - conda uninstall numpy - conda install numpy - conda install scipy - conda install matplotlib - conda install pandas - ...

(tf) C:\Users\HUJIALE>python
Python 3.6.12 Anaconda, Inc. (default, Sep 9 2020, 00:29:25) [MSC v.1916 64 bit (AMD64)] on win32
Type "help", "copyright", "credits" or "license" for more information.
>>> import cv2
>>> cv2.__version__
'3.4.2'
>>> _
```

图 2.21　查看 OpenCV 版本

4. 安装相关依赖库

根据需求安装其他依赖库。

1）安装 numpy

（1）输入“conda install numpy”后回车，如图 2.22 所示。

```
Anaconda Prompt - conda install opencv - conda install nu
done

(tf) C:\Users\HUJIALE>conda install numpy
```

图 2.22　安装 numpy

（2）安装 numpy 及其相关联的安装包。输入“y”后回车即可开始安装，如图 2.23 所示。

```
Anaconda Prompt - conda uninstall numpy - conda install numpy
Solving environment: done

## Package Plan ##

  environment location: C:\Users\HUJIALE\.conda\envs\tf

  added / updated specs:
    - numpy


The following NEW packages will be INSTALLED:

  blas               pkgs/main/win-64::blas-1.0-mkl
  intel-openmp       pkgs/main/win-64::intel-openmp-2020.2-254
  mkl                pkgs/main/win-64::mkl-2020.2-256
  mkl-service        pkgs/main/win-64::mkl-service-2.3.0-py36hb782905_0
  mkl_fft            pkgs/main/win-64::mkl_fft-1.1.0-py36h45dec08_0
  mkl_random         pkgs/main/win-64::mkl_random-1.1.1-py36h47e9c7a_0
  numpy              pkgs/main/win-64::numpy-1.19.1-py36h5510c5b_0
  numpy-base         pkgs/main/win-64::numpy-base-1.19.1-py36ha3acd2a_0
  six                pkgs/main/noarch::six-1.15.0-py_0

Proceed ([y]/n)?
```

图 2.23　开始安装 numpy

（3）等待安装完成，如图 2.24 所示。

Anaconda Prompt - conda uninstall numpy - conda install numpy
done
(tf) C:\Users\HUJIALE>

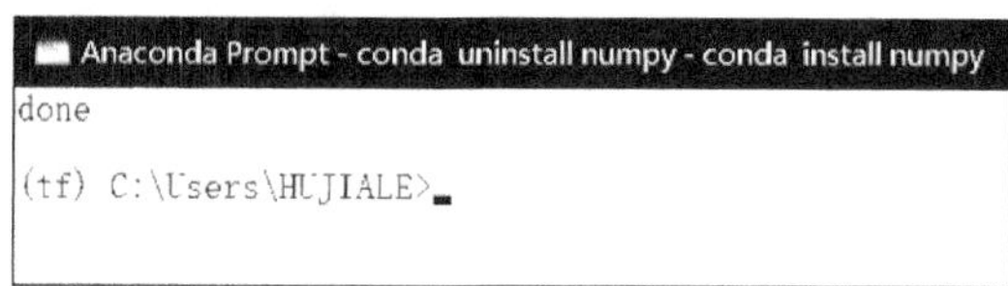

图 2.24　numpy 安装完成

（4）查看安装是否正确以及安装的版本。输入“python”后回车，进入 Python 安装环境，并通过 Python 的安装环境查看相关安装包，如图 2.25 所示。

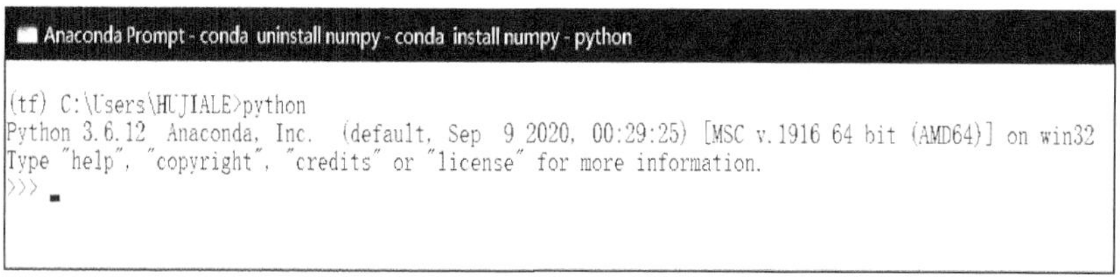

Anaconda Prompt - conda uninstall numpy - conda install numpy - python
(tf) C:\Users\HUJIALE>python
Python 3.6.12 Anaconda, Inc. (default, Sep 9 2020, 00:29:25) [MSC v.1916 64 bit (AMD64)] on win32
Type "help", "copyright", "credits" or "license" for more information.
>>>

图 2.25　进入 Python 安装环境

（5）进入 Python 环境后，输入“import numpy as np”后回车，就可以进入 numpy 包，如图 2.26 所示。

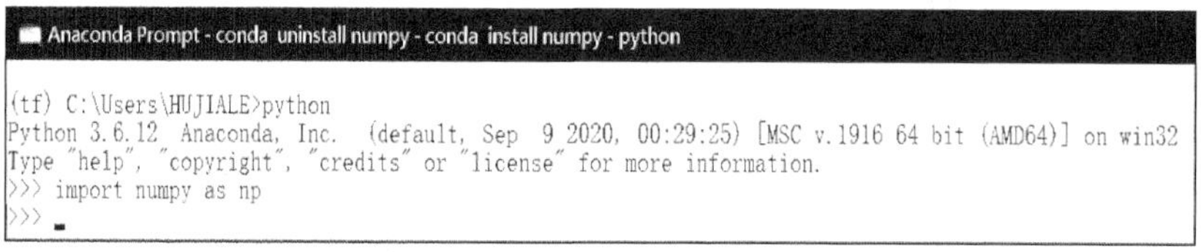

Anaconda Prompt - conda uninstall numpy - conda install numpy - python
(tf) C:\Users\HUJIALE>python
Python 3.6.12 Anaconda, Inc. (default, Sep 9 2020, 00:29:25) [MSC v.1916 64 bit (AMD64)] on win32
Type "help", "copyright", "credits" or "license" for more information.
>>> import numpy as np
>>>

图 2.26　进入 numpy 包

（6）输入“np.__version__”后回车，就可以看到 numpy 是否正常安装以及安装的版本了，如图 2.27 所示。

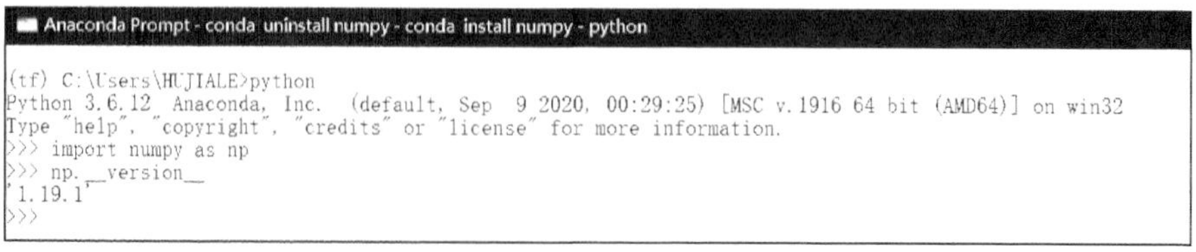

Anaconda Prompt - conda uninstall numpy - conda install numpy - python
(tf) C:\Users\HUJIALE>python
Python 3.6.12 Anaconda, Inc. (default, Sep 9 2020, 00:29:25) [MSC v.1916 64 bit (AMD64)] on win32
Type "help", "copyright", "credits" or "license" for more information.
>>> import numpy as np
>>> np.__version__
'1.19.1'
>>>

图 2.27　查看 numpy 版本

2）安装 scipy

（1）输入“conda install scipy”后回车，如图 2.28 所示。

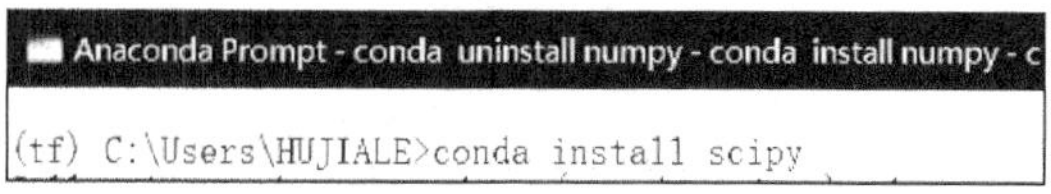

Anaconda Prompt - conda uninstall numpy - conda install numpy - c
(tf) C:\Users\HUJIALE>conda install scipy

图 2.28　安装 scipy

（2）安装 scipy 及其相关联的安装包。输入“y”后回车即可开始安装，如图 2.29 所示。

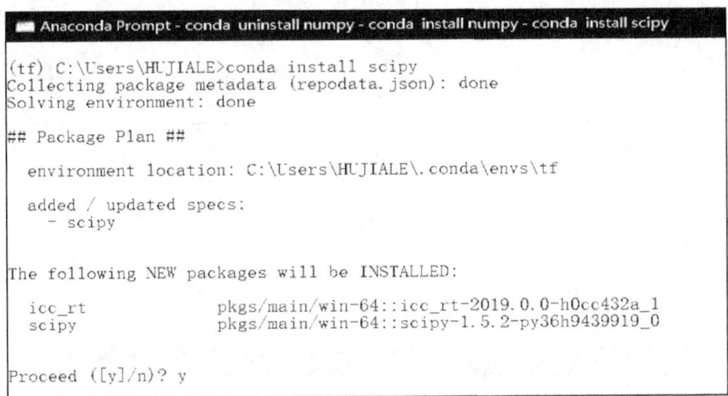

图 2.29 开始安装 scipy

（3）等待安装完成即可，如图 2.30 所示。

```
Anaconda Prompt - conda uninstall numpy - conda install numpy - conda install scipy
(tf) C:\Users\HUJIALE>
```

图 2.30 scipy 安装完成

（4）查看安装是否正确以及安装的版本。输入“python”后回车就可以进入 Python 安装环境，并通过 Python 安装环境查看相关安装包，如图 2.31 所示。

```
Anaconda Prompt - conda uninstall numpy - conda install numpy - conda install scipy - python
(tf) C:\Users\HUJIALE>python
Python 3.6.12 Anaconda, Inc. (default, Sep 9 2020, 00:29:25) [MSC v.1916 64 bit (AMD64)] on win32
Type "help", "copyright", "credits" or "license" for more information.
>>>
```

图 2.31 进入 Python 安装环境

（5）进入 Python 环境后，输入“import scipy as sp”后回车，就可以进入 scipy 包，如图 2.32 所示。

```
Anaconda Prompt - conda uninstall numpy - conda install numpy - conda install scipy - python
(tf) C:\Users\HUJIALE>python
Python 3.6.12 Anaconda, Inc. (default, Sep 9 2020, 00:29:25) [MSC v.1916 64 bit (AMD64)] on win32
Type "help", "copyright", "credits" or "license" for more information.
>>> import scipy as sp
>>>
```

图 2.32 进入 scipy 包

（6）输入“sp.__version__”后回车，就可以看到 scipy 是否正常安装以及安装的版本了，如图 2.33 所示。

```
Anaconda Prompt - conda uninstall numpy - conda install numpy - conda install scipy - python

(tf) C:\Users\HUJIALE>python
Python 3.6.12 Anaconda, Inc. (default, Sep 9 2020, 00:29:25) [MSC v.1916 64 bit (AMD64)] on win32
Type "help", "copyright", "credits" or "license" for more information.
>>> import scipy as sp
>>> sp.__version__
'1.5.2'
>>>
```

图 2.33　查看 scipy 版本

3）安装 matplotlib

（1）输入“conda install matplotlib”后回车，如图 2.34 所示。

```
Anaconda Prompt - conda uninstall numpy - conda install numpy - conda install scipy

(tf) C:\Users\HUJIALE>conda install matplotlib
```

图 2.34　安装 matplotlib

（2）安装 matplotlib 及其相关联的安装包。输入“y”后回车即可开始安装，如图 2.35 所示。

```
Anaconda Prompt - conda uninstall numpy - conda install numpy - conda install scipy - conda install matplotlib
  added / updated specs:
    - matplotlib


The following NEW packages will be INSTALLED:

  cycler             pkgs/main/win-64::cycler-0.10.0-py36h009560c_0
  freetype           pkgs/main/win-64::freetype-2.10.2-hd328e21_0
  icu                pkgs/main/win-64::icu-58.2-ha925a31_3
  jpeg               pkgs/main/win-64::jpeg-9b-hb83a4c4_2
  kiwisolver         pkgs/main/win-64::kiwisolver-1.2.0-py36h74a9793_0
  libpng             pkgs/main/win-64::libpng-1.6.37-h2a8f88b_0
  libtiff            pkgs/main/win-64::libtiff-4.1.0-h56a325e_1
  lz4-c              pkgs/main/win-64::lz4-c-1.9.2-h62dcd97_1
  matplotlib         pkgs/main/win-64::matplotlib-3.3.1-0
  matplotlib-base    pkgs/main/win-64::matplotlib-base-3.3.1-py36hba9282a_0
  olefile            pkgs/main/win-64::olefile-0.46-py36_0
  pillow             pkgs/main/win-64::pillow-7.2.0-py36hcc1f983_0
  pyparsing          pkgs/main/noarch::pyparsing-2.4.7-py_0
  pyqt               pkgs/main/win-64::pyqt-5.9.2-py36h6538335_2
  python-dateutil    pkgs/main/noarch::python-dateutil-2.8.1-py_0
  qt                 pkgs/main/win-64::qt-5.9.7-vc14h73c81de_0
  sip                pkgs/main/win-64::sip-4.19.8-py36h6538335_0
  tk                 pkgs/main/win-64::tk-8.6.10-he774522_0
  tornado            pkgs/main/win-64::tornado-6.0.4-py36he774522_1
  xz                 pkgs/main/win-64::xz-5.2.5-h62dcd97_0
  zstd               pkgs/main/win-64::zstd-1.4.5-h04227a9_0


Proceed ([y]/n)?
```

图 2.35　开始安装 matplotlib

（3）等待安装完成即可，如图 2.36 所示。

```
Anaconda Prompt - conda uninstall numpy - conda install numpy - conda install scipy - conda install matplotlib
done

(tf) C:\Users\HUJIALE>
```

图 2.36　matplotlib 安装完成

（4）查看安装是否正确以及安装的版本。输入“python”后回车就可以进入 Python 安装环境，并通过 Python 安装环境查看相关安装包，如图 2.37 所示。

```
Anaconda Prompt - conda uninstall numpy - conda install numpy - conda install scipy - conda install matplotlib - python
done

(tf) C:\Users\HUJIALE>python
Python 3.6.12 Anaconda, Inc. (default, Sep 9 2020, 00:29:25) [MSC v.1916 64 bit (AMD64)] on win32
Type "help", "copyright", "credits" or "license" for more information.
>>>
```

图 2.37 进入 Python 安装环境

（5）进入 Python 环境后，输入“import matplotlib as plt”后回车，就可以进入 matplotlib 包，如图 2.38 所示。

```
Anaconda Prompt - conda uninstall numpy - conda install numpy - conda install scipy - conda install matplotlib - python
done

(tf) C:\Users\HUJIALE>python
Python 3.6.12 Anaconda, Inc. (default, Sep 9 2020, 00:29:25) [MSC v.1916 64 bit (AMD64)] on win32
Type "help", "copyright", "credits" or "license" for more information.
>>> import matplotlib as plt
>>>
```

图 2.38 进入 matplotlib 包

（6）输入“plt.__version__”后回车，就可以看到 matplotlib 是否正常安装以及安装的版本了，如图 2.39 所示。

```
Anaconda Prompt - conda uninstall numpy - conda install numpy - conda install scipy - conda install matplotlib - python
done

(tf) C:\Users\HUJIALE>python
Python 3.6.12 Anaconda, Inc. (default, Sep 9 2020, 00:29:25) [MSC v.1916 64 bit (AMD64)] on win32
Type "help", "copyright", "credits" or "license" for more information.
>>> import matplotlib as plt
>>> plt.__version__
'3.3.1'
>>>
```

图 2.39 查看 matplotlib 版本

4）安装 pandas

（1）输入“conda install pandas”后回车，如图 2.40 所示。

```
Anaconda Prompt - conda uninstall numpy - conda install numpy - conda install scipy - conda install matplotlib

(tf) C:\Users\HUJIALE>conda install pandas
```

图 2.40 安装 pandas

（2）安装 pandas 及其相关联的安装包。输入“y”后回车即可开始安装，如图 2.41 所示。

```
Anaconda Prompt - conda uninstall numpy - conda install numpy - conda install scipy - conda install matplotlib - conda install pandas

(tf) C:\Users\HUJIALE>conda install pandas
Collecting package metadata (repodata.json): done
Solving environment: done

## Package Plan ##

  environment location: C:\Users\HUJIALE\.conda\envs\tf

  added / updated specs:
    - pandas


The following NEW packages will be INSTALLED:

  pandas             pkgs/main/win-64::pandas-1.1.1-py36ha925a31_0
  pytz               pkgs/main/noarch::pytz-2020.1-py_0


Proceed ([y]/n)?
```

图 2.41 开始安装 pandas

（3）等待安装完成即可，如图 2.42 所示。

```
Anaconda Prompt - conda uninstall numpy - conda install numpy - conda install scipy - conda install matplotlib - conda install pandas
done

(tf) C:\Users\HUJIALE>
```

图 2.42 pandas 安装完成

（4）查看安装是否正确以及安装的版本。输入“python”后回车就可以进入 Python 安装环境，并通过 Python 安装环境查看相关安装包，如图 2.43 所示。

```
Anaconda Prompt - conda uninstall numpy - conda install numpy - conda install scipy - conda install matplotlib - conda install pandas - ...
done

(tf) C:\Users\HUJIALE>python
Python 3.6.12 |Anaconda, Inc.| (default, Sep  9 2020, 00:29:25) [MSC v.1916 64 bit (AMD64)] on win32
Type "help", "copyright", "credits" or "license" for more information.
>>> _
```

图 2.43 进入 Python 安装环境

（5）进入 Python 环境后，输入“import pandas as pd”后回车，就可以进入 pandas 包，如图 2.44 所示。

```
Anaconda Prompt - conda uninstall numpy - conda install numpy - conda install scipy - conda install matplotlib - conda install pandas - ...

(tf) C:\Users\HUJIALE>python
Python 3.6.12 |Anaconda, Inc.| (default, Sep  9 2020, 00:29:25) [MSC v.1916 64 bit (AMD64)] on win32
Type "help", "copyright", "credits" or "license" for more information.
>>> import pandas as pd
>>>
```

图 2.44 进入 pandas 包

（6）输入“pd.__version__”后回车，就可以看到 pandas 是否正常安装以及安装的版本了，如图 2.45 所示。

```
Anaconda Prompt - conda uninstall numpy - conda install numpy - conda install scipy - conda install matplotlib - conda install pandas - ...

(tf) C:\Users\HUJIALE>python
Python 3.6.12 Anaconda, Inc. (default, Sep 9 2020, 00:29:25) [MSC v.1916 64 bit (AMD64)] on win32
Type "help", "copyright", "credits" or "license" for more information.
>>> import pandas as pd
>>> pd.__version__
'1.1.1'
>>>
```

图 2.45 查看 pandas 版本

5）安装 scikit-learn

（1）输入“conda install scikit-learn”后回车，如图 2.46 所示。

```
Anaconda Prompt - conda uninstall numpy - conda install numpy - conda install scipy - conda install matplotlib - conda install pandas
(tf) C:\Users\HUJIALE>conda install scikit-learn
```

图 2.46 安装 scikit-learn

（2）安装 scikit-learn 及其相关联的安装包。输入“y”后回车即可开始安装，如图 2.47 所示。

```
Anaconda Prompt - conda uninstall numpy - conda install numpy - conda install scipy - conda install matplotlib - conda install pandas - ...
(tf) C:\Users\HUJIALE>conda install scikit-learn
Collecting package metadata (repodata.json): done
Solving environment: done

## Package Plan ##

  environment location: C:\Users\HUJIALE\.conda\envs\tf

  added / updated specs:
    - scikit-learn


The following NEW packages will be INSTALLED:

  joblib             pkgs/main/noarch::joblib-0.16.0-py_0
  scikit-learn       pkgs/main/win-64::scikit-learn-0.23.2-py36h47e9c7a_0
  threadpoolctl      pkgs/main/noarch::threadpoolctl-2.1.0-pyh5ca1d4c_0


Proceed ([y]/n)?
```

图 2.47 开始安装 scikit-learn

（3）等待安装完成即可，如图 2.48 所示。

```
Anaconda Prompt - conda uninstall numpy - conda install numpy - conda install scipy - conda install matplotlib - conda install pandas - ...
done

(tf) C:\Users\HUJIALE>
```

图 2.48 scikit-learn 安装完成

6）安装 scikit-image

（1）输入“conda install scikit-image”后回车，如图 2.49 所示。

```
Anaconda Prompt - conda uninstall numpy - conda install numpy - conda install scipy - conda install matplotlib - conda install pandas - ...

(tf) C:\Users\HUJIALE>conda install scikit-image
```

图 2.49　安装 scikit-image

（2）安装 scikit-image 及其相关联的安装包。输入“y”后回车即可开始安装，如图 2.50 所示。

```
Anaconda Prompt - conda uninstall numpy - conda install numpy - conda install scipy - conda install matplotlib - conda install pandas - ...

(tf) C:\Users\HUJIALE>conda install scikit-image
Collecting package metadata (repodata.json): done
Solving environment: done

## Package Plan ##

  environment location: C:\Users\HUJIALE\.conda\envs\tf

  added / updated specs:
    - scikit-image


The following NEW packages will be INSTALLED:

  cloudpickle        pkgs/main/noarch::cloudpickle-1.6.0-py_0
  cytoolz            pkgs/main/win-64::cytoolz-0.10.1-py36he774522_0
  dask-core          pkgs/main/noarch::dask-core-2.25.0-py_0
  decorator          pkgs/main/noarch::decorator-4.4.2-py_0
  imageio            pkgs/main/noarch::imageio-2.9.0-py_0
  networkx           pkgs/main/noarch::networkx-2.5-py_0
  pywavelets         pkgs/main/win-64::pywavelets-1.1.1-py36he774522_0
  pyyaml             pkgs/main/win-64::pyyaml-5.3.1-py36he774522_1
  scikit-image       pkgs/main/win-64::scikit-image-0.16.2-py36h47e9c7a_0
  toolz              pkgs/main/noarch::toolz-0.10.0-py_0
  yaml               pkgs/main/win-64::yaml-0.2.5-he774522_0


Proceed ([y]/n)?
```

图 2.50　开始安装 scikit-image

（3）等待安装完成即可，如图 2.51 所示。

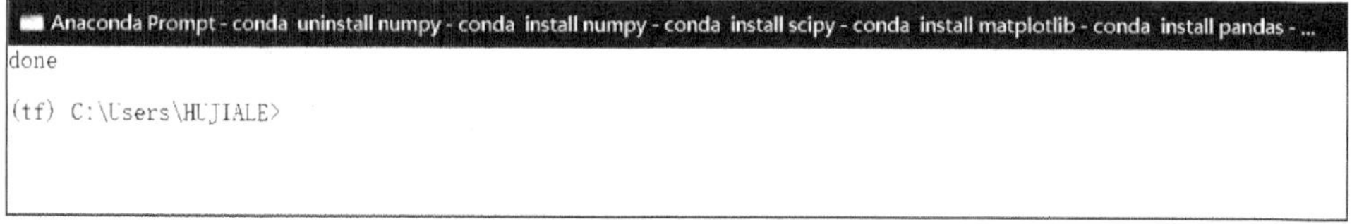

图 2.51　scikit-image 安装完成

7）安装 Keras 包

（1）输入“conda install keras”后回车，如图 2.52 所示。

```
(tensorflow-gpu) C:\Users\HUJIALE>conda install keras
```

图 2.52　安装 Keras

（2）安装 Keras 及其相关联的安装包。输入“y”后回车即可开始安装，如图 2.53 所示。

```
Anaconda Prompt - conda install keras
  brotlipy           pkgs/main/win-64::brotlipy-0.7.0-py36he774522_1000
  cachetools         pkgs/main/noarch::cachetools-4.1.1-py_0
  cffi               pkgs/main/win-64::cffi-1.14.2-py36h7a1dbc1_0
  chardet            pkgs/main/win-64::chardet-3.0.4-py36_1003
  click              pkgs/main/noarch::click-7.1.2-py_0
  cryptography       pkgs/main/win-64::cryptography-3.1-py36h7a1dbc1_0
  gast               pkgs/main/win-64::gast-0.2.2-py36_0
  google-auth        pkgs/main/noarch::google-auth-1.21.2-py_0
  google-auth-oauth~ pkgs/main/noarch::google-auth-oauthlib-0.4.1-py_2
  google-pasta       pkgs/main/noarch::google-pasta-0.2.0-py_0
  grpcio             pkgs/main/win-64::grpcio-1.31.0-py36he7da953_0
  h5py               pkgs/main/win-64::h5py-2.8.0-py36hf7173ca_2
  idna               pkgs/main/noarch::idna-2.10-py_0
  importlib-metadata pkgs/main/win-64::importlib-metadata-1.7.0-py36_0
  keras              pkgs/main/win-64::keras-2.3.1-0
  keras-applications pkgs/main/noarch::keras-applications-1.0.8-py_1
  keras-base         pkgs/main/win-64::keras-base-2.3.1-py36_0
  keras-preprocessi~ pkgs/main/noarch::keras-preprocessing-1.1.0-py_1
  libprotobuf        pkgs/main/win-64::libprotobuf-3.13.0-h200bbdf_0
  markdown           pkgs/main/win-64::markdown-3.2.2-py36_0
  oauthlib           pkgs/main/noarch::oauthlib-3.1.0-py_0
  opt_einsum         pkgs/main/noarch::opt_einsum-3.1.0-py_0
  protobuf           pkgs/main/win-64::protobuf-3.13.0-py36h6538335_0
  pyasn1             pkgs/main/noarch::pyasn1-0.4.8-py_0
  pyasn1-modules     pkgs/main/noarch::pyasn1-modules-0.2.7-py_0
  pycparser          pkgs/main/noarch::pycparser-2.20-py_2
  pyjwt              pkgs/main/win-64::pyjwt-1.7.1-py36_0
  pyopenssl          pkgs/main/noarch::pyopenssl-19.1.0-py_1
  pysocks            pkgs/main/win-64::pysocks-1.7.1-py36_0
  pyyaml             pkgs/main/win-64::pyyaml-5.3.1-py36he774522_1
  requests           pkgs/main/noarch::requests-2.24.0-py_0
  requests-oauthlib  pkgs/main/noarch::requests-oauthlib-1.3.0-py_0
  rsa                pkgs/main/noarch::rsa-4.6-py_0
  scipy              pkgs/main/win-64::scipy-1.5.2-py36h9439919_0
  tensorboard        pkgs/main/noarch::tensorboard-2.2.1-pyh532a8cf_0
  tensorboard-plugi~ pkgs/main/noarch::tensorboard-plugin-wit-1.6.0-py_0
  tensorflow         pkgs/main/win-64::tensorflow-2.1.0-eigen_py36hdbbabfe_0
  tensorflow-base    pkgs/main/win-64::tensorflow-base-2.1.0-eigen_py36h49b2757_0
  tensorflow-estima~ pkgs/main/noarch::tensorflow-estimator-2.1.0-pyhd54b08b_0
  termcolor          pkgs/main/win-64::termcolor-1.1.0-py36_1
  urllib3            pkgs/main/noarch::urllib3-1.25.10-py_0
  werkzeug           pkgs/main/noarch::werkzeug-0.16.1-py_0
  win_inet_pton      pkgs/main/win-64::win_inet_pton-1.1.0-py36_0
  wrapt              pkgs/main/win-64::wrapt-1.12.1-py36he774522_1
  yaml               pkgs/main/win-64::yaml-0.2.5-he774522_0
  zipp               pkgs/main/noarch::zipp-3.1.0-py_0


Proceed ([y]/n)?
```

图 2.53　开始安装 Keras

（3）等待安装完成即可，如图 2.54 所示。

图 2.54　Keras 安装完成

5. 使用 Anaconda 图形化界面安装相关包

下面介绍使用图形化界面来安装相关包。

（1）按 Win 按键找到并打开 Anaconda Navigator，如图 2.55 所示。

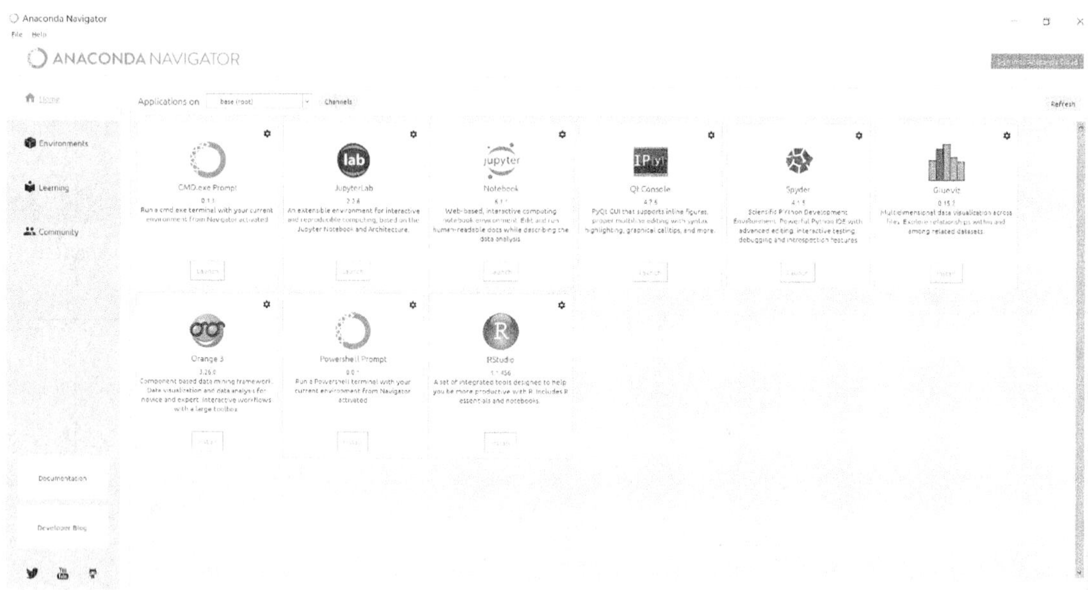

图 2.55　Anaconda Navigator 界面

（2）点击“Environments”，进入安装环境，如图 2.56 所示。

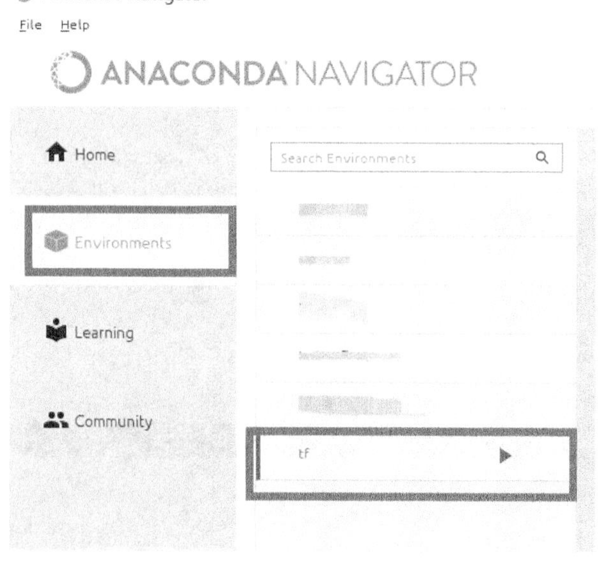

图 2.56　进入 Anaconda 安装环境

（3）进入安装环境后，安装库文件。按照图 2.57 所示步骤，点击“Installed”右侧下拉菜单，打开选项菜单。

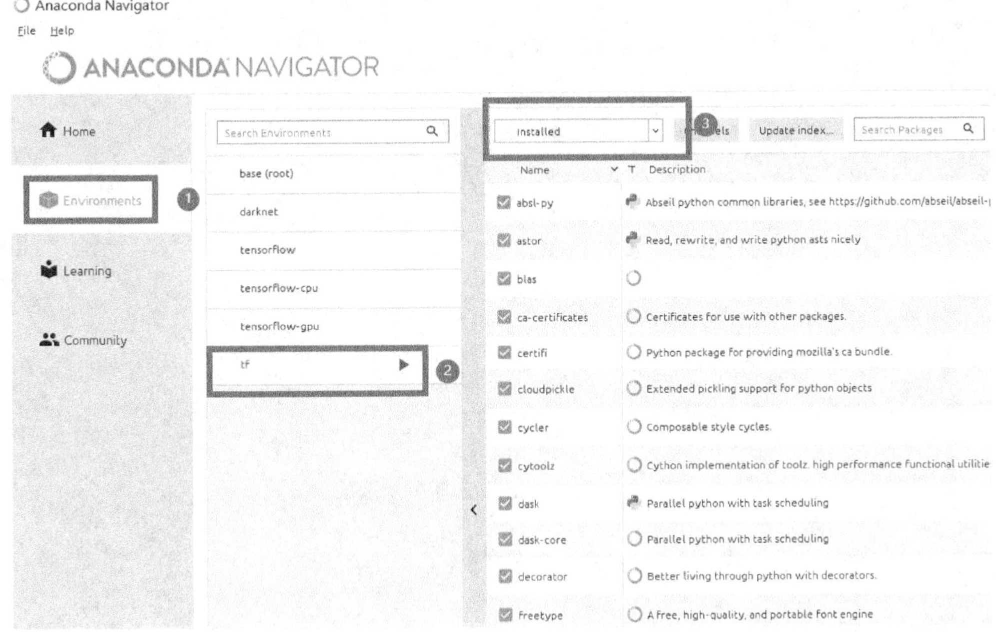

图 2.57　Anaconda 安装库文件

（4）将“Installed”换成“Not installed”就可以看到所有没有安装的软件，如图 2.58 所示。

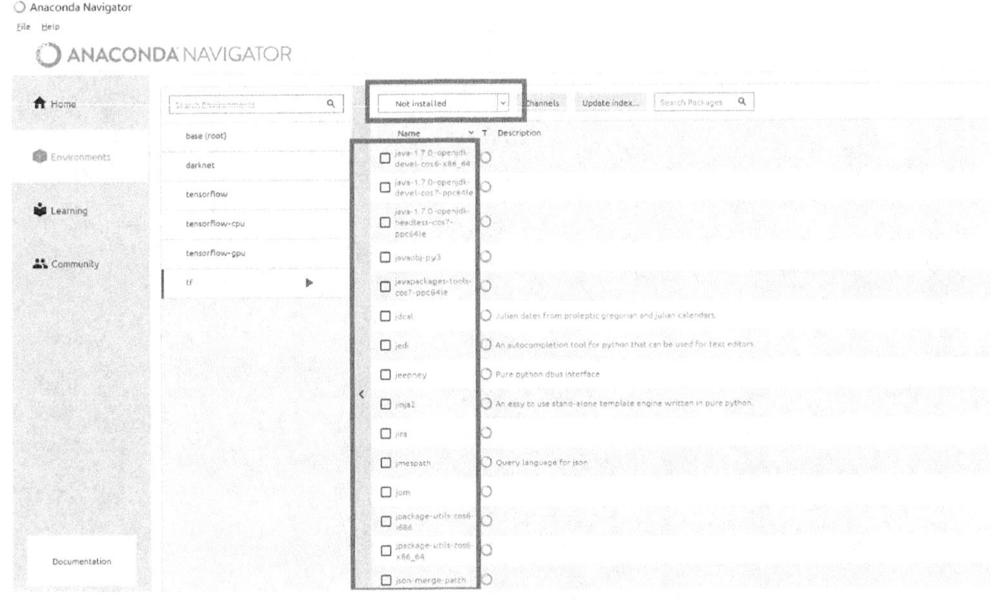

图 2.58　Anaconda 未安装的包

（5）前面没有打钩的，就是还没有安装的，可以根据需求，安装所需的包。这里以安装 Keras 包的过程为例。根据头文件，下滑找到 Keras 包，并勾选它，如图 2.59 所示。点击“Apply”就可以安装了。

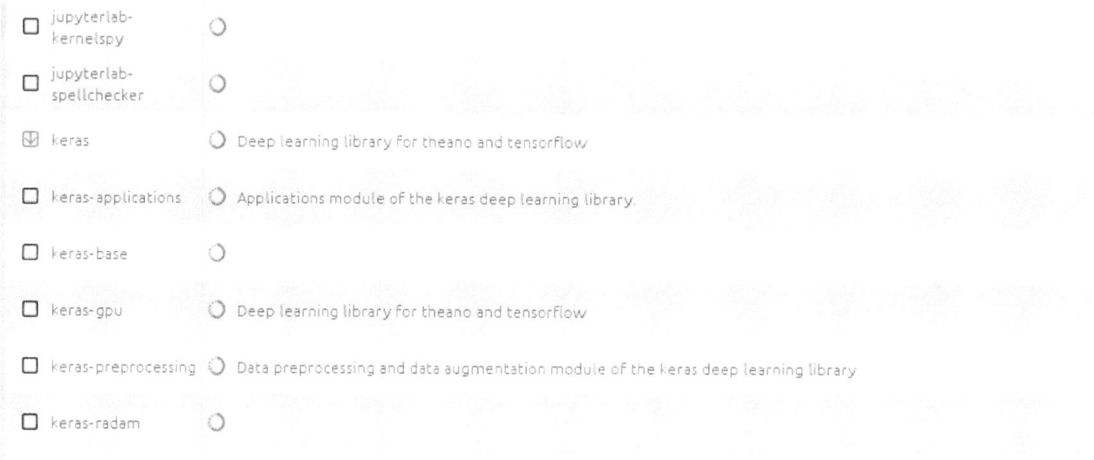

☐	jupyterlab-kernelspy	
☐	jupyterlab-spellchecker	
☑	keras	Deep learning library for theano and tensorflow
☐	keras-applications	Applications module of the keras deep learning library.
☐	keras-base	
☐	keras-gpu	Deep learning library for theano and tensorflow
☐	keras-preprocessing	Data preprocessing and data augmentation module of the keras deep learning library
☐	keras-radam	

图 2.59　选择 Anaconda 需要安装的包

通过以上方法，可以正式安装所有的库文件。

（六）实验要求

（1）成功安装 TensorFlow-GPU 和 CV2 开发包。

（2）成功安装相关操作开发包。

第 3 章　鸢尾花多分类全连接神经网络识别案例（Python 代码实现）

（一）实验目的

（1）熟悉全连接神经网络。

（2）熟悉 Python 包编写程序。

（3）掌握 Python 运行的基本框架。

（4）掌握 TensorFlow 包中的相关指令。

（二）实验内容

（1）使用 PyCharm 编写 Python 程序。

（2）完成鸢尾花数据集（Iris）的训练和检测。

（三）实验设备

（1）PC 机 1 台。

（2）智能小车 1 台。

（四）实验原理

1. 鸢尾花数据集介绍

鸢尾花数据集是机器学习实验案例中一个非常经典的数据集，经常被用于机器学习实验平台中的经典讲解案例。鸢尾花数据集主要包含 3 类鸢尾花，分别为山鸢尾、变色鸢尾、弗吉尼亚鸢尾，共 150 条记录，每一类记录各 50 条。每一条记录中包含 4 项特征，分别为花萼长度、花萼宽度、花瓣长度、花瓣宽度。对这 4 项不同的特征进行训练，最终用来测试训练出来的数据能否通过 4 个特征来识别出花的类别，即让机器通过简单的判断来预测现实中的物体。

2. CNN 介绍

CNN 属于人工神经网络（artificial neural network，ANN）的一种，其权值共享（weight sharing）的网络结构显著降低了模型的复杂度，减少了权值的数量，在语音分析和图像识别领域有大量运用。

传统的识别算法，需要对输入的数据进行特征提取与数据重建，而 CNN 可以直接将图片作为网络的输入，自动提取特征，如对图片的变形、平移、比例缩放、倾斜等，具有高度不变性。

CNN 中最重要的是卷积，这里对卷积进行简单介绍。卷积是泛函分析中一种积分变换的数学方法，是通过两个函数 f 和 g 生成第三个函数的一种数学算子，表征函数 f 与 g 经过翻转平移后重叠部分的面积。这就是卷积的基本概念，也是 CNN 中的重要思想。

普通神经网络包含三层结构，分别为输入层、隐藏层、输出层。CNN 的特点是将隐藏层分为卷积层和池化层（pooling layer）。池化层也被称为下采样层或用来分类的全连接层。卷积层通过一块卷积核（convolution kernel）在原始图像上平移来提取特征，每一个特征就是一个特征映射；而池化层通过汇聚特征后稀疏参数来减少要学习的参数，降低网络的复杂度。最常见的池化层是最大池化层和平均池化层，通常情况下使用最大池化层来稀疏参数。

卷积核在提取特征映射时的动作被称为 padding。它有两种方式，分别为 same 和 valid。移动步长（stride）不一定能整除整张图的像素宽度，仅当移动步长为 1 时，可以确保遍历整张图片，而当步长超过 1 时，边界可能难以被遍历到。因此，存在越过边缘取样的操作，也就是 same padding，越过边界的操作主要用全零填充方式，使得图像最外层添加新的层数，这样就可以越过边界。而 vaild padding 称为不越过边界。

卷积层的主要操作流程：在图片左上角截取矩阵，与对应的卷积核矩阵相乘相加，得到下一层的输出值；以一定步长移动矩阵，遍历整个图片矩阵，得到下一层矩阵参数。

池化层的主要作用是稀疏参数，常见的池化方式为最大池化。池化层置入卷积层后，主要操作步骤是将卷积层提取的特征值进行稀疏操作，降低硬件的计算量，也防止过拟合操作情况。

池化层的主要操作流程：最大池化通常是以 2×2 矩阵提取操作，将卷积后的矩阵进行参数稀疏提取，每次只取矩阵中的最大值作为下一层参数的输入值。

全连接层的主要操作流程：将特征进行分类，按照提取的概率问题，进行最终样本划分。全连接层的主要作用就是分类。

3. 代码原理介绍

人工智能代码编写主要使用 Python 编程语言，调用开发包文件，构建一个简单的神经网络进行深度学习。本次构建代码仅一个文件，只对数据集进行简单训练，并对测试集检测准确率进行统计。

开始构建代码之前，先做一个简单解释，Python 语言不同于 C 语言和 Java 语言，其循环和判断均是通过严格的格式划分出来的，而不是通过大括号等划分出来的。因此，在编写代码的过程中一定要严格注意空格和对齐操作，不可出错。

（1）开始构建代码部分。首行代码：

```
# -*- coding:UTF-8 -*-
```

Python 代码不支持中文，在“#”后添加中文注释也不可以。如果需要添加中文，首行中需要添加上面这一行代码，否则在书写中文时，可能出现报错情况。

UTF-8 码指的是万国码，是互联网中使用得最多的一种编码方式，其编码特点是使用变长编码方式、统一无国界。

除 UTF-8 码外，还有中国区域的编码，也就是 GBK 编码，这是汉字国际扩展码。

编码方式并不仅限于这两种，还有其他各种编码方式，大家在以后的学习中将会遇到。

（2）程序导包主要使用 import as 和 from import as 这两种导包方式，如图 3.1 所示。其主要作用是将之前创建的安装包从环境中导入进去。

iris_native.py

```
# -*- coding: UTF-8 -*-
import tensorflow as tf
from sklearn import datasets
from matplotlib import pyplot as plt
import numpy as np

```

图 3.1　导包

在编译的过程中，如果发现某些包文件不存在，可以回到之前搭建平台的地方重新安装相关包文件。

导包完成后，就可以继续实验操作。

(3) 下载数据集，因为鸢尾花数据集属于 sklearn 模块的训练数据集，所以只需要将 sklearn 包下载即可。

(4)启用动态图，如图 3.2 所示，使 TensorFlow 开始运行，这里对 tf.enable_eager_execution()进行简单解释。

```
tf.enable_eager_execution()
```

图 3.2　启用动态图

```
tf.enable_eager_execution(
  config=None,
  device_policy=None,
  execution_mode=None)
```

tf.enable_eager_execution()有如下 3 个参数。

config：可选参数，通过 tf.compat.v1.ConfigProto 来配置操作执行的环境。

device_policy：可选参数，控制在特定设备（如 GPU 0）上需要输入的操作，制订不同设备（如 GPU 1 或 CPU）上的输入的策略。当设置为“无”时，自动选择适当的值。

execution_mode：可选参数，制订调度操作实际如何执行的策略。当设置为“None”时，自动选择合适的数值。

这里不对 tf.enable_eager_execution()参数进行内在设置，使用默认参数即可。

(5) 启用动态图后，正式编写程序，程序编写的第一步就是将数据集导入程序中，程序导包直接使用 sklearn 模块。在加载数据集的过程中，需要分开进行数据集导入，主要划分为特征和标签，如图 3.3 所示。

```
x_data = datasets.load_iris().data
y_data = datasets.load_iris().target
```

图 3.3　调用数据和标签

特征，顾名思义，就是物体特有的。对于每个人而言，不同的五官就是一个人的特征，对人脸进行识别，就是对不同的五官进行识别；而标签就是特定的那个人，就像每个人的名字一样。

(6) 数据下载完成后，需要对数据进行简单的修改，官方给的鸢尾花数据集是一个比较规则的数据集，将训练集完全打乱，这样才会有较好的效果。在打乱的过程中，需要注意标签函数的一一对应，随机种子也需要保持一致，使得标签与样本一致，如图 3.4 所示。

(7) 数据集打乱后，对数据集进行简单的分割，即将数据集分为两部分：一部分是训练集，另一部分是测试集。按照 60%～80%为训练集、剩余部分为测试集进行分割。本次实验按照 80%为训练集的比例将数据集进行分割，即 150 个样本划分为 120 个训练集和 30 个测试集，如图 3.5 所示。需要注意的是，随机种子的值可以根据需要修改，随机种子的修改将影响数据集打乱的顺序，使得训练的结果中损失函数值下降，且检测准确率有所不同。

```
np.random.seed(116)
np.random.shuffle(x_data)
np.random.seed(116)
np.random.shuffle(y_data)
tf.random.set_random_seed(116)
```

图 3.4　打乱数据

```
x_train = x_data[:-30]
y_train = y_data[:-30]
x_test = x_data[-30:]
y_test = y_data[-30:]
```

图 3.5　数据集分割

也可以尝试使用 sklearn.model_selection.train_test_split()函数进行数据集分割，在使用此函数前，需要进行导包；导包后，即可使用程序对数据集进行相应的分割操作。

```
from sklearn.model_selection import train_test_split  #导包,放程序前面
x_train,x_test,y_train,y_test=train_test_split(x_data,y_data,\\
                                     test_size=0.2,\\
                                     random_state=27)
y_data,test_size=0.2,# 测试集比 random_state=27   # 随机数种
```

（8）数据集分割完成后，还需要对数据集中的数据进行格式统一。鸢尾花数据集的标签存在多种不同的类型，包括 int 型、float 型、double 型等，需要对数据集中的数据格式进行统一处理，将其全部转化为 float 型，如图 3.6 所示。

```
x_train = tf.cast(x_train, tf.float32)
x_test = tf.cast(x_test, tf.float32)
print("-------------------------")
print("x_train:",x_data)
train_db = tf.data.Dataset.from_tensor_slices((x_train, y_train)).batch(32)
test_db = tf.data.Dataset.from_tensor_slices((x_test, y_test)).batch(32)
```

图 3.6　数据格式统一

（9）数据集的标签处理完成后，还需要对数据集中的样本进行处理，主要的处理方式是进行分割。这里将数据集分割为 4 个部分，即 30/30/30/30，投入神经网络进行训练，如图 3.7 所示。

```
x_train = tf.cast(x_train, tf.float32)
x_test = tf.cast(x_test, tf.float32)

train_db = tf.data.Dataset.from_tensor_slices((x_train, y_train)).batch(30)
test_db = tf.data.Dataset.from_tensor_slices((x_test, y_test)).batch(30)
```

图 3.7　数据的 batch 打包

（10）准备工作完成后，开始构建神经网络。先设置神经网络的初始参数，本次神经网络的构成中，特征标签有 4 个，即花瓣长度、花瓣宽度、花萼长度、花萼宽度。因此，初设神经元，也就是输入层特征值为 4，而输出为 3 类鸢尾花，如图 3.8 所示。

```
w1 = tf.Variable(tf.random.truncated_normal([4, 3], stddev=0.1, seed=1))
b1 = tf.Variable(tf.random.truncated_normal([3], stddev=0.1, seed=1))
```

图 3.8　定义变量

其中，tf.random.truncated_normal()会从截断的正态分布中输出随机值，截断的部分是正态分布峰值左右各 2σ，若取值在区间（μ−2σ，μ + 2σ）外，则重新进行选择。这样可以保证生成的值都在均值附近。值得注意的是，外层函数 tf.Variable()返回变量，而与其对应的 tf.constant()函数返回常量。

```
learnrate = 0.1
train_loss_results = []
test_acc = []
epoch = 500
loss_all = 0
```

图 3.9　运行参数

（11）设置完成神经网络的权重参数后，继续设置神经网络的运行参数，主要包括学习率、损失率、检测准确率等，还包括训练的运行次数。其中：learnrate 为学习率；train_loss_results 为以数组的方式保存的损失率；test_acc 为保存学习率；epoch 为设置训练次数；loss_all 为初始化训练损失值，如图 3.9 所示。

（12）设置完基本参数后，就可以开始正式训练。外层循环设置训练次数，预设 epoch 为 500 次，本次实验每训练一次，做一次测验，并同时进行检测，得出训练的损失值和检测准确率的判断。

训练过程：对构成类别和特征值进行全连接操作，对数据进行转化，使得结果处于 0～1；使用最小二乘法计算每一次的损失值，构建损失数据，方便后期绘制损失函数曲线图。这也是机器学习中神经网络计算前向传播的主要过程，通过给定的 w1 和 b1 做前向传播运算，计算下一层参数，并通过下一层参数继续运算，最终得到检测 3 类鸢尾花权值的完整神经网络。

这里对部分参数进行简单解释。

enumerate()函数：将索引 train_db 数据集中对应的下标及该下标索引所对应的值。例如，使用

```
std="esd"
for i key in enumerate(esd):
        Print(i,key)
```

结果如下。

```
esd[0]=e
esd[1]=s
esd[2]=d
```

matmul()函数：将矩阵内部对应相乘相加，矩阵运算最终得到的是一个数，而不是向量或矩阵。

softmax()函数：输出层的激活函数，主要用于分类问题，根据概率大小与实际结果匹配，对应划分不同分类的问题，如图 3.10 所示。

```
for epoch in range(epoch):
    for step, (x_train, y_train) in enumerate(train_db):
        with tf.GradientTape() as tape:
            y = tf.matmul(x_train, w1) + b1
            y = tf.nn.softmax(y)
            y_ = tf.one_hot(y_train, depth=3)
            loss = tf.reduce_mean(tf.square(y_ - y))
            loss_all += loss.numpy()
        grads = tape.gradient(loss, [w1, b1])
```

图 3.10　训练

（13）前向传播计算完后，还要进行反向传播的运算，这个过程中对 w1 和 b1 的值进行更新，更新的对比就是反向验算前向传播留下的值，相差就要根据结果反向更新 w1 和 b1 的值，如图 3.11 所示。

```
w1.assign_sub(learnrate * grads[0])  # 参数w1自更新
b1.assign_sub(learnrate * grads[1])  # 参数b自更新
```

图 3.11　参数更新

（14）每次训练完成后，将该次训练结果显示出来；由于是对数据进行分割后才进行训练，计算损失值时将每个分割的结果加和为 1，显示的加和平均值最后还需要回归到 0，以便下次加和初始值不受干扰，如图 3.12 所示。

```
print("Epoch {}, loss: {}".format(epoch, loss_all/4))
train_loss_results.append(loss_all / 4)
loss_all = 0
```

图 3.12　显示训练结果

（15）训练完成后，对训练结果进行测试。测试的主要流程：将测试的特征标签取出，在投入权重计算前，还需要对其进行提前处理，预设参数 total_correct 为预测对的样本个数，total_number 为测试的总样本数。本次实验中，预测样本初始值为 0，测试的总样本数为 30。如果之前对测试集和训练集划分不是 30 和 120，那么这里需要进行修改。

预测中，获取预测的特征值，与权重和偏差值进行相关运算，运算的结果是一个概率值，根据概率值的大小使用 softmax()函数激活，得到最终程序预测的结果，如图 3.13 所示。

```
total_correct, total_number = 0, 0.
for x_test, y_test in test_db:
    y = tf.matmul(x_test, w1) + b1
    y = tf.nn.softmax(y)
    pred = tf.argmax(y, axis=1)
    pred = tf.cast(pred, dtype=y_test.dtype)
    correct = tf.cast(tf.equal(pred, y_test), dtype=tf.int32)
    correct = tf.reduce_sum(correct)
    total_correct += correct
    total_number += 30
```

图 3.13　预测

预测完成后，将预测结果显示出来，主要是检测准确率，如图 3.14 所示。

```
print(type(total_number))
total_correct1 = total_correct.numpy()
acc = total_correct1/total_number
test_acc.append(acc)
print("Test_acc:", acc)
print("--------------------------")
```

图 3.14　预测结果显示

（16）绘制损失函数曲线图，给函数图像取名，这里取名为 Loss Function Curve，并将横轴和纵轴的名称分别定义为 Epoch 和 Loss，逐点画出 trian_loss_results 值并连线，连线图标为 Loss，打开并显示图像，如图 3.15 所示。

（17）显示 Accuracy 图像，给图像取名，并给横轴和纵轴定义名称，逐点画出 test_acc 值并连线，连线图标为 Accuracy，如图 3.16 所示。

```
plt.title('Loss Function Curve')
plt.xlabel('Epoch')
plt.ylabel('Loss')
plt.plot(train_loss_results, label="$Loss$")
plt.legend()
plt.show()
```

图 3.15　绘制损失函数曲线图

```
plt.title('Acc Curve')
plt.xlabel('Epoch')
plt.ylabel('Acc')
plt.plot(test_acc, label="$Accuracy$")
plt.legend()
plt.show()
```

图 3.16　显示 Accuracy 图像

以上就是本次实验中的代码解释部分。构建完代码后，就可以开始新建一个工程文件，将代码放进去，运行编译的代码了。

（五）实验步骤

1. PC 端实验操作步骤

在对鸢尾花数据集中的数据进行训练前，需要先搭建其训练的环境，也就是导入需要的安装包，创建实验平台。

本次实验主要用 PyCharm 程序实现。

（1）打开 PyCharm 程序，创建新项目，如图 3.17 所示。

图 3.17　PyCharm 创建新项目

（2）点击“创建新项目”后，开始构建一个工程项目文件，需要对工程文件进行设置操作。首先点击“Pure Python”，构建一个 Python 工程文件；然后打开“Location”，对文件的

工程目录进行设置，主要以非系统盘为主。在“Base interpreter”选项中，需要将 Anaconda 中搭建的环境导入 PyCharm 中，选择之前在 Anaconda 中构建的环境名下的 Python.exe 文件；如果找不到，也可以先设置默认环境，后续再添加（在步骤（5）中有新添加的具体操作）。文件设置完成后，点击“Create”，如图 3.18 所示。

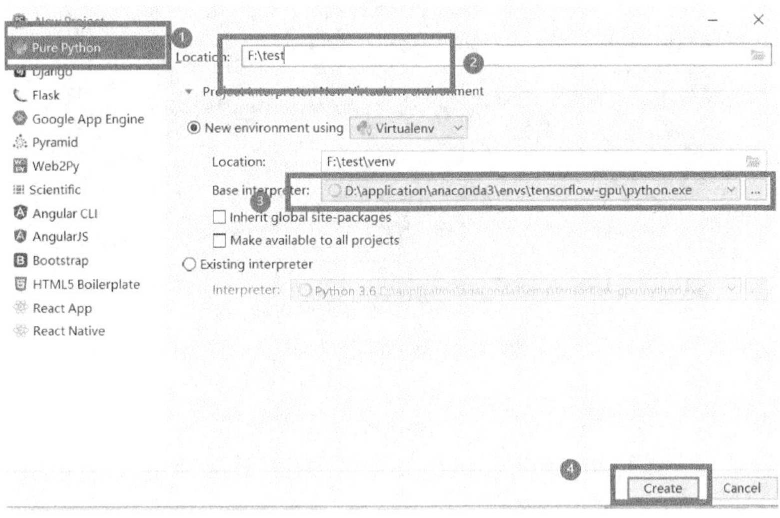

图 3.18　环境和路径的选择

（3）工程创建完成后，就可以新建脚本文件了。右键点击“test”→“新建”→“Python File”，即可创建 Python 脚本文件，如图 3.19 所示；点击左上方的“文件”→“新建”→“Python File”，同样也可以创建 Python 脚本文件。

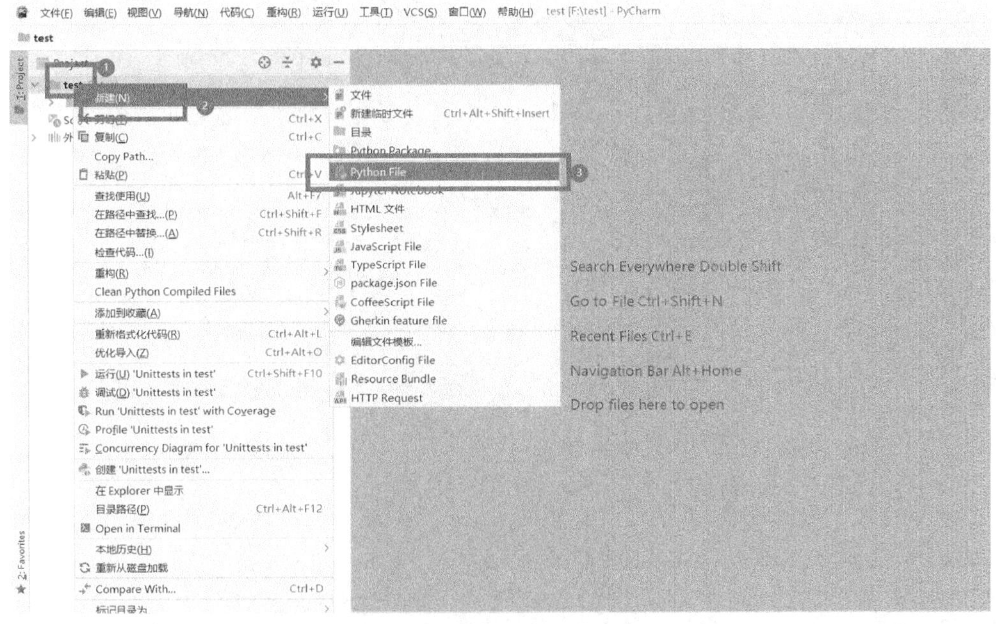

图 3.19　新建 Python 文件

（4）创建 Python 脚本文件后，还需要对其进行命名，命名时不要更改文件选项，直接对

文件命名即可，这里命名为“iris_native”。回车后即可成功创建一个 Python 脚本文件，如图 3.20 所示。

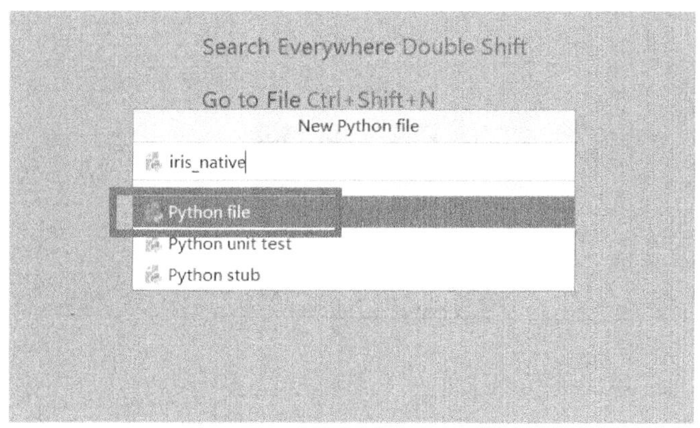

图 3.20　Python 文件命名

（5）再检查一遍 TensorFlow-GPU 的 Python.exe 文件是否正常导入，如果之前没有正常将环境导入，这里可以重新导入一遍。点击“文件”→“设置”，如图 3.21 所示。

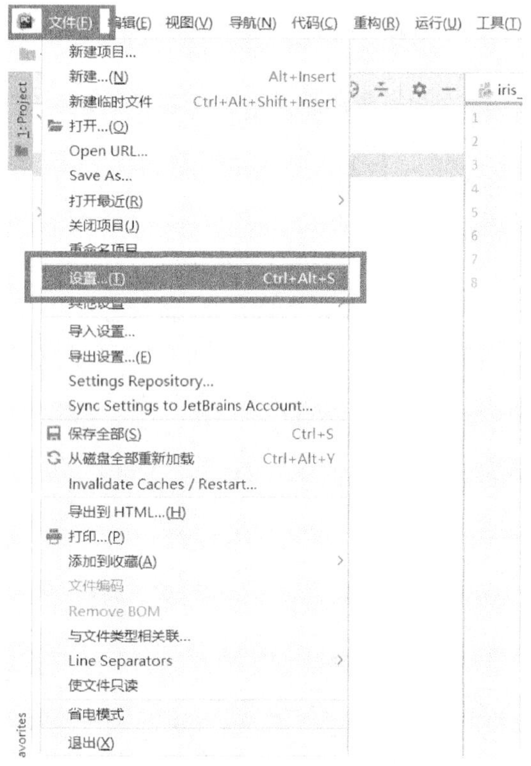

图 3.21　设置

打开“设置”界面后，点击“项目：test”→“Project Interpreter”，查看包是否为 TensorFlow-GPU 下的 Python.exe 文件，也就是搭建实验平台的文件位置，这个文件一定是在 Anaconda 目录下，如图 3.22 所示。

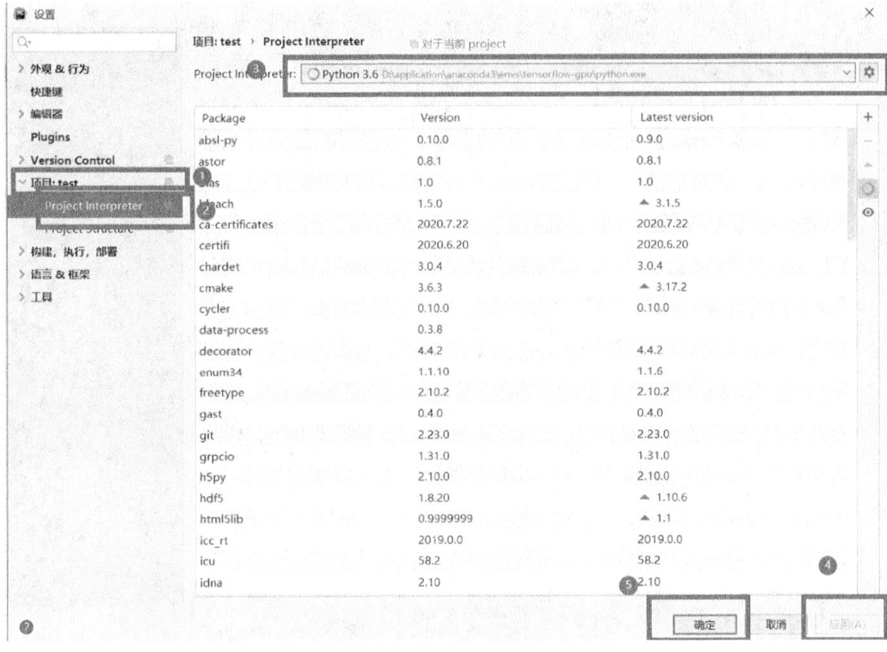

图 3.22　环境选择

如果找不到创建的环境文件，可以参考第 1 章中的具体操作步骤。

点击“应用”→“确定”，如图 3.22 所示。

（6）回到代码编写界面，将实验原理中的全部代码编写于此，开始实验，如图 3.23 所示。

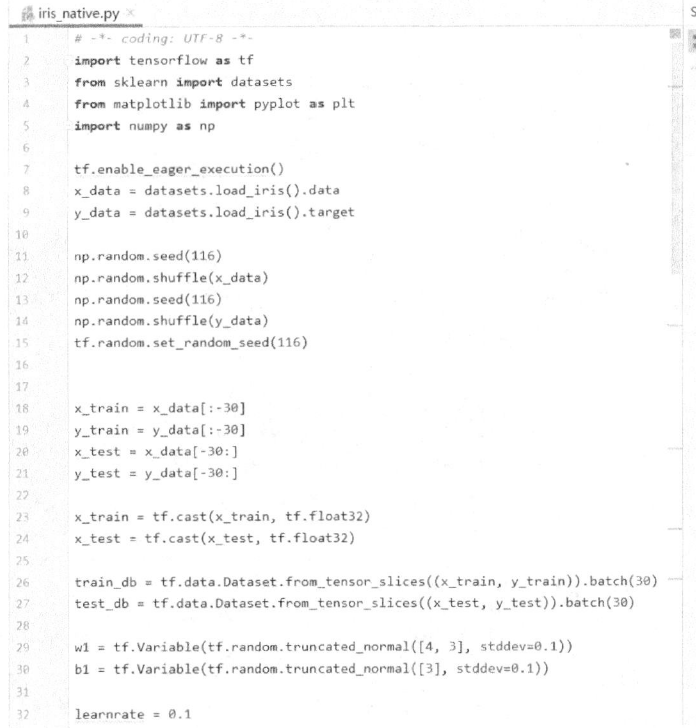

```
# -*- coding: UTF-8 -*-
import tensorflow as tf
from sklearn import datasets
from matplotlib import pyplot as plt
import numpy as np

tf.enable_eager_execution()
x_data = datasets.load_iris().data
y_data = datasets.load_iris().target

np.random.seed(116)
np.random.shuffle(x_data)
np.random.seed(116)
np.random.shuffle(y_data)
tf.random.set_random_seed(116)


x_train = x_data[:-30]
y_train = y_data[:-30]
x_test = x_data[-30:]
y_test = y_data[-30:]

x_train = tf.cast(x_train, tf.float32)
x_test = tf.cast(x_test, tf.float32)

train_db = tf.data.Dataset.from_tensor_slices((x_train, y_train)).batch(30)
test_db = tf.data.Dataset.from_tensor_slices((x_test, y_test)).batch(30)

w1 = tf.Variable(tf.random.truncated_normal([4, 3], stddev=0.1))
b1 = tf.Variable(tf.random.truncated_normal([3], stddev=0.1))

learnrate = 0.1
```

图 3.23　编写代码

（7）程序编写完后，开始训练。在 PyCharm 中有三种运行 Python 程序的方式。

① 在代码编写窗口中点击右键，点击“运行'iris_native'”，即可开始运行程序，如图 3.24 所示。

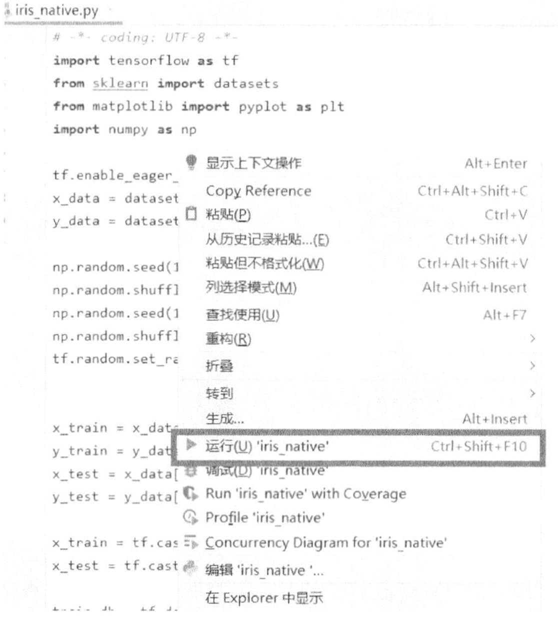

图 3.24　第一种运行方式

② 在 PyCharm 的右上角点击三角标识，即可开始运行程序，如图 3.25 所示。

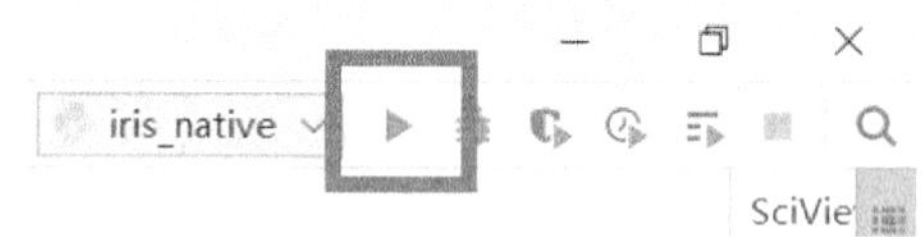

图 3.25　第二种运行方式

③ 点击 PyCharm 菜单栏中的“运行”选项，点击“运行'iris_native'”即可开始运行程序，如图 3.26 所示。同样，也可以直接使用对应的快捷键。

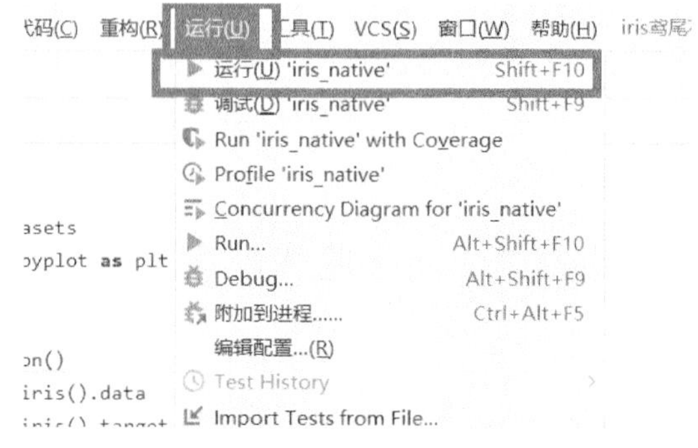

图 3.26　第三种运行方式

在之后的程序运行过程中，默认使用第一种运行方式。

（8）程序运行过程中的部分截图，如图 3.27 所示。显示结果主要包括损失值和检验准确率等。

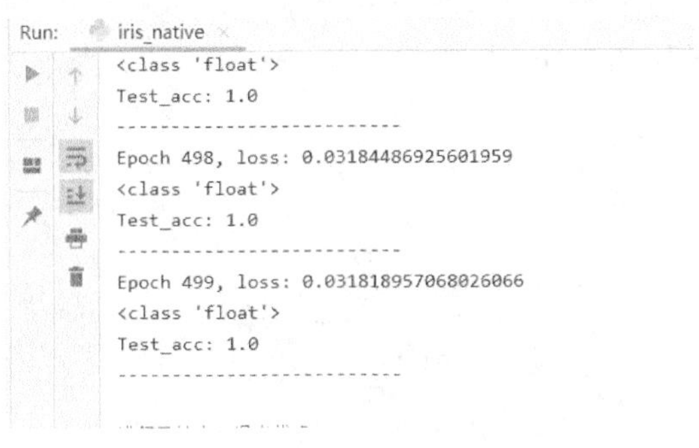

图 3.27　运行结果显示终端

（9）程序运行结束后，还将绘制出损失函数曲线图和检验准确率曲线图，分别如图 3.28 和图 3.29 所示。

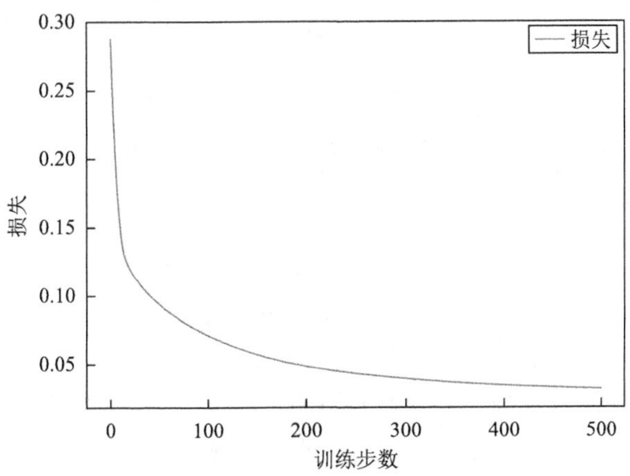

图 3.28　损失函数曲线图

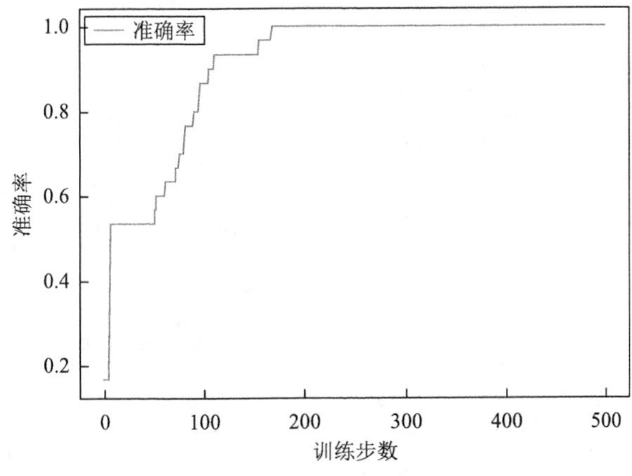

图 3.29　检验准确率曲线图

2. 智能小车端操作步骤

（1）参照 PC 端，在 Ubuntu 系统下使用 PyCharm 程序创建一个工程文件，并在工程文件中新建一个 Python 文件，将实验原理部分中的代码全部编写进新建的 Python 文件中。

Python 代码部分截图如图 3.30 所示。

iris_native.py

```
# -*- coding: UTF-8 -*-

import tensorflow as tf
from sklearn import datasets
from matplotlib import pyplot as plt
import numpy as np

tf.enable_eager_execution()

x_data = datasets.load_iris().data
y_data = datasets.load_iris().target

np.random.seed(116)
np.random.shuffle(x_data)
np.random.seed(116)
np.random.shuffle(y_data)
tf.random.set_random_seed(116)

x_train = x_data[:-30]
y_train = y_data[:-30]
x_test = x_data[-30:]
y_test = y_data[-30:]

x_train = tf.cast(x_train, tf.float32)
x_test = tf.cast(x_test, tf.float32)
```

图 3.30　Python 代码截图

（2）点击右键运行程序，本次实验设置运行次数为 500 次，运行时间大约 1 min。运行过程中，程序会不断输出运行计算的损失值和检验准确率，图 3.31 所示为部分运行结果。

Run: iris_native

```
--------------------------
Epoch 496, loss: 0.0323785524815321
<class 'float'>
Test_acc: 1.0
--------------------------
Epoch 497, loss: 0.03235236369073391
<class 'float'>
Test_acc: 1.0
--------------------------
Epoch 498, loss: 0.03232627222314477
<class 'float'>
Test_acc: 1.0
--------------------------
Epoch 499, loss: 0.032300276681780815
<class 'float'>
Test_acc: 1.0
--------------------------
```

图 3.31　部分运行结果

（3）程序运行结束后，绘制损失函数曲线图，如图 3.32 所示。

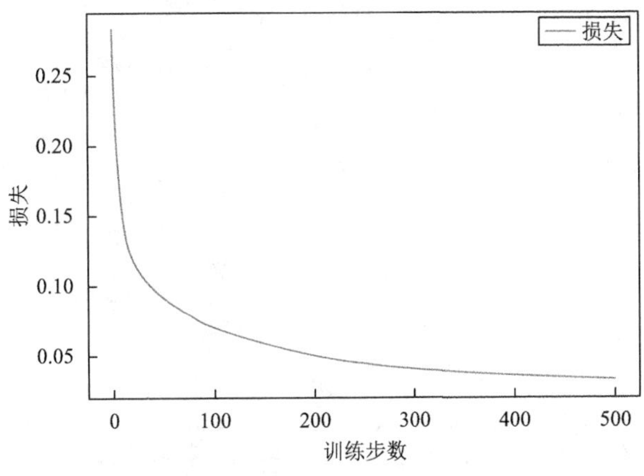

图 3.32　损失函数曲线图

（4）损失函数曲线图绘制完后，绘制检验准确率曲线图，随着训练过程的推移，检验准确率曲线将发生变化，如图 3.33 所示。

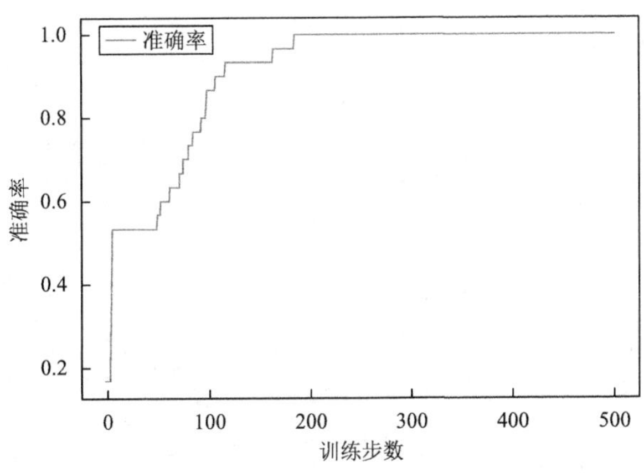

图 3.33　检验准确率曲线的变化

（六）实验要求

（1）熟悉 CNN 层级结构。

（2）运行程序，成功绘制损失函数曲线图和检验准确率曲线图。

（七）实验习题

（1）修改数据集分割比例，训练集比例取值范围为 60%～80%，对比损失函数值下降情况和检验准确率变化情况。

（2）修改学习率参数，学习率修改范围为 0.1～0.001，对比损失值下降情况。

第 4 章　鸢尾花多分类全连接神经网络识别案例（Keras 类实现）

（一）实验目的

（1）运行鸢尾花数据集，完成数据训练与数据检测。
（2）熟悉 TensorFlow 相关包的使用。
（3）掌握 Python 运行的基本框架。
（4）掌握 TensorFlow 包中的相关指令。

（二）实验内容

（1）使用 PyCharm 编写 Python 程序。
（2）调用 Keras 搭建神经网络。
（3）完成鸢尾花数据集的训练与检测。

（三）实验设备

（1）PC 机 1 台。
（2）智能小车 1 台。

（四）实验原理

1. 全连接神经网络介绍

每个输出节点与全部输入节点相连接的网络层称为全连接层（fully-connected layer）或稠密连接层（dense layer），***W*** 矩阵称为全连接层的权值矩阵，***b*** 向量称为全连接层的偏置向量。

通过层层堆叠全连接层，保证前一层的输出节点数与当前层的输入节点数相匹配，即可堆叠出任意层数的网络。这种由神经元相互连接而成的网络称为全连接神经网络。

如图 4.1 所示，第 1 列 8 个小球是输入层，中间 3 列是隐藏层，最后 1 列的 3 个小球是输出层。

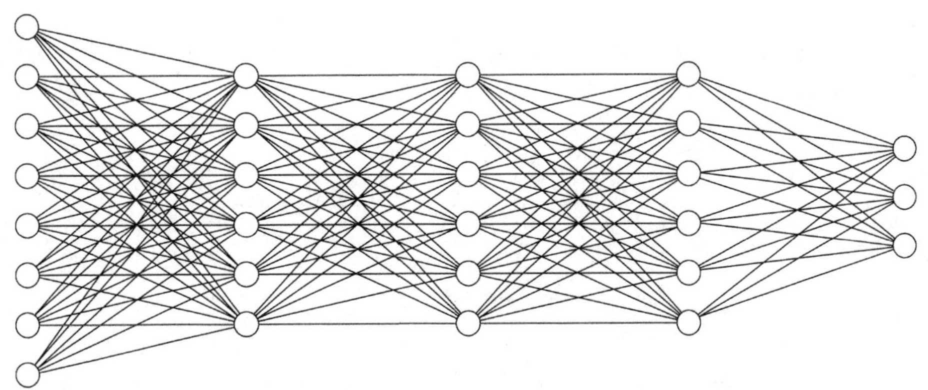

图 4.1　全连接神经网络

2. Keras 类介绍

Keras 是 TensorFlow 中更高级别的作为后端的 API，Keras 的核心数据结构是模型。添加

层就像添加一行代码一样简单，在模型架构后，使用一行代码，可以编译与拟合模型，其中预测、变量声明、占位符、会话等都由 API 管理。

Keras 中用来搭建网络模型的方法有两种：一种是 Sequential 方法，另一种是 Model 方法。

（1）Sequential 方法。该方法用于实现一些简单的模型，只需要向一些存在的模型中添加层就可以了。它是最常见的一种搭建网络的方法，使用该方法就是一个一个地将网络层累加起来。也就是说，只要按顺序使用 add()函数，像搭积木一样，一层一层地按顺序添加网络层就可以了。

（2）Model 方法。该方法可以用来建立更加复杂的模型，通常在构建 CNN 时选择 Model 方法，会更加得心应手。模型是用来组织网络层的方式。

另外，还有一种方法是函数搭建神经网络。Keras 的 API 非常强大，可以利用这些 API 来构造更加复杂的模型，如多输出模型、有向无环图等。

3. 激活函数

激活函数主要包括如下几类。

（1）sigmoid()函数。sigmoid()函数的值域为（0, 1），其曲线如图 4.2 所示。由图 4.2 可以看出：当 $x=0$ 时，sigmoid 曲线的斜率（梯度）最大，函数值为 0.5；当 x 逐渐增大或减小时，sigmoid 曲线的斜率（梯度）逐渐减小；当 $x>5$ 或 $x<-5$ 时，sigmoid 曲线的斜率（梯度）趋近于 0。如此一来，当用梯度下降算法更新参数时，如果 x 的取值过大，那么参数更新的速度就会非常缓慢。因此，在神经网络中选择 sigmoid()函数作为激活函数并不是一个很好的选择。但有个例外，这就是二元分类的输出层，因为二元分类的标签要么是 0，要么是 1，而希望输出表示当前样本属于某类别的概率，且概率在区间（0, 1）内，这恰好与 sigmoid()函数的值域相符。综上所述，当进行二元分类时，输出层的激活函数可以选择 sigmoid()函数。

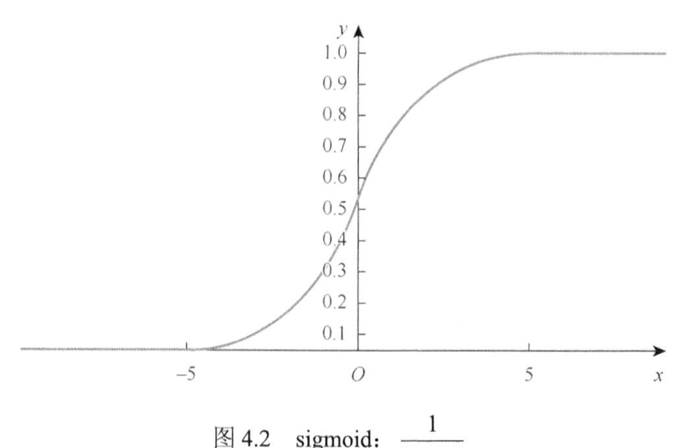

图 4.2　sigmoid：$\dfrac{1}{1+\mathrm{e}^{-x}}$

（2）tanh()函数。如图 4.3 所示，如果选择 tanh()函数作为隐藏层的激活函数，效果几乎都要比 sigmoid()函数好，因为 tanh()函数的值域为（0, 1），激活函数的平均值更接近于 0，而不是 0.5，这让下一层的学习更加方便。与 sigmoid()函数类似，当 $x=0$ 时，tanh 曲线的斜率（梯度）最大，函数值为 0；当 x 逐渐增大或减小时，tanh 曲线的斜率（梯度）逐渐减小；当 x 很大或很小时，tanh 曲线的斜率（梯度）趋近于 0。因此，tanh()函数也面临与 sigmiod()函

数同样的问题，即如果 x 的取值过大，那么参数更新的速度就会非常缓慢，这对于执行梯度下降算法十分不利。

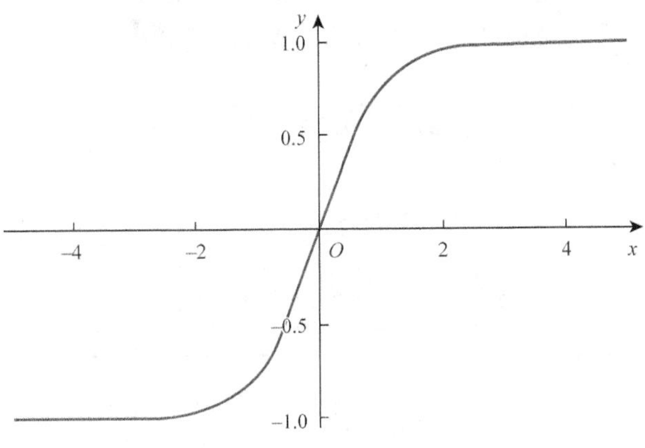

图 4.3　tanh：tanh x

（3）softmax()函数。softmax()函数是机器学习中比较常用且重要的一种多分类激活函数。逻辑回归、支持向量机（support vector machine，SVM）等常用于解决二分类问题，对于多分类问题可以将各二分类组成多分类，但是略显累赘。而采用 softmax()函数就可以解决这个问题，该函数将一些输入映射为 0～1 的实数，归一化保证和为 1，因此多分类的概率之和也刚好为 1。

当然，还有其他的激活函数，但上面几种激活函数使用得最多。

4. 梯度下降

神经网络使用梯度下降算法来更新网络的参数 $\boldsymbol{W}$ 和 $\boldsymbol{b}$。具体来说，就是通过多次迭代，一步一步地通过更新神经网络每一层节点的参数来减小神经网络输出的误差，最终误差达到最小时的参数就是要寻找的参数。各步骤在循环中完成：第一步前向传播，即从第一层至输出层，逐层计算网络输出；第二步计算代价函数；第三步反向传播，即从输出层至第一层，逐层计算各层的梯度；第四步更新参数。

5. 代码原理介绍

软件环境搭建完成后，就可以开始书写脚本文件了。

（1）开始导包，将一些重要的包文件导入进去，如图 4.4 所示。这些重要的包文件都是之前在搭建平台时安装的相关包。

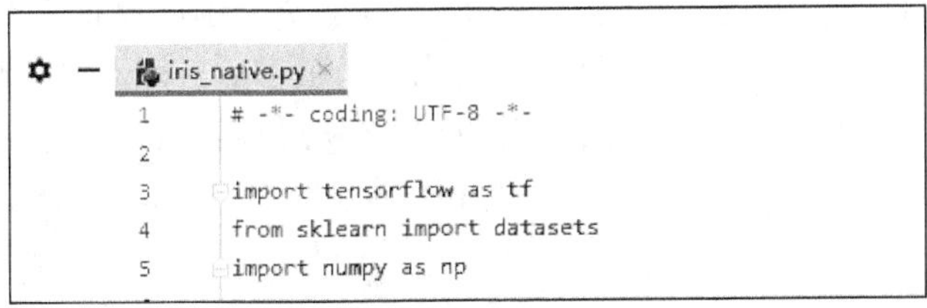

图 4.4　导包

在编译的过程中，如果发现某些包文件不存在，可以到 Anaconda 应用软件中重新安装相关包文件。

（2）导包完成后，继续完成实验操作，下载数据集。由于鸢尾花数据集属于 sklearn 自带的训练数据集，只需要在 sklearn 包内下载即可，如图 4.5 所示。

```
#导入所需要的的模块
import tensorflow as tf
from sklearn import datasets
import numpy as np

#导入数据，x_train为特征值，y_train为标签
x_train = datasets.load_iris().data
y_train = datasets.load_iris().target
```

图 4.5　导入数据代码

（3）数据下载完成后，需要对数据进行简单的修改，将鸢尾花数据集打乱，如图 4.6 所示。

iris_native.py

```
# -*- coding: UTF-8 -*-

#导入所需要的的模块
import tensorflow as tf
from sklearn import datasets
import numpy as np

#导入数据，x_train为特征值，y_train为标签
x_train = datasets.load_iris().data
y_train = datasets.load_iris().target

#随机打乱数据
np.random.seed(116)
np.random.shuffle(x_train)
np.random.seed(116)
np.random.shuffle(y_train)
tf.random.set_random_seed(116)
```

图 4.6　打乱数据代码

（4）调用 Keras API 搭建神经网络计算图。准备工作完成后，通过调用 Keras 中的 Sequential()函数描述网络的层结构，即一个实例化的 model 对象，描述网络层的结构需要设置神经网络中的参数。

本实验采用单层网络，如图 4.7 所示，输出为 3 分类，因此设置 3 个神经元，多分类问题采用 softmax()激活函数；L2 的正则化，正则化是一个参数，是对损失值优化的一个参数，防止过拟合现象。该函数的调用不进行计算，只对形状进行转换。

（5）调用 model.compile()函数配置训练模型时的运行参数，如图 4.8 所示，主要包括优化器、学习率、损失值、检测准确率等。

① 优化器。

```
tf.Keras.optimizers.SGD(lr=学习率,momentum=动量参数)
```

```
# -*- coding: UTF-8 -*-

import tensorflow as tf
from sklearn import datasets
import numpy as np

#导入数据，x_train为特征值，y_train为标签
x_train = datasets.load_iris().data
y_train = datasets.load_iris().target

#随机打乱数据
np.random.seed(116)
np.random.shuffle(x_train)
np.random.seed(116)
np.random.shuffle(y_train)
tf.random.set_random_seed(116)

#描述网络结构，3个神经元(3分类)，softmax的激活函数，L2的正则化
model = tf.keras.models.Sequential([
    tf.keras.layers.Dense(3, activation='softmax', kernel_regularizer=tf.keras.regularizers.l2())
])
```

图 4.7　添加网络结果代码

```
#描述网络结构，3个神经元(3分类)，softmax的激活函数，L2的正则化
model = tf.keras.models.Sequential([
    tf.keras.layers.Dense(3, activation='softmax', kernel_regularizer=tf.keras.regularizers.l2())
])

#在compile中配置训练方法。采用SGD的优化器，学习率为0.1，y_即为y_train，为数字0,1,2，predict为独热码的概率分布，
#所以loss是sparse_categorical的交叉熵，acc是sparse_categorical
model.compile(optimizer=tf.keras.optimizers.SGD(lr=0.1),
              #loss='categorical_crossentropy',
              loss ='sparse_categorical_crossentropy',
              metrics=['sparse_categorical_accuracy'])
```

图 4.8　配置训练模型时的运行参数

```
tf.Keras.optimizers.AdaGrad(lr=学习率)
tf.Keras.optimizers.Adadelta(lr=学习率)
tf.Keras.optimizers.Adam(lr=学习率,beta1=0.9,beta2=0.999)
```

② loss。

均方误差：tf.Keras.losses.MeanSquaredError()交叉，也可填名称。

mse 熵：tf.Keras.losses.SparseCategoricalCrossentropy（from_logits = False）。最后一个参数用于设置网络是否经过 softmax 进行均值分布，是原始分布则为 True，经过概率分布则为 False，也可填名称。

sparse_categorical_crossentropy：如果预测概率与无信息计算的概率相同，应当检查此处。

③ metrics。

Accuracy：label 和预测结果都是数值。

categorical_accuracy：label 和预测结果都是独热码，即概率分布。

sparse_categorical_accuracy：label 是数值，预测结果是独热码。

（6）执行训练过程。

```
model.fit(训练集输入特征,训练集标签,batch_szie=,epoch=,validation_
```

data=(测试集的特征,测试集的标签),validation_split=从训练集划分多少比例给测试集,validation_freq=多少 epoch 进行一次验证)

一部分是训练集，另一部分是测试集，设置训练运行次数，batch_size 设置为 32，即每次随机投入的数据为 32 个，epochs 设置为 500，训练 500 轮数据，如图 4.9 所示。按照 80%训练集、20%测试集的比例，将数据集分割为训练集和测试集，投入神经网络进行训练。

```
#在compile中配置训练方法。采用SGD的优化器，学习率为0.1，y_即为y_train，为数字0,1,2，predict为独热码的概率分布，
#所以loss是sparse_categorical的交叉熵，acc是sparse_categorical
model.compile(optimizer=tf.keras.optimizers.SGD(lr=0.1),
              #loss='categorical_crossentropy',
              loss ='sparse_categorical_crossentropy',
              metrics=['sparse_categorical_accuracy'])

#在fit中执行训练过程，告知x_train和y_train是训练集，每个批次32个数值，数据集迭代500，从样本集划出20%做测试集
model.fit(x_train, y_train, batch_size=32, epochs=500, validation_split=0.2)
```

图 4.9　执行训练的参数设置

（7）查看计算图网络结构参数。由于本实验调用的是 Keras 中的函数 API 模型，可以直接调用 summary()函数查询模型结构参数，如图 4.10 所示。

```
#在fit中执行训练过程，告知x_train和y_train是训练集，每个批次32个数值，数据集迭代500，从样本集划出20%做测试集
model.fit(x_train, y_train, batch_size=32, epochs=500, validation_split=0.2)

#打印网络的结构和参数统计
model.summary()
```

图 4.10　显示网络结构图

（8）调用 API 测试输入数据与预测结果的准确性。

① 随机调用训练集中的一个数据，存放在 testdata 数组中。此时，testdata 为一维，而模型输入的数据为二维，因此需要将 testdata 升维，调用 tf.newaxis 可以将 testdata 变为二维，保证数据维数的一致性，调用 print()函数可以查看此时数组的 sharp。

② 将数据导入模型，调用 model.predict()函数，显示结果。model.predict()函数返回的是一个一维数组，其中的数据是每种类型花的概率；调用 tf.argmax()函数可以返回最大的那个数值所在的下标，第一个参数是矩阵，第二个参数是 0 或 1（0 表示按列比较返回最大值的索引；1 表示按行比较返回最大值的索引）。

③ 因为前面所做的所有工作只是描述了一张计算图，即张量图，所以要定义一个会话 sess 来进行计算，调用 sess.run()执行会话，就可以查看张量图计算的数据，如图 4.11 所示。

（五）实验步骤

1. PC 端实验操作步骤

在对鸢尾花数据集数据进行训练前，需要先搭建鸢尾花数据训练环境，即导入需要的安装包，创建实验平台。

```
#打印网络的结构和参数统计
model.summary()

################## predict #######################
testdata = x_train[0]
#将输入数据变成2维数组，和模型的输入保持一致
x_predict = testdata[tf.newaxis, ...]
print("x_predict:", x_predict.shape)
result = model.predict(x_predict)
print(result)

pred = tf.argmax(result, axis=1)

#预测结果和正确结果是否相同
sess = tf.Session()
print('\n')
print(sess.run(pred))
print("y_train[0]:\n", y_train[0])
```

图 4.11　显示预测结果代码

（1）本次实验主要在 PyCharm 程序中实现，打开 PyCharm 程序，创建新项目，如图 4.12 所示。

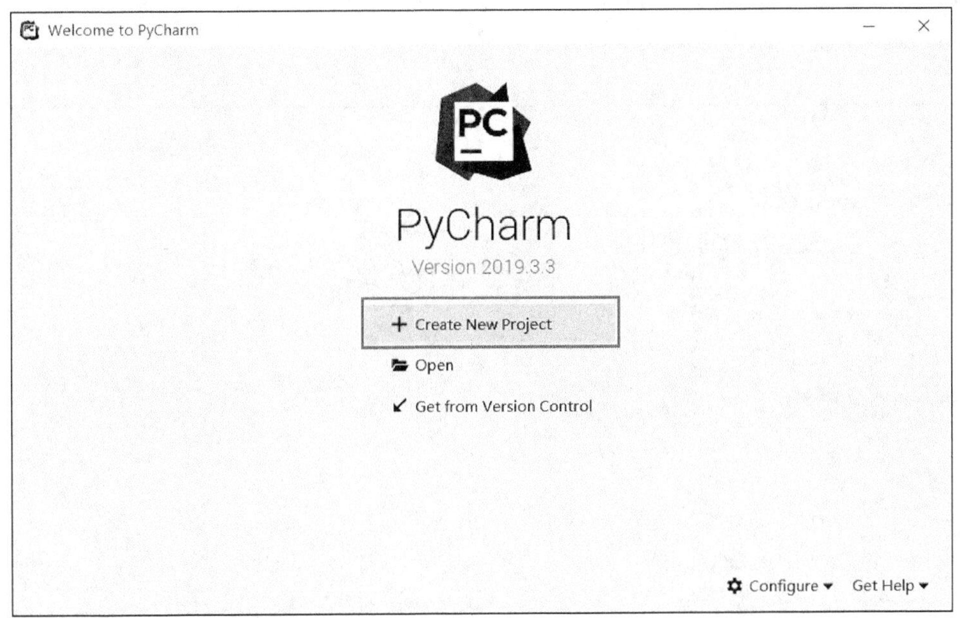

图 4.12　新建新项目

（2）点击“Pure Python”，新建一个项目，并给项目命名，这里取名为“test”，在“Location”处选择文件存放的位置。“Existing interpreter”需要改为在 Anaconda 中创建好的环境文件，这里选中的是 D:\My software\ANACONDA\envs\tf 文件夹下的 Python.exe 文件。需要注意的是，由于搭建环境不同，文件夹中 TensorFlow 的名字可能会不同。选择完成后，点击“Create”即可，如图 4.13 所示。

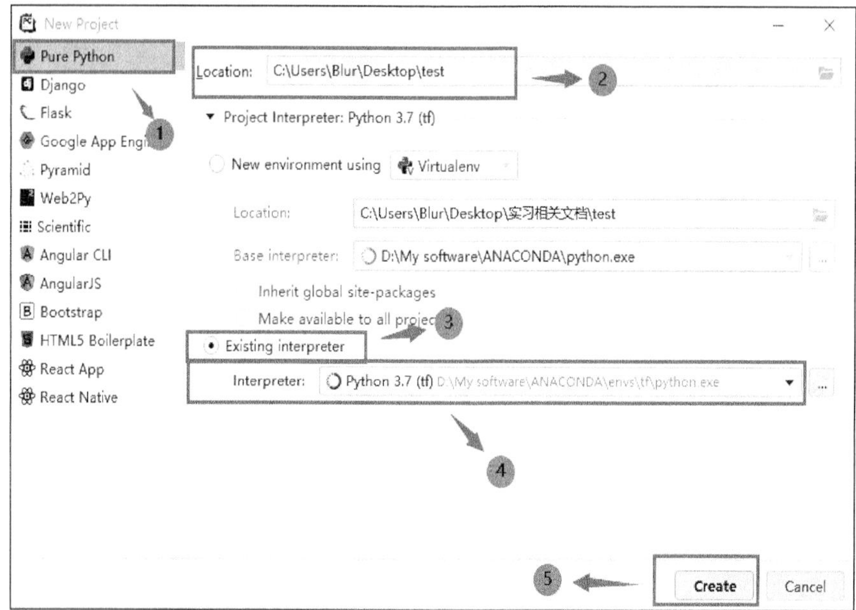

图 4.13　设置项目环境和路径

（3）工程创建完成后，就可以新建脚本文件了。右键点击“test”→“New”→“Python File”，即可创建 Python 脚本文件，如图 4.14 所示。也可以通过点击左上方的“File”→“New”→“Python File”来创建 Python 脚本文件。

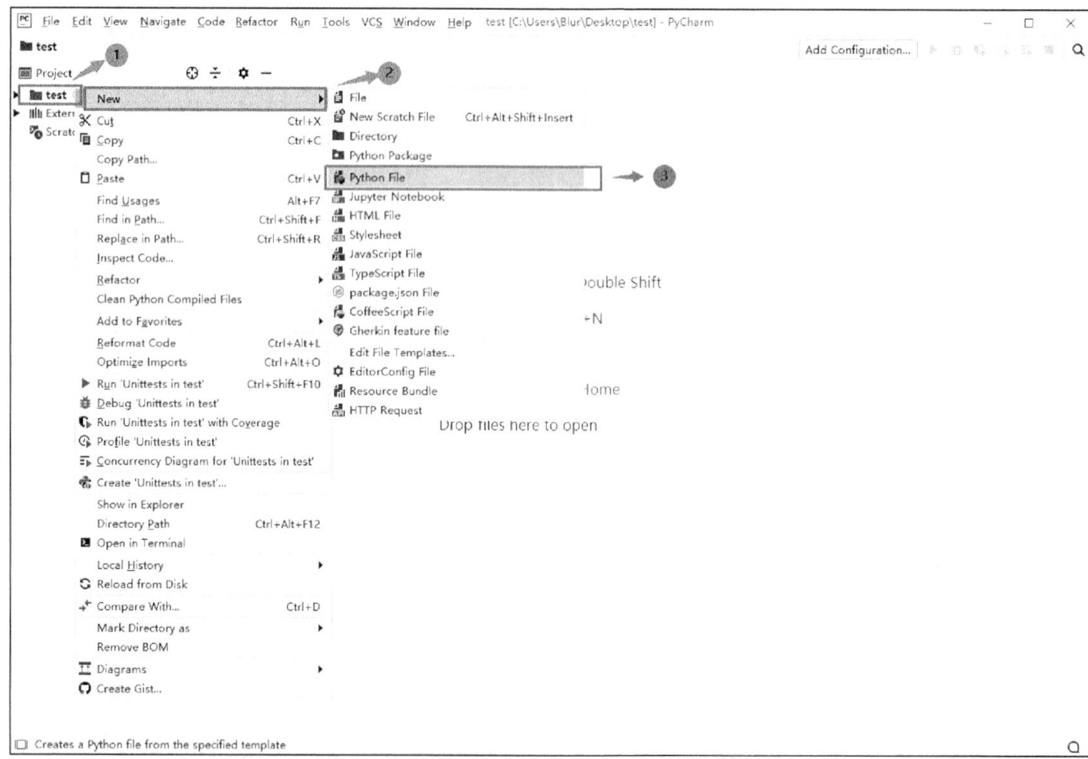

图 4.14　创建 Python 文件

（4）Python 脚本文件创建好后，还需要对其进行命名。命名时，不要更改文件选项，直接对文件命名即可。这里取名“iris_native”，如图 4.15 所示。

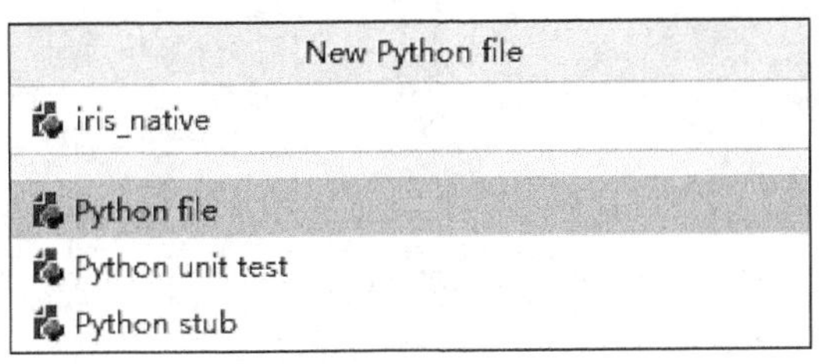

图 4.15　文件命名

（5）选中文件后，还需要再检查一遍 TensorFlow 的 Python.exe 文件是否正常导入。点击“File”→“Settings”，如图 4.16 所示。

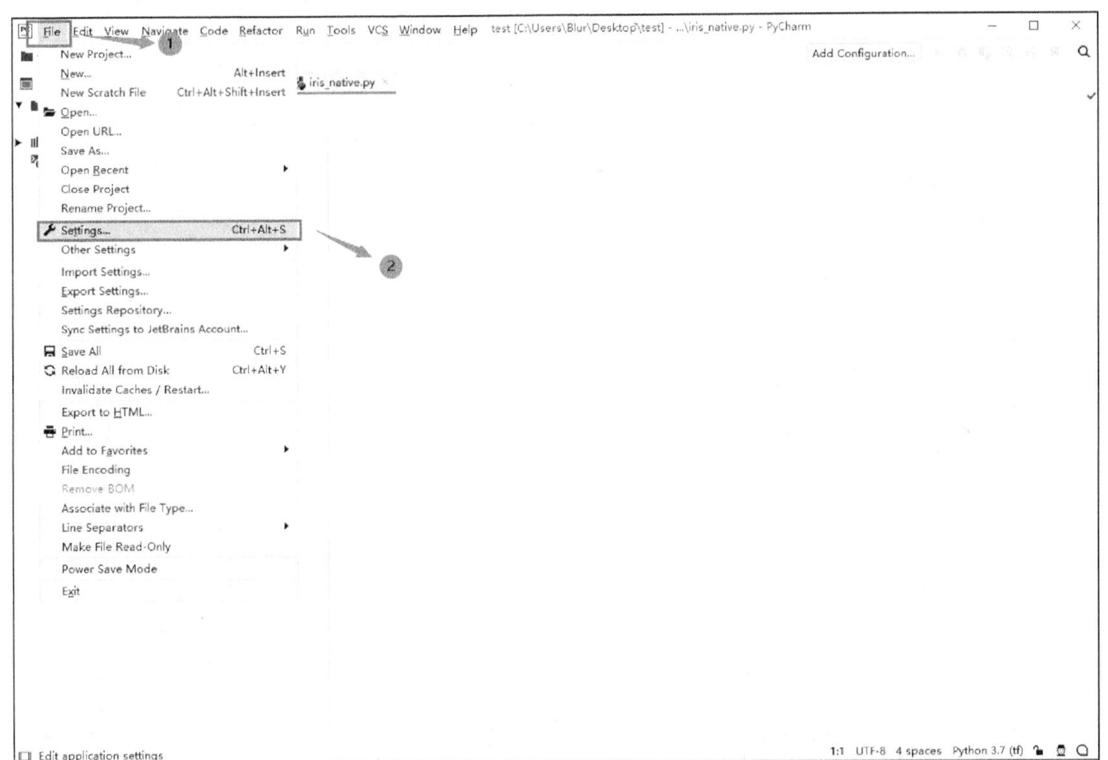

图 4.16　点击“Settings”

打开“Settings”界面后，点击“Project：test”→“Project Interpreter”，查看包是否为 TensorFlow 下的 Python.exe 文件，也就是之前搭建实验平台的文件位置，如图 4.17 所示，这个文件一定在 Anaconda 目录下。选中后点击“Apply”→“OK”即可完成。

其中部分 Python 代码截图如图 4.18 所示。

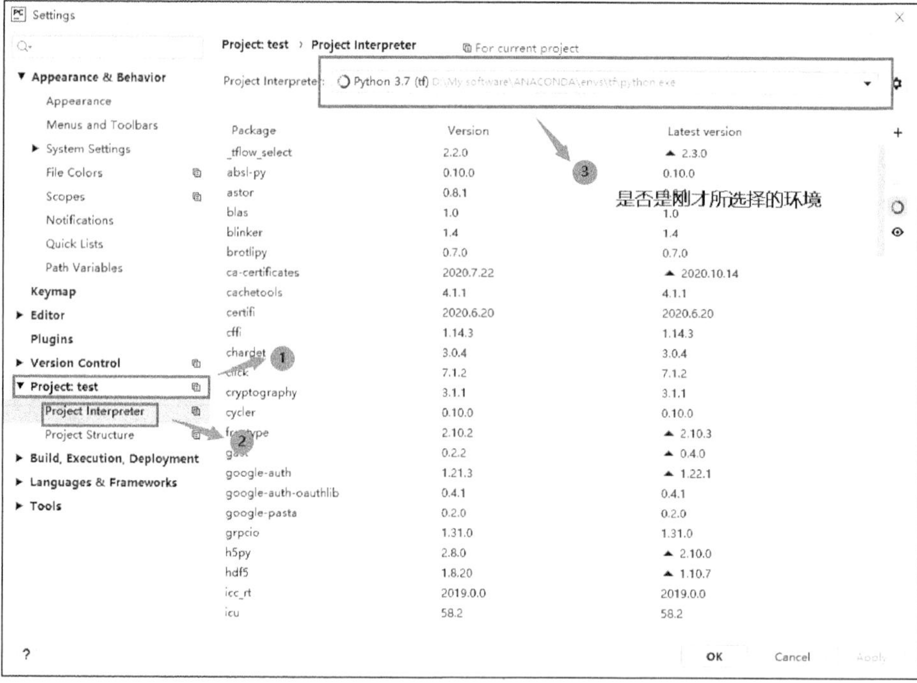

图 4.17 “Settings”界面

```
# -*- coding: UTF-8 -*-

import ...

#导入数据，x_train为特征值，y_train为标签
x_train = datasets.load_iris().data
y_train = datasets.load_iris().target

#随机打乱数据
np.random.seed(116)
np.random.shuffle(x_train)
np.random.seed(116)
np.random.shuffle(y_train)
tf.random.set_random_seed(116)

#描述网络结构，3个神经元(3分类)，softmax的激活函数，L2的正则化
model = tf.keras.models.
([
    tf.keras.layers.Dense(3, activation='softmax', kernel_regularizer=tf.keras.regularizers.l2())
])

#在compile中配置训练方法。采用SGD的优化器，学习率为0.1，y_即为y_train，为数字0,1,2，predict为独热码的概率分布，
#所以loss是sparse_categorical的交叉熵，acc是sparse_categorical
model.compile(optimizer=tf.keras.optimizers.SGD(lr=0.1),
              #loss='categorical_crossentropy',
              loss ='sparse_categorical_crossentropy',
              metrics=['sparse_categorical_accuracy'])

#在fit中执行训练过程，告知x_train和y_train是训练集，每个批次32个数值，数据集迭代500，从样本集划出20%做测试集
model.fit(x_train, y_train, batch_size=32, epochs=500, validation_split=0.2)

#打印网络的结构和参数统计
model.summary()

################## predict ######################
testdata = x_train[0]
#将输入数据变成2维数组，和模型的输入保持一致
x_predict = testdata[tf.newaxis, ...]
print("x_predict:", x_predict.shape)
result = model.predict(x_predict)
print(result)
```

图 4.18 部分 Python 代码

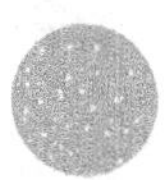

本实验较为简单，总的来说就是提取 sklearn 中的数据集，将数据集按一定的随机种子打乱，保证数据与标签对应。建立模型时本实验只搭建了一个神经元的全连接层，多分类问题采用 softmax()函数激活，L2 的正则化防止过拟合问题，代码编写完之后就可以进行代码调试。

本次实验代码量少，训练时间较短，部分训练结果如图 4.19 所示。

```
 32/120 [=======>......................] - ETA: 0s - loss: 0.3185 - sparse_categorical_accuracy: 1.0000
120/120 [==============================] - 0s 25us/sample - loss: 0.3816 - sparse_categorical_accuracy: 0.9667 - val_loss: 0.4090 - val_sparse_categorical_accuracy: 0.9667
Epoch 492/500

 32/120 [=======>......................] - ETA: 0s - loss: 0.3782 - sparse_categorical_accuracy: 1.0000
120/120 [==============================] - 0s 25us/sample - loss: 0.3829 - sparse_categorical_accuracy: 0.9583 - val_loss: 0.4170 - val_sparse_categorical_accuracy: 0.9667
Epoch 493/500

 32/120 [=======>......................] - ETA: 0s - loss: 0.3702 - sparse_categorical_accuracy: 0.9688
120/120 [==============================] - 0s 33us/sample - loss: 0.3784 - sparse_categorical_accuracy: 0.9750 - val_loss: 0.4158 - val_sparse_categorical_accuracy: 0.9667
Epoch 494/500

 32/120 [=======>......................] - ETA: 0s - loss: 0.3296 - sparse_categorical_accuracy: 1.0000
120/120 [==============================] - 0s 33us/sample - loss: 0.3805 - sparse_categorical_accuracy: 0.9500 - val_loss: 0.4176 - val_sparse_categorical_accuracy: 0.9667
Epoch 495/500

 32/120 [=======>......................] - ETA: 0s - loss: 0.3671 - sparse_categorical_accuracy: 0.9688
120/120 [==============================] - 0s 33us/sample - loss: 0.3809 - sparse_categorical_accuracy: 0.9667 - val_loss: 0.4142 - val_sparse_categorical_accuracy: 0.9667
Epoch 496/500
```

图 4.19　部分训练结果显示

实验结果中损失值是减小的，且检测准确率不断提高，在 96%以上，结果非常理想。至此，本实验结束，证明该神经网络对该数据有很好的分类作用。

2. 智能小车端操作步骤

参照 PC 端，在 Ubuntu 系统下使用 PyCharm 新建一个工程文件，并在工程文件中新建一个 Python 文件。参照实验原理部分，将原理部分中的代码全部编进新建的 Python 文件中。

（1）新建完整 Python 代码，部分代码截图如图 4.20 所示。

```python
model = tf.keras.models.Sequential([
    tf.keras.layers.Dense(3, activation='softmax', kernel_regularizer=tf.keras.regularizers.l2())
])

#在compile中配置训练方法。采用SGD的优化器，学习率为0.1，y_即为y_train，为数字0,1,2，predict为独热码的概率分布，
#所以loss是sparse_categorical的交叉熵，acc是sparse_categorical
model.compile(optimizer=tf.keras.optimizers.SGD(lr=0.1),
              #loss='categorical_crossentropy',
              loss ='sparse_categorical_crossentropy',
              metrics=['sparse_categorical_accuracy'])

#在fit中执行训练过程，告知x_train和y_train是训练集，每个批次32个数值，数据集迭代500，从样本集划出20%做测试集
model.fit(x_train, y_train, batch_size=32, epochs=500, validation_split=0.2)

#打印网络的结构和参数统计
model.summary()

################## predict ######################
testdata = x_train[0]
#将输入数据变成2维数组，和模型的输入保持一致
x_predict = testdata[tf.newaxis, ...]
print("x_predict:", x_predict.shape)
result = model.predict(x_predict)
print(result)
```

图 4.20　部分 Python 代码

（2）点击右键运行程序，本次实验设置运行次数为 500 次，运行过程中，会不断输出损失值和检测准确率。图 4.21 所示为程序在运行过程中得到的损失值和检测准确率值的部分结果，此程序神经网络较小，参数个数如图 4.21 所示。

```
120/120 [==============================] - 0s 231us/sample - loss: 0.3791 - sparse_categorical_accuracy: 0.8917 - val_loss: 0.4037 -
Epoch 499/500
120/120 [==============================] - 0s 261us/sample - loss: 0.4922 - sparse_categorical_accuracy: 0.8083 - val_loss: 0.4229 -
Epoch 500/500
120/120 [==============================] - 0s 438us/sample - loss: 0.3541 - sparse_categorical_accuracy: 0.9333 - val_loss: 0.3297 -
Model: "sequential"
_________________________________________________________________
Layer (type)                 Output Shape              Param #
=================================================================
dense (Dense)                multiple                  15
=================================================================
Total params: 15
Trainable params: 15
Non-trainable params: 0
```

图 4.21　部分训练结果

```
[1]
y_train[0]:
 1

Process finished with exit code 0
```

图 4.22　预测结果

（3）对其中一组数据进行预测，预测结果如图 4.22 所示。

（六）实验要求

（1）完成整体代码的理解与编写。

（2）运行程序，成功绘制损失函数曲线图和检测准确率曲线图。

（七）实验习题

（1）查阅资料，了解本实验全连接网络中参数个数的算法。

（2）利用 for 循环将所有数据投入模型，测试模型整体数据的准确率。

第 5 章　MINIST 手写数字识别案例（Python 代码实现）

（一）实验目的

（1）使用 TensorFlow 构建简单的 CNN。

（2）使用 CNN 建立手写数字识别框架。

（3）掌握 CNN 的建立。

（二）实验内容

（1）使用 TensorFlow 建立简单的 CNN。

（2）使用神经网络识别出手写数字图片。

（三）实验设备

（1）PC 机 1 台。

（2）智能小车 1 台。

（四）实验原理

1. MNIST 数据集介绍

MNIST 数据集包括如下 4 个部分。

（1）Training set images：train-images-idx3-ubyte.gz（9.9 MB，解压后 47 MB，包含 60 000 个样本）。

（2）Training set labels：train-labels-idx1-ubyte.gz（29 KB，解压后 60 KB，包含 60 000 个标签）。

（3）Test set images：t10k-images-idx3-ubyte.gz（1.6 MB，解压后 7.8 MB，包含 10 000 个样本）。

（4）Test set labels：t10k-labels-idx1-ubyte.gz（5 KB，解压后 10 KB，包含 10 000 个标签）。

MNIST 数据集来自美国国家标准与技术研究所（National Institute of Standards and Technology，NIST）。训练集由 250 个不同的人手写的数字构成，其中 50%为高中学生，50%为美国人口普查局（the Census Bureau）的工作人员；测试集也是同样比例的手写数字数据。

load_mnist()函数返回两个数组，第一个数组是 $n \times m$ 维的 NumPy array（images），其中 n 为样本数（行数），m 为特征数（列数）。训练集包含 60 000 个样本，测试集包含 10 000 个样本。MNIST 数据集中的每张图片由 28×28 个像素构成，每个像素用一个灰度值表示。将 28×28 的像素展开为一个一维的行向量，这些行向量就是图片数组中的行（每行 784 个值，代表一张图片）。load_mnist()函数返回的第二个数组 labels 包含相应的目标变量，即手写数字的类标签（整数 0～9）。

2. 熟悉卷积神经网络

通过之前的学习，可以对基本的 CNN 有一定的了解。那么，CNN 的物理结构具体又是怎样的？下面通过一张图来了解 CNN 的具体结构。

图 5.1 所示为 CNN 的物理结构示意图。卷积层输入隐藏层中，隐藏层包括池化层和全连接层。CNN 的主要工作流程：首先将图片送入输入层，然后传递进入隐藏层，再经过卷积核卷积、池化层稀疏参数、全连接层分类后输入，最后到达输出层。

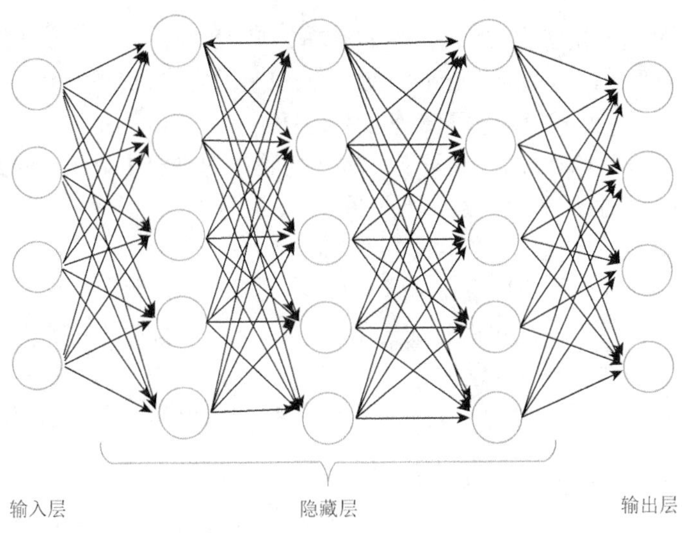

图 5.1　CNN 的物理结构示意图

3. 代码原理介绍

本次实验流程主要包括两部分：一部分是构建神经网络生成权重文件，另一部分是使用权重文件检测手写数字图片。

1）训练程序

（1）编写 Python 程序的第一步操作基本都是导包，将相关的包导入程序，之后才能正常使用开发包内的函数，如图 5.2 所示。

```
from tensorflow.examples.tutorials.mnist import input_data
import tensorflow as tf
```

图 5.2　导包

（2）数据集下载完成后，开始读取数据集，使用 input_data.read_data_sets()函数读取，代码如图 5.3 所示。one-hot 是长度为 n 的数组，只有一个元素为 1.0，其他元素均为 0.0。例如，本次设置标签值中有 10 个数据，标记 2 对应的 one-hot 为 0.0，0.0，1.0，0.0，0.0，0.0，0.0，0.0，0.0，0.0，0.0。

```
mnist = input_data.read_data_sets('MNIST_data/', one_hot=True) #MNIST数据集所在路径
```

图 5.3　读取数据集的代码

（3）数据读取完成后，使用 tf.placeholder()函数对图片像素值设置一个占位符，如图 5.4 所示。本次数据集测试主要是以 28×28 像素识别，因此，占位符为 28×28 的乘积。同时，对标签也进行同样的创建。手写数字包括 0～9 这 10 个数字。

```
x = tf.placeholder(tf.float32, [None, 784])

y_ = tf.placeholder(tf.float32, [None, 10])
```

图 5.4　图片像素值设置占位符

（4）创建完成后，开始建立 CNN。对权重文件进行初始化，权重文件的初始化需要用到 tf.truncated_normal()函数，这里对 tf.truncated_normal()函数进行简单介绍。

tf.truncated_normal()函数包含如下 5 个参数。

shape：一维张量，以数组的方式呈现，本次实验中为包含 4 个元素的数组。

mean：正态分布均值，本次实验中不设置。

stddev：正态分布标准差，本次实验中为 0.1。

dtype：输出的类型，不修改，程序默认值。

seed：一个整数，设置后，每次生成的随机数都一样。可以设置参数也可以不设置，设置时可以参考去 1，本次实验不设置。

本次实验设置中，只对 shape 和 stddev 进行设置，其他参数不修改，代码如图 5.5 所示。

```
def weight_variable(shape):
    initial = tf.truncated_normal(shape,stddev = 0.1)
    return tf.Variable(initial)
```

图 5.5　参数设置

（5）偏差初始化主要使用 tf.constant()函数，如图 5.6 所示。

```
def bias_variable(shape):
    initial = tf.constant(0.1,shape=shape)
    return initial
```

图 5.6　偏差初始化

```
tf.constant(value,shape,dtype=None,name=None)
```

其中，value 为值，shape 为数据结构，dtype 为数据类型，name 为本次操作命名。本次实验只对 value 和 shape 进行定义。使用 constant()函数运行后，并不需要对 Variable 进行变量取值操作，因为 constant 返回的就是一个常量。这里的偏差值 0.1 是经过准确率测试后得出的最佳效果值。

（6）卷积初始化主要使用 conv2d()函数，它是 CNN 中的一个重要概念。

```
tf.nn.conv2d(input,
filter,
strides,
padding,
use_cuDNN_on_GPU=None,
name=None
)
```

这里对 conv2d()函数进行简单介绍，它有如下 5 个参数。

input：需要做卷积的输入图像，要求是一个张量，即[batch, in_height, in_width, in_channels]。其中：batch 为训练时输入 CNN 一批图片的数量；in_height 为图片高度；in_width 为图片宽度；in_channels 为图片通道数。需要注意的是，这是一个 4 维的张量，要求类型为 float32 或 float64，本次实验中默认使用 float32 类型。

filter：相当于 CNN 中的卷积核，要求是一个张量，即[filter_height, filter_width, in_channels, out_channels]。其中：filter_height 为卷积核的高度；filter_width 为卷积核的宽度；in_channels 为图片通道数；out_channels 为卷积核个数。需要注意的是：卷积核的高度和宽度，必须小于或等于输入图片的高度和宽度；图片通道数量必须保持一致；卷积核的个数没有具体要求，通常大于或等于输入图片数。

strides：卷积时在图像每一维的步长，即每一次卷积核向右或向下跨越的步长操作，一般不能大于卷积核的实际高宽，否则在进行图像卷积操作时会越过部分像素点。

padding：只能为'SAME'（表示添加全零填充）或'VALID'（表示不添加），它决定了不同的卷积方式。在操作的过程中，由于'SAME'边界存在 0 值，会有越过边界的操作，这样保证了边界也能顺利取值成功；但'VALID'没有进行全零填充，在卷积核移动过程中，可能会丢失边界的取值。

use_cuDNN_on_GPU：bool 类型，是否使用 cuDNN 加速，默认为 True。

（7）开始配置基础的卷积初始化代码，将 padding 设置为'SAME'，如图 5.7 所示，使卷积操作也能读取边缘化代码。

```
def conv2d(x,W):
    return tf.nn.conv2d(x, W, strides = [1,1,1,1], padding='SAME')
```

图 5.7　卷积初始化

（8）卷积完成后，开始进行池化初始化处理。池化初始化处理中主要使用 max_pool_2x2()函数。

```
tf.nn.max_pool(x,ksize=[1,height,width,1],strides=[1,1,1,1],
padding='VALID',name="pool")
```

max_pool_2x2()函数有如下 5 个参数。

x：需要池化的输入，一般池化层接在卷积层后面，因此输入通常是卷积后的特征图，依然是［迭代图片数，图片高度，图片宽度，图片通道数］。

ksize：池化窗口的大小，为 4 维向量，即［1，池化高度，池化宽度，1］。

strides：窗口在每一个维度上滑动的步长，通常移动的步长均为 2。

padding：填充的方法，'SAME'（表示添加全零填充）或'VALID'（表示不添加）。

name：命名。

最大池化代码如图 5.8 所示。

```
def max_pool_2x2(x):
    return tf.nn.max_pool(x, ksize=[1,2,2,1], strides=[1,2,2,1], padding='SAME')
```

图 5.8　最大池化代码

（9）初始化操作结束后，CNN 的基本搭建工作就完成了，下面构建卷积层的相关参数。

修改 x 向量的格式，原本创建的占位符包含 784 个参数，这里需要将原本的参数数据修改为 28×28 的矩阵形式，因为后期输入 CNN 的参数主要为 28×28 像素的图片。这里构建的参数全部为默认值，并不是直接将图片作为输入，因为这样后面将无法循环添加。因此，构建 CNN 的过程中，要先给定默认参数，主要是构建一个框架，如图 5.9 所示。

```
x_image = tf.reshape(x,[-1,28,28,1])
```

图 5.9　修改 x 向量的格式

（10）开始进行第一层卷积、激活、最大池化。默认第一层卷积核为 5×5 的卷积核，进行卷积操作，输入通道数为 1，这里的图片为黑白色，不存 RGB 值，需要划分多通道。这里以单通道为主，32 是指设置 32 个卷积核，并设置相应的偏差值。

构建卷积核的运算过程：卷积相乘后加上偏差，用非线性激活的方式处理线性方程，是为了使得函数能预测更加复杂的效果。

添加最大池化层，稀疏部分参数。设置输入图片为 28×28 后，进入第一层卷积池化操作，图片数据仅剩下 14×14，如图 5.10 所示。

```
W_conv1 = weight_variable([5, 5, 1, 32])
b_conv1 = bias_variable([32])

h_conv1 = tf.nn.relu(conv2d(x_image,W_conv1) + b_conv1)
h_pool1 = max_pool_2x2(h_conv1)
```

图 5.10　构建第一层卷积

（11）构建第二层卷积、激活、最大池化。经过第一层网络处理后，输出至下一层的数据将剩下这些卷积池化的过程，28×28 的图片第一次卷积后还是 28×28，不会改变图片的大小，第一次池化后变为 14×14，14×14 的图片第二次卷积后还是 14×14，第二次池化后变为 7×7，经上述操作后最终获得 64 张 7×7 的图面，如图 5.11 所示。

```
W_conv2 = weight_variable([5, 5, 32, 64])#64个5*5*32的卷积核
b_conv2 = bias_variable([64])

h_conv2 = tf.nn.relu(conv2d(h_pool1, W_conv2) + b_conv2)
h_pool2 = max_pool_2x2(h_conv2)
```

图 5.11　构建第二层卷积

（12）建立全连接层，如图 5.12 所示。构建第一层全连接层，经过两层卷积层操作后，剩下 64 张 7×7 的图片，将这 64 张 7×7 的图片送进全连接层，其主要目的是进行特征分类，提取重要特征，并将特征与标签对应，实现整个训练过程。本次构建全连接层数有两个，第一层全连接获取最后一层池化后的结果，并将结果划分为 1 024 个结果。

```
W_fc1 = weight_variable([7 * 7 * 64, 1024])
b_fc1 = bias_variable([1024])

h_pool2_flat = tf.reshape(h_pool2, [-1, 7*7*64])
h_fc1 = tf.nn.relu(tf.matmul(h_pool2_flat, W_fc1) + b_fc1)

keep_prob = tf.placeholder("float")
h_fc1_drop = tf.nn.dropout(h_fc1, keep_prob)
```

图 5.12　建立全连接层

需要注意的是，这里的 reshape()函数重点−1 为任意值，计算时会处理为 100，1 024 个结果将作为特征进行比对。

tf.nn.relu()函数的作用是对输入的值进行取最大值的操作，只有最大值保留，其他值丢失。例如，tf.nn.relu（1, 2, 5, 3, 4），最终结果除了 5 不变，其他位置的参数全部变为 0，结果变为 0，0，5，0，0。

dropout()函数的作用是将 1 024 个特征参数随机丢失一部分，防止过拟合。其中，keep_prob 参数为需要设置的比例值。按照 keep_prob 的比例对 1 024 个神经元部分丢失，可以使模型不会过分依赖某些局部特征，神经网络在训练过程中将拥有更好的泛化能力。局部数据丢失后，新建的数据将不足 1 024 个，因此需要重新构建并存储对应的神经元个数。

（13）对应地，还需要建立第二层全连接神经网络，如图 5.13 所示。第二层全连接神经网络对第一层神经网络输入的 1 024 个神经元进行处理，丢失一部分数据后输出，其结果主要是对应相乘相加的处理结果。经过 softmax()函数激活，实现最终的特征分类操作，这里将 1 024 个神经元划分到 10 个数据中，最终输出的结果是 10 个数字。

```
W_fc2 = weight_variable([1024, 10])
b_fc2 = bias_variable([10])

y_conv=tf.nn.softmax(tf.matmul(h_fc1_drop, W_fc2) + b_fc2)
```

图 5.13　建立第二层全连接神经网络

（14）进行交叉熵的计算。tf.reduce_sum（input, axis）是一个求和函数。若 axis 为 0，则按列求和，即每一列相加最后得到一行向量；若 axis 为 1，则按行求和，得到一列元素；若不设置，则全局求和，得到一个值。

使用 AdamOptimizer()函数进行优化处理，将学习率设置为 0.000 4。这里对 tf.train.AdamOptimizer()函数进行简单介绍。在进行梯度优化的过程中，最初主要通过斜率最大的方向进行寻找，找到最低点，即斜率为 0 的解，这个解的值就对应 W 和 b 的值；但是，在梯度下降的过程中，往往很容易找到局部最优解，而不是全局最优解，局部最优解也是斜率为 0 的值，这个值依旧会被程序默认为解，但这种解并不是程序需要的解。如何越过局部最优解找到全局最优解，就是优化器需要处理的问题。

```
tf.train.AdamOptimizer.__init__(
learning_rate=0.001,
beta1=0.9,
beta2=0.999,
epsilon=1e-08,
use_locking=False,
name='Adam'
)
```

AdamOptimizer()函数有如下 6 个参数。

learning_rate：张量或浮点值，学习率。

beta1：浮点值或常量浮点张量，一阶矩估计的指数衰减率。

beta2：浮点值或常量浮点张量，二阶矩估计的指数衰减率。

epsilon：数值稳定性的一个小常数。

use_locking：若为 True，则要使用 lock 进行更新操作。

name：应用梯度时，为了创建操作的可选名称，默认为“Aam”。

其中，最重要的参数为 learning_rate，即学习率，它是梯度下降过程中参数 W 和 b 移动的跨步。学习率越大，参数 W 和 b 移动得越快。其好处是损失值会下降得很快，减少训练的次数；坏处是极容易越过全局最优解，使得参数 W 和 b 出现不收敛的情况。但是，学习率太小，又会影响参数 W 和 b 的更新速度，使得需要增加很多训练次数才能使得损失值下降。因此，对于学习率的设置需要慎重，一般取 0.1、0.01 等小数比较好。

（15）mininize()函数内部参数既可以取交叉熵也可以取损失值，这里取交叉熵，如图 5.14 所示。

```
cross_entropy = -tf.reduce_sum(y_*tf.log(y_conv))

train_step = tf.train.AdamOptimizer(1e-4).minimize(cross_entropy)
```

图 5.14　交叉熵计算

整个优化的过程都是为了得到最好的步进数，最终找到全局最优解。

（16）结果存放在一个 bool 型列表中，并计算检测准确率，如图 5.15 所示。tf.equal()函数主要是进行相同位置的对比。若对比结果相同，则返回 True；若不同，则返回 False。tf.argmax()函数主要是进行最大值返回，输入参数是预测数据和实际参数数据。axis 是进行行索取最大值和列索取最大值，axis 的取值非 0 即 1。本次程序中，输入数据主要以 1 行 10 列的 0.0 或 1.0 排列。因此，按照 axis = 1 进行行索取最大值操作，相等时就是 100%预测成功，不等时就是 0%预测成功。

```
correct_prediction = tf.equal(tf.argmax(y_conv,1), tf.argmax(y_,1))
accuracy = tf.reduce_mean(tf.cast(correct_prediction, "float"))

saver = tf.train.Saver() #定义saver
```

图 5.15　结果存放

由于 tf.equl()函数返回值是 bool 型，还需要使用 cast()函数将 bool 型函数转化为 0 或 1 的参数，并根据 reduce_mean()函数取平均值。这样计算的结果就是最后的检测准确率计算结果。

求得检测准确率计算结果后，使用 Saver()函数对模型进行存储，在预测时将会使用这个函数进行模型参数的读取操作。

（17）开始训练模型，这里将训练次数设置为 30 000。提高训练次数最直观的效果是识别效果更好，训练次数也可以根据需要修改，如设置为 10 000，通过 batch 获取批量数据，主要是每次输入神经网络的图片数量，这里输入的数量需要把握，不能设置太大，也不能设置太小。设置过大，会使得 PC 端运行速度很慢，这非常考验计算机的计算能力；设置过小，训练次数需要增加很多。这里将迭代次数设置为 50，训练的权重也需要保留到特定的位置，方便在识别时调用训练的模型，如图 5.16 所示。

```
with tf.Session() as sess:
    sess.run(tf.global_variables_initializer())
    for i in range(30000):
        batch = mnist.train.next_batch(50)
        if i % 100 == 0:
            train_accuracy = accuracy.eval(feed_dict={
                x: batch[0], y_: batch[1], keep_prob: 1.0})
            print('step %d, training accuracy %g' % (i, train_accuracy))
        train_step.run(feed_dict={x: batch[0], y_: batch[1], keep_prob: 0.5})
    saver.save(sess, 'SAVE/model.ckpt') #模型储存位置
```

图 5.16　训练模式

这里对 feed_dict()函数进行简单介绍。它是与 tf.placeholder()函数匹配使用的，tf.placeholder()函数需要设置一个空的数据空间，这个数据空间并不进行赋值操作，内部不包含数据。在调用的过程中，需要使用 feed_dict()函数对之前设置的 tf.placeholder()函数参数进行赋值，设置了几个占位符，就要进行几个赋值。feed_dict()函数是将冒号后面的数据赋值给冒号前面的变量。例如，feed_dict = {a：2，b：3，c：4，d：5}操作的结果是 a = 2，b = 3，c = 4，d = 5。feed_dict()函数内部要经过几次赋值，需要根据之前设置了几个占位符来决定。本次实验设置了 3 个占位符，因此需要进行 3 次赋值。

accuracy.eval()函数是将训练过程中的准确率提取并赋值出来，不对其他参数进行相关操作。

train_step.run()函数是进行训练操作，使用 feed_dict()函数将相关参数赋值进去，并开始运行操作流程。

saver.save()函数将模型的参数全部保存下来，如图 5.16 所示。

（18）显示训练过程，如图 5.17 所示。

```
print('test accuracy %g' % accuracy.eval(feed_dict={
    x: mnist.test.images, y_: mnist.test.labels, keep_prob: 1.0}))
```

图 5.17　显示训练过程

至此，训练部分的原理全部介绍完毕。后面还需要单独新建 Python 文件构建识别服装的数据集。

2）训练部分

（1）将程序需要使用的包文件导入程序中，如图 5.18 所示。

```
from PIL import Image, ImageFilter
import tensorflow as tf
import matplotlib.pyplot as plt
```

图 5.18　导包

（2）导包完成后，从存储的同级目录中将文件读取出来，如果文件读取失败或放置在其他目录，可以尝试使用绝对目录读取图片文件。读取图片完成后，将图片进行灰度转化，图

片将以像素值的方式逐一被读取出来，读取出来的点以数字的形式表现出来，按颜色深浅将图片以 0～255 划分，其中颜色最亮的为 255，最暗的为 0。读取完成，将数字归一化，将 0～255 以同等比例划分至 0～1，并更改明暗上下值，最暗的为 1，最亮的为 0。至此便可以将图片读取出来，作为返回值输出。

（3）将图片数据赋值给 result 参数，如图 5.19 所示。

```
def imageprepare():
    # im = Image.open('8.png')
    im = Image.open('cv2_8.jpg')
    plt.imshow(im)
    plt.show()
    im = im.convert('L')
    tv = list(im.getdata())
    tva = [(255-x)*1.0/255.0 for x in tv]
    return tva
result=imageprepare()
```

图 5.19　读取图片

其中：Image.open('cv2_8.jpg')是将图片文件读取出来；plt.imshow(im)是将图片使用函数程序显示出来；im.convert('L')是将原本的图片进行灰度转化，若图片颜色单调，则在输入图片时，可以只进行单通道操作；list(im.getdata())是将图片数据转化为数据清单，方便进行数值处理操作。

（4）与训练相同，这里也要创建占位符，用于存储图片像素值，以及识别出来的 10 位数字，如图 5.20 所示。

```
x = tf.placeholder(tf.float32, [None, 784])
y_ = tf.placeholder(tf.float32, [None, 10])
```

图 5.20　创建占位符

此时，也要进行权重偏差池化卷积等初始化操作。代码跟训练时的代码一致，函数作用也一样。

（5）权重、偏差、卷积、最大池化初始化操作如图 5.21 所示。代码具体操作可以参考之前构建代码的具体过程。

（6）重新构建 CNN 是为了进行预测使用，这里构建的初始化操作是一样的，并没有特别不同之处。同样构建一个图片存储的标识，如图 5.22 所示。

（7）构建第一层 CNN 设置卷积操作并进行池化处理，如图 5.23 所示。

（8）构建第二层 CNN 设置卷积操作并进行池化处理，如图 5.24 所示。

（9）CNN 构建完成后，开始构建全连接层，将卷积层和池化层处理后的数据送入全连接层进行数据优化，并将特征分类进行预测处理，如图 5.25 所示。

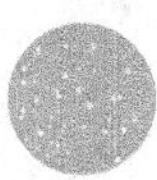

```
#权重
def weight_variable(shape):
    initial = tf.truncated_normal(shape,stddev = 0.1)
    return tf.Variable(initial)

#偏差
def bias_variable(shape):
    initial = tf.constant(0.1,shape = shape)
    return tf.Variable(initial)

#卷积
def conv2d(x,W):
    return tf.nn.conv2d(x, W, strides = [1,1,1,1], padding = 'SAME')

#最大池化
def max_pool_2x2(x):
    return tf.nn.max_pool(x, ksize=[1,2,2,1], strides=[1,2,2,1], padding='SAME')
```

图 5.21　初始化操作

```
x_image = tf.reshape(x,[-1,28,28,1])
```

图 5.22　构建标识

```
W_conv1 = weight_variable([5, 5, 1, 32])
b_conv1 = bias_variable([32])

h_conv1 = tf.nn.relu(conv2d(x_image,W_conv1) + b_conv1)
h_pool1 = max_pool_2x2(h_conv1)
```

图 5.23　第一层卷积设置

```
W_conv2 = weight_variable([5, 5, 32, 64])
b_conv2 = bias_variable([64])

h_conv2 = tf.nn.relu(conv2d(h_pool1, W_conv2) + b_conv2)
h_pool2 = max_pool_2x2(h_conv2)
```

图 5.24　第二层卷积设置

```
W_fc1 = weight_variable([7 * 7 * 64, 1024])
b_fc1 = bias_variable([1024])

h_pool2_flat = tf.reshape(h_pool2, [-1, 7*7*64])
h_fc1 = tf.nn.relu(tf.matmul(h_pool2_flat, W_fc1) + b_fc1)
```

图 5.25　预测处理

（10）第一层全连接构建完成后，还要构建第二层全连接层。在构建第二层全连接层的时候需要注意，此时构建的全连接层主要是用于预测，而不是训练，因此不需要进行神经元的剔除，可以全部保留，这样预测效果会更好。

构建第二层全连接层时，只需要将原本的keep_prob = tf.placeholder("float")和h_fc1_drop = tf.nn.dropout(h_fc1，keep_prob)去掉，保留原本的所有神经元，直接编写代码即可，如图5.26所示。

```
W_fc2 = weight_variable([1024, 10])
b_fc2 = bias_variable([10])

y_conv=tf.nn.softmax(tf.matmul(h_fc1, W_fc2) + b_fc2)
```

图5.26　保留神经元

以上构建卷积层、池化层、全连接层的流程及参数与之前训练的参数是一致的，如果具体不清楚，可以返回训练的神经网络部分查看。这里不再赘述。

（11）同样，进行交叉熵的计算、优化器的处理，并设置相关参数，如图5.27所示。与训练时设置的参数基本保持一致，训练过程中使用的参数必须全部转移至测试过程中，因为训练神经网络与预测神经网络使用同一个CNN。

```
cross_entropy = -tf.reduce_sum(y_*tf.log(y_conv))
train_step = tf.train.AdamOptimizer(1e-4).minimize(cross_entropy)
```

图5.27　交叉熵的计算

（12）训练参数配置完后，还需要预测结果信息，如图5.28所示。

```
correct_prediction = tf.equal(tf.argmax(y_conv,1), tf.argmax(y_,1))
accuracy = tf.reduce_mean(tf.cast(correct_prediction, "float"))
```

图5.28　预测结果

（13）读取权重并进行相关检测操作，将结果显示出来，如图5.29所示。

```
with tf.Session() as sess:
    sess.run(tf.global_variables_initializer())
    saver.restore(sess, "SAVE/model.ckpt") #使用模型，参数和之前的代码保持一致

    prediction=tf.argmax(y_conv,1)
    predint=prediction.eval(feed_dict={x: [result],keep_prob: 1.0}, session=sess)

    print('识别结果：')
    print(predint)
print(predint[0])
```

图5.29　显示结果

代码原理部分介绍完后，可以使用代码原理构建简单的神经网络。

（五）实验步骤

1. PC端实验操作步骤

程序在编写过程中分两步完成：第一步是训练数据，第二步是识别程序。

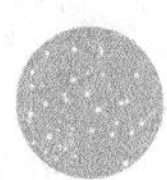

在训练之前，同样需要使用 PyCharm 搭建环境平台，创建新工程并新建 Python 程序，配置环境后 PyCharm 中构建全部的 Python 代码。主要流程可以参考之前的实验过程。

1）训练数据

（1）部分训练代码截图如图 5.30 所示。

```
mnist_conv.py    mnist_verif.py
1  from tensorflow.examples.tutorials.mnist import input_data
2  import tensorflow as tf
3
4  mnist = input_data.read_data_sets('MNIST_data/', one_hot=True) #MNIST数据集所在路径
5
6  x = tf.placeholder(tf.float32, [None, 784])
7
8  y_ = tf.placeholder(tf.float32, [None, 10])
9
10 #权重
11 def weight_variable(shape):
12     initial = tf.truncated_normal(shape,stddev = 0.1)
13     return tf.Variable(initial)
14
15 #偏差
16 def bias_variable(shape):
17     initial = tf.constant(0.1,shape=shape)
18     return initial
19
20 #卷积
21 def conv2d(x,W):
22     return tf.nn.conv2d(x, W, strides = [1,1,1,1], padding='SAME')
23
24 #最大池化
25 def max_pool_2x2(x):
26     return tf.nn.max_pool(x, ksize=[1,2,2,1], strides=[1,2,2,1], padding='SAME')
27
28 W_conv1 = weight_variable([5, 5, 1, 32])
29
30 b_conv1 = bias_variable([32])
31
32 x_image = tf.reshape(x,[-1,28,28,1])
33
```

图 5.30　部分训练代码

在训练开始前，需要先下载 MNIST 数据集到本地。由图 5.30 可以看到，代码第 4 行中加载了本地数据集。MNIST 数据集大约 11 M，下载地址：

http://yann.lecun.com/exdb/mnist/

成功打开网址后，如图 5.31 所示。

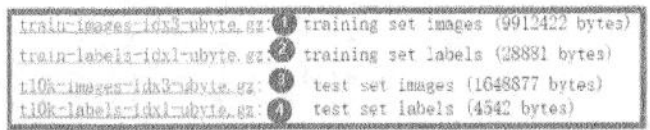

train-images-idx3-ubyte.gz: training set images (9912422 bytes)
train-labels-idx1-ubyte.gz: training set labels (28881 bytes)
t10k-images-idx3-ubyte.gz: test set images (1648877 bytes)
t10k-labels-idx1-ubyte.gz: test set labels (4542 bytes)

图 5.31　MNIST 下载界面

由图 5.31 可以看到，一共要下载 4 个文件，依次点击下载即可。下载后，需要将数据包存放在同级目录下，存放在 Python 文件夹中即可，如图 5.32 所示。这样，在读取数据时会比较方便，当然也可以使用绝对目录读取文件。

.idea	2020/9/24 10:51	文件夹	
MNIST_data	2020/9/16 16:09	文件夹	
SAVE	2020/9/22 17:20	文件夹	
venv	2020/9/16 14:21	文件夹	
cv2_2.jpg	2020/9/16 14:57	JPG 文件	1 KB
cv2_8.jpg	2020/9/17 13:26	JPG 文件	1 KB
mnist_conv.py	2020/9/22 17:21	PY 文件	3 KB
mnist_verif.py	2020/9/17 13:56	PY 文件	3 KB

图 5.32　读取文件

（2）数据准备完成后，就可以开始进行代码训练了。按照第 3 章中的操作，点击右键运行训练部分 Python 代码即可。

这里截取部分训练过程图，如图 5.33 所示。

```
step 2200, training accuracy 0.92
step 2300, training accuracy 0.96
step 2400, training accuracy 0.96
step 2500, training accuracy 0.98
step 2600, training accuracy 0.98
step 2700, training accuracy 1
step 2800, training accuracy 0.96
step 2900, training accuracy 0.98
step 3000, training accuracy 1
```

图 5.33　部分训练过程

（3）训练部分完成后，得到训练权重文件，如图 5.34 所示。

checkpoint	2020/9/16 16:20	文件	1 KB
model.ckpt.data-00000-of-00001	2020/9/16 16:20	DATA-00000-OF...	38,375 KB
model.ckpt.index	2020/9/16 16:20	INDEX 文件	1 KB
model.ckpt.meta	2020/9/16 16:20	META 文件	66 KB

图 5.34　权重文件

2）识别手写图片

训练部分设置完成后，开始进行识别代码操作，先创建一个手写字体的图片，并将图片转化为 28×28 像素。

（1）使用系统自带的画图软件，在画图工具中手写一个数字，这里以 8 作为参考图片，手写一个数字 8，并截图保存下来。

① 将画笔粗细设置好，颜色设置为黑色，手写一个数字 8，如图 5.35 所示。

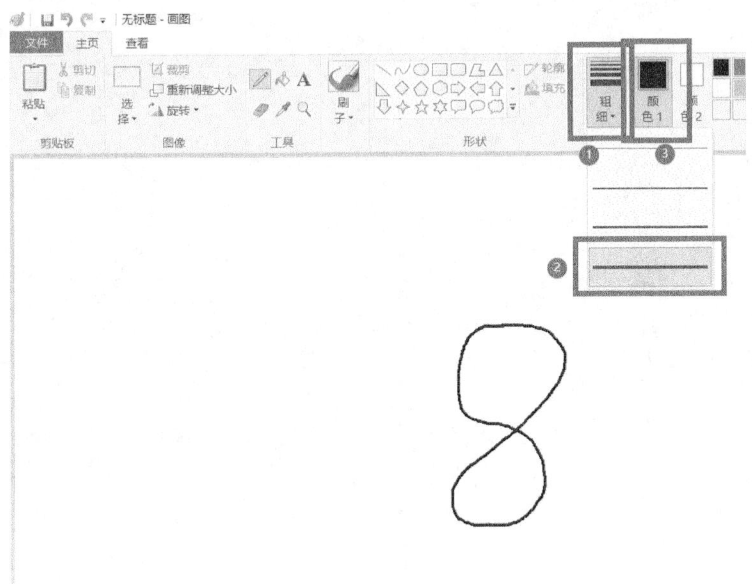

图 5.35　手写数字

② 不需要将整张图片保存，只截取手写字体 8 的部分，点击“选择”→“矩形选择”，截取图片，如图 5.36 所示。

③ 右键点击“裁剪”，如图 5.37 所示。

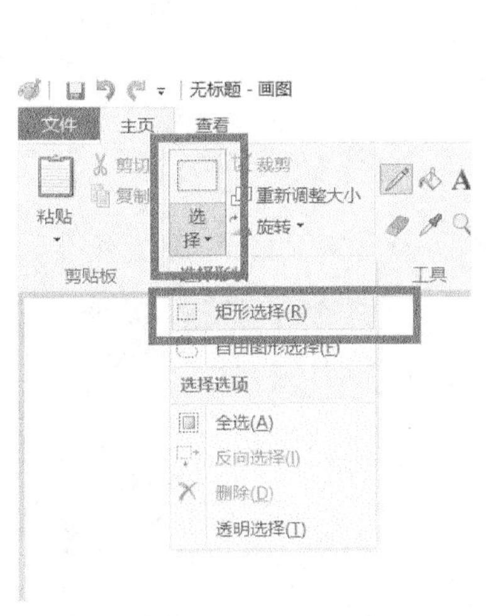

图 5.36　矩形选择

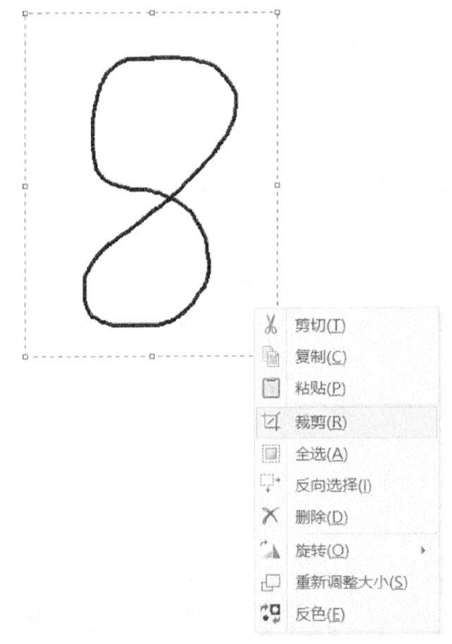

图 5.37　裁剪

④ 点击“文件”→“保存”，保存图片，如图 5.38 所示。

（2）将文件保存到建立的检测 Python 文件同级文件夹里面，并将文件保存为 jpg 格式，取名为 cv2_8，点击“保存”，如图 5.39 所示。统一取名，方便后面编写程序。

图 5.38　保存图片

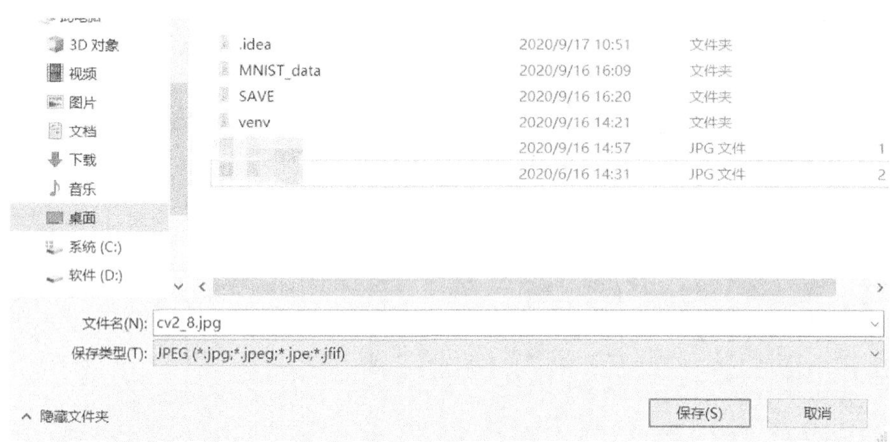

图 5.39　命名

（3）文件成功保存后，可以查看并设置图片像素，将图片降低至 28×28 像素。使用 Windows 10 自带的画图 3D 就可以轻松调整格式。

使用画图 3D 打开图片，点击“画布”，在右侧将图片降低至 28×28 像素，即完成格式调整，保存文件，如图 5.40 所示。

（4）图片创建完成后，准备工作就完成了，开始写识别图片的程序代码。根据实验原理部分的思路，识别程序的代码如图 5.41 所示。

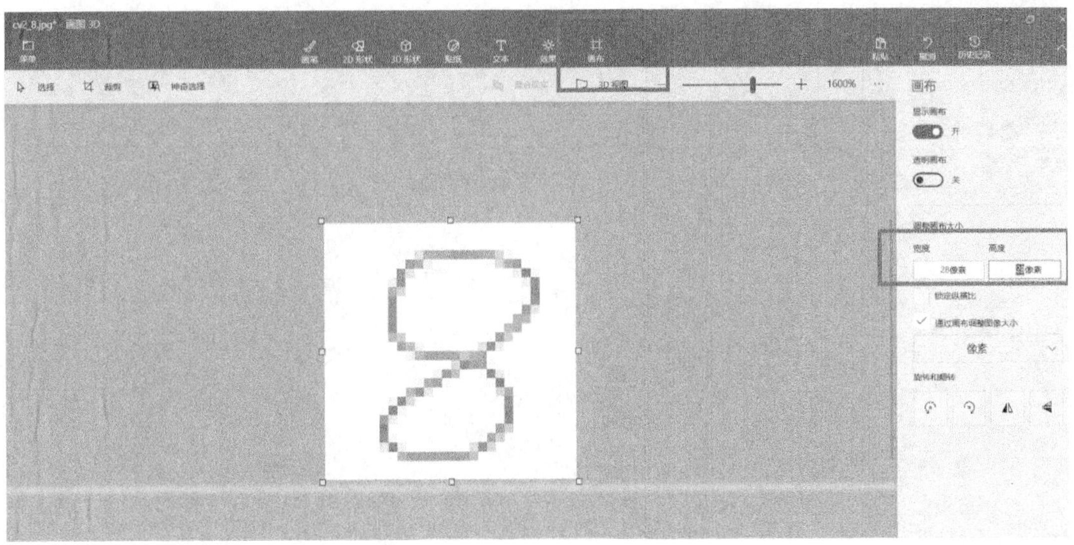

图 5.40　调整像素

```
from PIL import Image, ImageFilter
import tensorflow as tf
import matplotlib.pyplot as plt

def imageprepare():
    im = Image.open('cv2_8.jpg')
    plt.imshow(im)
    plt.show()
    im = im.convert('L')
    tv = list(im.getdata())
    tva = [(255-x)*1.0/255.0 for x in tv]
    return tva

result=imageprepare()

#创建占位符
x = tf.placeholder(tf.float32, [None, 784])
y_ = tf.placeholder(tf.float32, [None, 10])

#权重
def weight_variable(shape):
    initial = tf.truncated_normal(shape,stddev = 0.1)
    return tf.Variable(initial)

#偏差
def bias_variable(shape):
    initial = tf.constant(0.1,shape = shape)
    return initial

#卷积
def conv2d(x,W):
    return tf.nn.conv2d(x, W, strides = [1,1,1,1], padding = 'SAME')
```

图 5.41　识别程序

（5）点击右键运行识别代码，程序会将需要识别的图片显示出来，如图 5.42 所示。

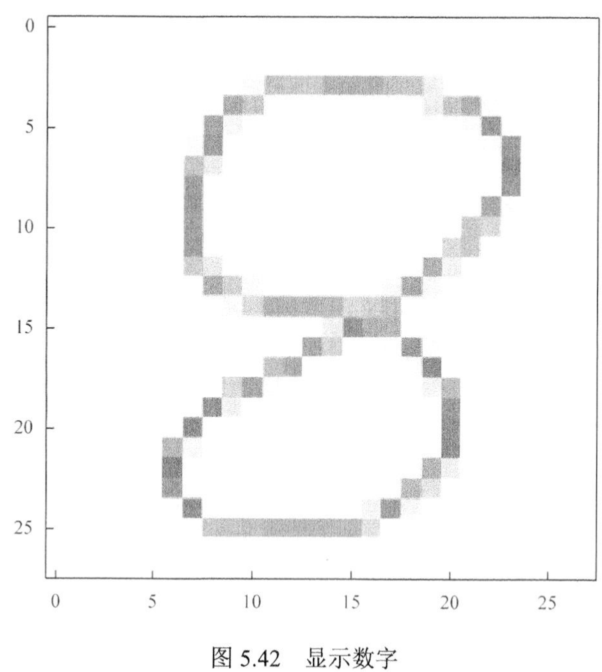

图 5.42　显示数字

（6）显示数字后，程序会给出识别结果。此时可以看到，数字 8 被成功识别出来，如图 5.43 所示。如果因为训练不够出现识别错误，可以适当增加训练次数。

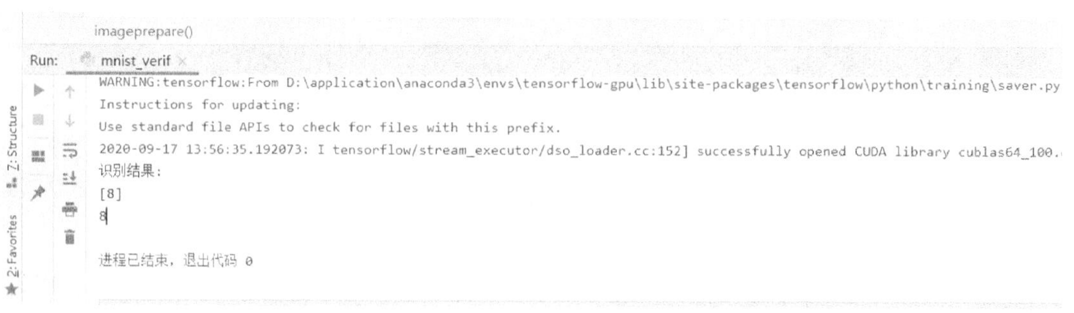

图 5.43　识别结果

2. 智能小车端操作步骤

1）训练部分

（1）参照实验原理代码部分，在智能小车端创建新工程文件，并在新建的工程文件下新建一个 Python 文件，将训练代码全部编进训练 Python 程序中。训练代码部分截图如图 5.44 所示。

（2）代码构建完成后，点击右键运行。部分运行过程截图如图 5.45 所示。

```
#!/usr/local/lib/python3.6
from tensorflow.examples.tutorials.mnist import input_data

import tensorflow as tf

mnist = input_data.read_data_sets('MNIST_data/', one_hot=True)

x = tf.placeholder(tf.float32, [None, 784])

y_ = tf.placeholder(tf.float32, [None, 10])

def weight_variable(shape):
    initial = tf.truncated_normal(shape,stddev = 0.1)
    return tf.Variable(initial)

def bias_variable(shape):
    initial = tf.constant(0.1,shape=shape)
    return tf.Variable(initial)

def conv2d(x,W):
    return tf.nn.conv2d(x, W, strides = [1,1,1,1], padding='SAME')

def max_pool_2x2(x):
    return tf.nn.max_pool(x, ksize=[1,2,2,1], strides=[1,2,2,1], padding='SAME')
```

图 5.44　部分训练代码

（3）运行结束后，程序也会在同级文件夹中保存权重文件，在测试过程中，调用同级文件中的权重文件即可完成识别程序。

2）识别部分

（1）参照实验原理部分将识别程序代码编进一个单独的 Python 程序中，识别代码部分截图如图 5.46 所示。

```
 gains if more memory were available.
step 200, training accuracy 0.84
step 300, training accuracy 0.84
step 400, training accuracy 0.92
step 500, training accuracy 1
step 600, training accuracy 0.98
step 700, training accuracy 0.96
step 800, training accuracy 0.92
```

图 5.45　显示信息

（2）程序编写完后，点击右键运行，即可对同级文件夹中存放的手写数字 8 进行识别操作。程序运行过程中，先将数字 8 显示出来，如图 5.47 所示。

（3）等待程序运行出识别结果，程序正确识别出了手写数字 8，如图 5.48 所示。

（六）实验要求

（1）成功完成训练程序和测试程序的编写，并生成权重文件。

（2）使用所得权重完成检测，使得检测结果尽可能好。

（七）实验习题

（1）绘制训练过程中的检测准确率曲线图。

（2）熟悉交叉熵与损失值的关系，并绘制损失函数曲线图。

```
#!/usr/local/lib/python3.6
from PIL import Image, ImageFilter
import tensorflow as tf
import matplotlib.pyplot as plt

def imageprepare():
    im = Image.open('cv2_8.jpg')
    plt.imshow(im)
    plt.show()
    im = im.convert('L')
    tv = list(im.getdata())
    tva = [(255-x)*1.0/255.0 for x in tv]
    return tva

result=imageprepare()

x = tf.placeholder(tf.float32, [None, 784])
y_ = tf.placeholder(tf.float32, [None, 10])

def weight_variable(shape):
    initial = tf.truncated_normal(shape,stddev = 0.1)
    return tf.Variable(initial)
```

图 5.46　部分识别代码

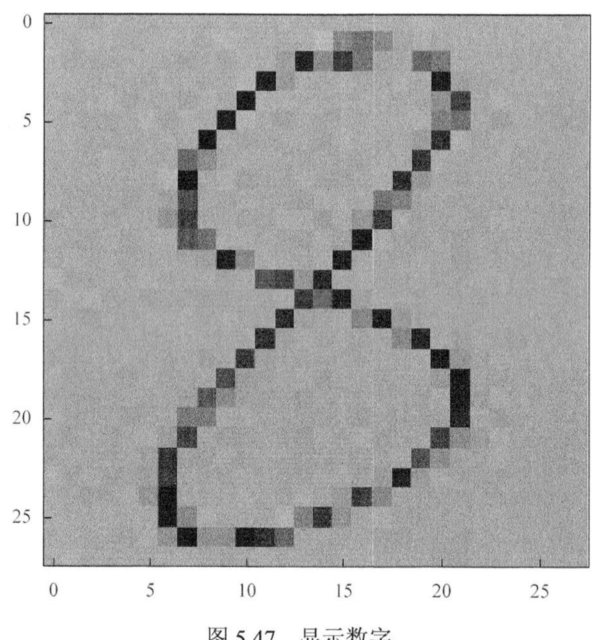

图 5.47　显示数字

```
Use standard file APIs to check for files with this prefix.
2020-10-21 15:00:32.853996: I tensorflow/stream_executor/dso_l
 successfully opened CUDA library libcublas.so.10.0 locally
识别结果:
[8]
8
```

图 5.48　显示结果

第 6 章　MINIST 手写数字识别案例（Keras 类实现）

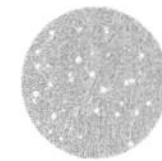

（一）实验目的

（1）使用 Keras 构建手写数字识别系统。

（2）掌握 Keras 建立一个简单的识别框架。

（二）实验内容

（1）使用 Keras 完成手写数字识别。

（2）完成手写数字的检测。

（三）实验设备

（1）PC 机 1 台。

（2）智能小车 1 台。

（四）实验原理

1. Keras 简介

Keras 是一个高级的 Python 神经网络框架。Keras 官方地址：

https://Keras.io/

Keras 已经被添加到了 TensorFlow 中，称为默认框架，为 TensorFlow 提供高级 API。

相对于 TensorFlow 而言，Keras 并没有那么多的细节问题，Keras 操作更多趋向于模块化，操作起来更加简单，它作为 TensorFlow 的高级封装层，可以与 TensorFlow 联合使用，用 Keras 快速搭建原型是一个很好的选择。

Keras 是高度封装的，非常适合新手使用，代码更新速度比较快，示例代码也比较多，文档和讨论区也比较完善，最重要的是，Keras 是 TensorFlow 官方支持的，当机器上游可以用 GPU 时，代码会自动调用 GPU 进行并行运算。Keras 官方网站上描述了它的几个优点，具体如下。

（1）模块化，即模块的各个部分，如神经层、成本函数、优化器、初始化、激活函数、规范化都是独立的模块，可以组合在一起来创建模型。

（2）极简主义，即每个模块都保持简短。

（3）易扩展性，即很容易添加新模块，因此 Keras 适用于高级研究。

（4）使用 Python 语言，非常易于调试与扩展。

Keras 的核心数据结构是模型，模型是用来组织网络层的方式。模型有两种：一种为 Sequential 模型，另一种为 Model 模型。Sequential 模型是一系列网络层顺序构成的栈，是单输入单输出的，层与层之间只有相邻关系，是最简单的一种模型；Model 模型用来建立更加复杂的模型。通常在构建 CNN 时会选择 Model 模型；Sequential 模型更适合构建一些简单的模型。Keras 有很多源代码示例，例如：CIFAR-10 以图片分类为主，使用 CNN；IMDb 主要是电影评论观点分类，使用 LSTM；Reuters 数据集主要是新闻主题分类，使用多层感知机；MNIST 数据集手写数字识别，使用的也是 CNN；OCR 识别字符级文本，使用的也是 LSTM。本次实验主要以 MNIST 识别手写数字。

2. 代码原理介绍

1）训练部分

新建一个 Python 脚本程序，用来训练手写字体，得到一个训练的权重文件，这个文件在测试的时候会用到。

（1）导入本次训练中所需要的开发包，如图 6.1 所示。导包操作一般放在最前面，但实际上，可以在编写程序时，发现需要什么开发包而未添加再继续添加。

```
import tensorflow as tf
import os
import numpy as np
from matplotlib import pyplot as plt
```

图 6.1　导包

将 MINIST 的数据从开发包中加载出来，将数据包分别拆分赋值，包括训练特征、训练标签、测试特征、测试标签。得到的数据还需要进行归一化操作，原始数据为 0～255，归一化后转化为 0～1，如图 6.2 所示。

```
mnist = tf.keras.datasets.mnist
(x_train, y_train), (x_test, y_test) = mnist.load_data()
x_train, x_test = x_train / 255.0, x_test / 255.0
```

图 6.2　加载数据

（2）搭建 CNN 结构，本次构建 CNN 主要还是以 Sequential 来构建一个简单的网络结构，因为 Sequential 搭建 CNN 比较简单，代码量比较少，很容易上手。编写完这个程序后，就可以自己尝试使用 Sequential 来搭建模型训练其他数据集了。

使用 Sequential 搭建 CNN 主要包括如下参数。

第一层参数为直拉层参数。这层并不对数据进行计算操作，只是对数据结构进行简单变换，直观理解就是将一团数据拉成细长的样子。直拉层操作函数为 tf.Keras.layers.Flatten()，编写程序的过程中，不需要带参数，括号内部空着就行。

第二层构建卷积层。卷积层中主要设置卷积核个数、卷积核尺寸、卷积步长、填充方式。构建卷积层的函数为 tf.Keras.layers.Conv2D（filters = 卷积核个数，kernel_size = 卷积核尺寸，strides = 卷积步长，padding = 填充方式）。

第三层是全连接层。全连接函数的输入参数包括神经元个数、激活函数、正则化方式等。其中激活函数可以选择 relu()、softmax()、sigmoid()、tanh()。在选择激活函数的过程中，非全连接层的最后一层，大多数都会选择 relu()激活函数，而全连接层的最后一层通常情况下会选择 softmax()函数。而正则化主要选择 tf.Keras.regularizers.l1()、tf.Keras.regularizers.l2()这两个函数。构建全连接的函数为 tf.Keras.layers.Dense(神经元个数，activation = 激活函数，kernel_regularizer = 正则化方式)。

除此之外，还有 LSTM 层，该层使用 tf.Keras.layers.LSTM()函数，这里不对 LSTM 层进行介绍。

（3）构建拉直层，建立 2 层全连接网络。在构建全连接层之前，对构建全连接层的函数进行简单介绍。

本次构建全连接层仅对部分参数进行设置：第一层网络的神经元个数为 128，激活函数为 relu()；第二层网络的神经元个数为 10 个，激活函数为 softmax()。编写代码，如图 6.3 所示。

```
model = tf.keras.models.Sequential([
    tf.keras.layers.Flatten(),
    tf.keras.layers.Dense(128, activation='relu'),
    tf.keras.layers.Dense(10, activation='softmax')
])
```

图 6.3　添加网络结构

（4）神经网络构建完成后，还需要对神经网络中的部分参数进行设置。下面对配置训练的参数进行简要介绍。

配置训练的主要操作包括对优化器、损失函数、性能评估函数的设置三部分。

① 设置优化器。

优化器主要用来进行梯度下降及更新梯度，使得梯度能尽快达到最小值，并突破局部最优解找到全局最优解。在训练神经网络中，系统给出了 8 种配置训练的方法。

a. 批量梯度下降（batch gradient descent，BGD）法。该方法利用现有参数对训练集中的每一个输出生成一个估计值，在前期也许仅有约 50 对数据与特征图，随着训练迭代次数的增加，样本会越来越多，计算量也会越来越大，更新梯度的速度也会降低，因此，该方法不适合大量的数据集。

b. 随机梯度下降（stochastic gradient descent，SGD）法。该方法通过保持特征图与实际结果输出的量一定，来控制梯度下降的范围，更新数据的速度也会加快很多。由于每次进行梯度下降都是随机批次的数据集，下降过程中难免会存在梯度误差，在更新梯度的过程中可能会走弯路，但梯度最终到达 0 的标准不会改变，这仍然无法解决局部最优解问题。

c. Momentum 法。该方法只是在一定程度上为 SGD 更新指明了方向，每次梯度更新前都会获取上一次梯度更新的方向，加快了梯度更新的速度，避免了在最优解附近震荡的问题。

d. Nesterov Momentum 法。该方法是对 Momentum 的多次矢量加和，不是仅选取上一次的矢量，而是多次矢量的重复叠加。最重要的是，更新的跨度选取了比较大的跨度，学习率相对更大，这样可以跨越局部最优解，但可能造成梯度不收敛。

e. AdaGrad 法。该方法不同于之前的方法，它不需要手动设置学习率，而是自适应地为各个参数分配不同的学习率，能够控制每个维度的梯度方向。其最大的好处是，实现了学习率的自动更新，根据跨度的不同，学习率会相应地增加或减少。

f. Adadelta 法。该方法也存在学习率更新过程，但不同的是，有一个初始值，并且学习率是单调递减的，后期更新速度会很慢。

g. RMSProp 法。该方法与 Momentum 法相同，引入了衰减次数，每次衰减比例相同，这种优化器在 RNN 网络中使用比较多。

h. Adam 法，也称为自适应矩估计法。该方法根据损失函数对每个参数梯度的一阶矩估计和二阶矩估计动态调整每个参数的学习率。

以上 8 种优化器，SGD 和 Adam 法使用比较多。

② 设置损失函数。

损失函数的更新问题能直接反应出一个模型的学习效果。Keras 模型损失函数的目标函数通常包括以下几种。

a. mean_squared_error()，均方误差。该目标函数是最原始的求损失函数的公式，其求解过程是：先使用特征求解出或者说是预测出结果 Y_pre（下面同样使用此参数表示预测结果），然后与实际结果即对应标签值 y_t（下面同样用此参数表示标签值）作差，再进行平方运算，最后将所有预测结果与左右对应标签的差值平方求和后取均值。

b. mean_absolute_error()，绝对值均差。其求解过程是：先将 Y_pre 与 y_t 作差后取绝对值，然后取平均值。

c. mean_absolute_percentage_error()。该目标函数是进行剔除后的操作，其求解过程是：首先将 Y_pre 与 y_t 作差后取绝对值，然后除以剔除较大部分参数，这个区间设置 epsilon 和 infinite 两个参数，最后求均值。

d. mean_squared_logarithmic_error()。该目标函数同样也要进行剔除操作，其求解过程是：首先分别将 Y_pre 和 y_t 剔除区间设置的 epsilon 和 infinite 值，加 1，然后将两个结果取对数，再求和并平方，最后将所有结果加和后取平均值。

e. squared_hinge()。其求解过程是：首先求出用 1 减去 Y_pre 与 y_t 乘积的结果，然后用这个结果与 0 比较，0 大就取 0，0 小就取差值结果，再平方，最后进行累加求均值。这个操作剔除了实际结果与预测结果相乘大于 1 的情况，理论上能减缓梯度下降的速度，使得梯度在下降的过程中，样本值相对减少一些。

f. Hinge()。该目标函数与 squared_hinge()类似，只是少了平方的步骤，其求解过程是：首先求出用 1 减去 Y_pre 与 y_t 乘积的结果，然后用这个结果跟 0 比较，0 大就取 0，0 小就取差值结果，最后进行累加求均值。

g. categorical_crossentropy()，也称为多类的对数损失，其求解过程是：对单次交叉熵运算后累加求和并求均值，所得结果取负。需要注意的是，在使用该目标函数时，需要将标签转化为形如（nb_samples，nb_classes）的二值序列。

h. sparse_categorical_crossentropy()。与 categorical_crossentropy()类似，只是稀疏了部分参数，优化了运算过程。

在使用 categorical_crossentropy()和 sparse_categorical_crossentropy()时，若目标仅仅是 one-hot 的二分类编码，即非 0 即 1，则使用 categorical_crossentropy()计算效果会更好；若目标是多分类编码，即 0，1，2，3，4，5，6 等，则使用 sparse_categorical_crossentropy()计算效果会更好。

由于本次测试使用的是数字编排模式，这里使用 sparse_categorical_crossentropy()目标函数。

③ 设置性能评估函数。

性能评估函数，即 metrics()函数的选择，通常有以下几种。

a. binary_accuracy()，主要应用于二分类问题，是计算所有预测值的平均准确率。

b. categorical_accuracy()，主要应用于多分类问题上，也是计算所有预测值的平均准确率。

c. sparse_categorical_accuracy()，是 categorical_accuracy 优化版本，主要应用于稀疏目标值预测。

以上就是配置训练中，三大参数的选择部分。本次实验选择 Adam 法优化函数，后期优化操作中 SGD 优化效果可能更好，这里可以尝试更改优化器，以求得到更高的预测准确率。

本次训练使用热度编码，由于实验需要处理的是多分类问题，选用目标函数 sparse_categorical_crossentropy()、性能优化函数 sparse_categorical_accuracy()。热度编码本身产生的就是稀疏矩阵，因此 sparse_categorical_accuracy()函数是比较好的选择，如图 6.4 所示。

```
model.compile(optimizer='adam',
              loss='sparse_categorical_crossentropy',
              metrics=['sparse_categorical_accuracy'])
```

图 6.4　配置训练方法

（5）使用 Keras 将训练模型搭建完成后，还需要对模型的参数进行保留，以解决断点续训问题。在训练神经网络时，往往需要大量重复的训练才能训练出一个好的模型数据，因此断点续训的问题需要注意。

在设置模型训练时，要先加载模型数据，设置一个用户名保留模型的地址。这里使用 checkpoint_save_path 的用户名保留训练模型地址，并使用 os.path.exists()函数判断模型是否存在。首次训练时是不存在的，因此并不会运行 if 语句中的命令；以后运行时，才会运行这行语句，并且会打印出“-----------------load the model-----------------”这行提示。使用 model.load_weights()函数导入之前的模型数据，进行断点续训操作。

在模型数据保存方面，先介绍一下使用到的主要函数 tf.Keras.callbacks.ModelCheckpoint()。下面对该函数的内部参数进行简单介绍。

```
tf.keras.callbacks.ModelCheckpoint(filepath,
monitor='val_loss',
verbose=0,
save_best_only=False,
save_weights_only=False,
mode='auto',
period=1)
```

tf.keras.callbacks.ModelCheckpoint()函数主要有以下 7 个参数。

filepath：文件保存地址，第一次运行时，需要新建文件保存地址，以后运行将直接保存到该地址。

monitor：要检测的数量，通常使用默认值，不对其进行设置。

verbose：详细信息模式，通常选择 0 或 1。

save_best_only：选择是否将检测数量覆盖掉。若为 True，则检测数量的最佳型号不会被覆盖；若为 Flase，则检测数量的最佳型号将被覆盖。该参数将决定保存最好的模型。

save_weights_only：若为 True，则仅保存模型的权重；若为 Flase，则保存完整模型。

mode：'auto'、'min'、'max'之一。若 save_best_only = True，则是否覆盖保存文件就取决于

检测数据的最大值或最小值。例如：对于 val_acc，应为 max；对于 val_loss，应为 min。在'auto'模式中，方向是从检测数量的名称自动推断出来的，通常并不设置这个参数。

period：检测训练次数之间的间隔。实际运行过程中，仅仅对保存的文件和 save_best_only、save_weights_only 进行保存即可，其他参数并不设置，保留默认值即可。

根据以上要求对 filepath 参数进行设置，对权重文件的保存地址进行设置，将参数 save_weights_only 设置为 True，不需要模型的全部参数，仅权重文件即可，将参数 save_best_only 设置为 True，保留最佳参数值，如图 6.5 所示。

```
checkpoint_save_path = './checkpoint/mnist.ckpt'
if os.path.exists(checkpoint_save_path + '.index'):
    print('------------load the model----------------')
    model.load_weights(checkpoint_save_path)
cp_callback = tf.keras.callbacks.ModelCheckpoint(filepath=checkpoint_save_path,
                                                 save_weights_only=True,
                                                 save_best_only=True)
```

图 6.5　设置模型保存参数

（6）配置训练主要使用 model.fit()函数来实现，下面对 model.fit()函数进行简单介绍。

```
fit(x,y,
batch_size=32,
epochs=10,
verbose=1,
callbacks=None,
validation_split=0.0,
validation_data=None,
shuffle=True,
class_weight=None,
sample_weight=None,
initial_epoch=0)
```

model.fit()函数主要包括以下参数。

x：输入数据。若模型只有一个输入，则输入一个数组数据；若模型有多个输入，则输入一个列表清单。

y：标签，一般为一维数组，根据需要分类的数量决定数组长度。

batch_size：整数，指定进行梯度下降时每次迭代包含的样本数。训练一次的样本会被计算一次梯度下降，使目标函数优化一步。

epochs：整数，训练终止时的次数值，训练将在达到该次数值时停止。

verbose：日志显示。当 verbose 设置为 0 时，并不实时输出训练信息；当 verbose 设置为 1 时，会实时输出进度信息，每一条都会显示出来；当 verbose 设置为 2 时，仅输出每次训练的总体信息。verbose 默认为 1，并不是默认为 0。

callbacks：列表数据，该列表中的回调函数将在训练过程中的适当时机被调用，参考回调函数。

validation_split：参数为 0～1 的浮点数，用来指定训练集的一定比例数据作为验证集。验证集不参与训练，并在每个 epoch 结束后测试模型指标，如损失值、精确度等。需要注意的是，由于 validation_split 的划分在 shuffle 之前，若数据本身是有序的，需要先手工打乱再指定 validation_split，否则可能会出现验证集样本不均匀的情况。

validation_data：形式为（x, y），是指定的验证集。

shuffle：布尔值或字符串，一般为布尔值，表示是否在训练过程中随机打乱输入样本的顺序。

class_weight：字典，将不同的类别映射为不同的权值。该参数用来在训练过程中调整损失函数，只在训练中使用，测试过程中不使用。

sample_weight：用于在训练时调整损失函数，也只在训练中使用。

initial_epoch：从该参数指定的 epoch 开始训练，在继续之前的训练时有用。

以上就是对 model.fit()函数的介绍。本次使用过程中主要对 x，y，batch_size，epochs，validation_data，callbacks 参数进行设置，其他参数不进行设置。在 fit 中执行训练过程，告知 x_train 和 y_train 是训练集，每个批次输入 32 个数值，数据集迭代 10，x_test 和 y_test 是测试集，如图 6.6 所示。

```
history = model.fit(x_train, y_train, batch_size=32, epochs=10,
                    validation_data=(x_test, y_test),
                    callbacks=[cp_callback])
```

图 6.6　配置训练参数

```
model.summary()
```

图 6.7　打印网络结构

（7）打印网络结构和参数统计，如图 6.7 所示。

（8）将训练和测试过程的数据收集起来，赋给相关值。使用 print(history.history.keys()可以查阅 history 中的参数，本次训练中，主要有 loss、sparse_categorical_accuracy、val_loss、val_sparse_categorical_accuracy 这 4 个参数。使用 history.history 命令，加上对应的值就可以获取数据，具体获取方式如图 6.8 所示。

```
acc = history.history['sparse_categorical_accuracy']
val_acc = history.history['val_sparse_categorical_accuracy']
loss = history.history['loss']
val_loss = history.history['val_loss']
```

图 6.8　获取数据

（9）设置曲线相关参数，绘制方式与 MATLAB 相同。使用 subplot()函数绘制相关参数，这里 subplot()函数中的 1，2，1 是指，打开一个绘图框，绘制一个 1 行 2 列的图，当前图显示在第 1 个位置，如图 6.9 所示。之后使用 plot()函数绘图，只设置相关标题即可。

```
plt.subplot(1, 2, 1)
plt.plot(acc, label='Training Accuracy')
plt.plot(val_acc, label='Validation Accuracy')
plt.title('Training and Validation Accuracy')
plt.legend()
```

图 6.9　训练准确率函数结果绘图

（10）训练曲线绘制完成后，将验证曲线绘制出来，同样包括损失函数曲线图和检测准确率曲线图，如图 6.10 所示。

```
plt.subplot(1, 2, 2)
plt.plot(loss, label='Training Loss')
plt.plot(val_loss, label='Validation Loss')
plt.title('Training and Validation Loss')
plt.legend()
plt.show()
```

图 6.10　绘图代码

至此，训练部分的原理全部介绍完毕。后面还需要单独新建 Python 文件构建识别服装的数据集。

2）测试部分

新建一个 Python 脚本程序进行测试，检测输入图片中手写数字具体是多少，实现通过机器识别出手写数字的案例。

（1）将开发包导入程序中。其中，开发包 PIL 主要是对图片进行操作的开发包，如图 6.11 所示。

```
from PIL import Image
import numpy as np
import tensorflow as tf
import matplotlib.pyplot as plt
```

图 6.11　导包

（2）将之前在训练过程中生成的权重文件加载进程序，在识别过程中会使用到权重文件，将权重文件复制给相应参数。需要注意的是，对于保存在不同路径下的操作，可以考虑使用绝对目录读取权重文件，如图 6.12 所示。

```
model_save_path = './checkpoint/mnist.ckpt'
```

图 6.12　设置模型路径

与训练时构建前项传播模型一致，这里同样使用 tf.keras.layers.Dense()来设置 CNN，如图 6.13 所示。需要注意的是，之前怎么设置的网络参数，这里要保持一致，不能出现偏差，因为权重文件是根据之前网络生成的，而这里的网络需要使用之前的参数。全连接的左右参数也必须保持一致，因此这里设置一层直拉层和两层全连接层的结构参数，第一层 128 个神经元和第二层 10 个神经元作为 10 个数字的结果。激活函数同样保持不变，第一层使用 relu()函数激活，只激活输入特征大于 0 的部分，对于小于 0 的部分，全部置 0 不激活，减少计算

```
model = tf.keras.models.Sequential([
    tf.keras.layers.Flatten(),
    tf.keras.layers.Dense(128, activation='relu'),
    tf.keras.layers.Dense(10, activation='softmax')
])
```

图 6.13　添加网络结构

量；但在反向传播过程中，由于梯度下降为 0，导数为 0，反向传播中权值并不会更新，即神经元并不会被激活更新，当学习率较大时，还会造成死神经元现象。Keras 中的 softmax()函数是将所有结果的预测概率转化至 0～1，并且所有的概率相加为 0。

将权重文件导入模型中，用权重文件结合 CNN 来对比判断图片参数信息，如图 6.14 所示。

```
model.load_weights(model_save_path)
```

图 6.14　加载网络模型

（3）本次实验中，对检测的图片数量可以进行手动设置，根据需求输入想要识别的图片参数。设置一行提示行代码，用来提示操作人员需要进行的操作，如图 6.15 所示。input()函数表示输入，根据设置参数，这里输入的数据是整型数据，参数赋值给 preNum。这里输入的数字是几，就将进行几次检测。

```
preNum = int(input("input the number of test pictures:"))
```

图 6.15　设置测试图片数量参数

这里会进行一个 for 循环操作，之后的操作，基本都在 for 循环里面进行，可以看到，控制循环次数的 preNum 就是之前设置的参数值。

这里需要对图片的位置进行输入性操作，同样使用 input()函数将需要识别的图片通过位置信息读取出来，这里输入的就是一行文件地址信息，在磁盘的某个文件夹里面。之后通过 open()函数打开图片，设置图片灰度信息，使用 imshow()函数将图片显示出来，如图 6.16 所示。

```
for i in range(preNum):
    image_path = input("the path of test picture:")
    img = Image.open(image_path)

    image = plt.imread(image_path)
    plt.set_cmap('gray')
    plt.imshow(image)
```

图 6.16　图片测试循环

（4）将图片转化为 28×28 像素格式，这里使用 resize()函数强行转换，如图 6.17 所示，并将图片转换成灰色图像。

```
img = img.resize((28, 28), Image.ANTIALIAS)
img_arr = np.array(img.convert('L'))
```

图 6.17　转换图片

（5）对图片进行数值读取，由于是黑白图片，在实际操作过程中，需要加深黑色图片像素，并降低白色，此处循环的主要操作是将像素点的白色和黑色转化至极致的两端，以 200 为边界分割，大于等于 200 默认为白色书写空白区域，小于 200 默认为黑色数字区域，如图 6.18 所示。还是以像素点的方式提取图片信息，之后放入神经网络进行处理。

```
for i in range(28):
    for j in range(28):
        if img_arr[i][j] < 200:
            img_arr[i][j] = 255
        else:
            img_arr[i][j] = 0
```

图 6.18　读取图片数值

（6）将图片进行归一化操作，所得归一化结果以 0 或 1 划分。之后将图片的信息送入神经网络中进行预测。tf.newaxis()函数的作用是增加矩阵维度，例如，a = b[tf.newaxis, ...]是指将 b 增加维度赋值给 a。这里仅增加 1 维，其中 tf.newaxis 和“...”就是增加的位置方式。以行列为例，当原本值也就是“...”存在时，增加行数，将原本数据“...”划分成每一个单独的列；当“...”在前 tf.newaxis 在后时，增加列数，原本的值不单独划分，而是整体为一行。简单来说，tf.newaxis 的位置决定原本格式的增加方式：若 tf.newaxis 在前，则 shape(1, x, y)前面加 1，形成新的格式；若 tf.newaxis 在后，则 shape(x, y, 1)后面加 1，形成新的格式，如图 6.19 所示。

（7）使用 tf.Session()函数激活结算，并将预测结果显示出来，如图 6.20 所示。

```
img_arr = img_arr / 255.0
x_predict = img_arr[tf.newaxis, ...]
result = model.predict(x_predict)
pred = tf.argmax(result, axis=1)
```

图 6.19　图片归一化

```
sess = tf.Session()
print('\n')
print(sess.run(pred))
print(result)

plt.pause(1)
plt.close()
```

图 6.20　显示预测结果

至此，预测程序原理部分全部解释完成，训练部分和预测部分分开运行。

（五）实验步骤

1. PC 端实验操作步骤

（1）使用 PyCharm 新建一个工程文件，并新建一个 Python 文件。在 Python 文件中将实验原理部分的代码编写进新建的 Python 文件中，代码部分截图如图 6.21 所示。

（2）点击右键运行新建的训练程序，训练过程部分截图如图 6.22 所示。

（3）训练中，损失函数曲线图和检测准确率曲线图如图 6.23 所示，这是截取的某一次训练过程，这个过程还能持续优化，并不是固定的。由于断点续训问题，随着训练的加大，损失值将越来越小，而检测准确率将越来越大。

```
MINIST_train.py    MINIST_run.py

import tensorflow as tf
import os
import numpy as np
from matplotlib import pyplot as plt

mnist = tf.keras.datasets.mnist
(x_train, y_train), (x_test, y_test) = mnist.load_data()
x_train, x_test = x_train / 255.0, x_test / 255.0

model = tf.keras.models.Sequential([
    tf.keras.layers.Flatten(),
    tf.keras.layers.Dense(128, activation='relu'),
    tf.keras.layers.Dense(10, activation='softmax')
])

model.compile(optimizer=tf.keras.optimizers.SGD(lr = 0.1),
              loss='sparse_categorical_crossentropy',
              metrics=['sparse_categorical_accuracy'])

checkpoint_save_path = './checkpoint/mnist.ckpt'
if os.path.exists(checkpoint_save_path + '.index'):
    print('-------------load the model-----------------')
```

图 6.21　部分训练模型代码

```
54848/60000 [==========================>...] - ETA: 0s - loss: 0.0021 - sparse_categorical_accuracy: 1.0000
55392/60000 [==========================>...] - ETA: 0s - loss: 0.0021 - sparse_categorical_accuracy: 1.0000
55968/60000 [==========================>...] - ETA: 0s - loss: 0.0021 - sparse_categorical_accuracy: 1.0000
56480/60000 [===========================>..] - ETA: 0s - loss: 0.0021 - sparse_categorical_accuracy: 1.0000
56960/60000 [===========================>..] - ETA: 0s - loss: 0.0021 - sparse_categorical_accuracy: 1.0000
57504/60000 [===========================>..] - ETA: 0s - loss: 0.0021 - sparse_categorical_accuracy: 1.0000
58048/60000 [============================>.] - ETA: 0s - loss: 0.0021 - sparse_categorical_accuracy: 1.0000
58592/60000 [============================>.] - ETA: 0s - loss: 0.0021 - sparse_categorical_accuracy: 1.0000
59136/60000 [============================>.] - ETA: 0s - loss: 0.0021 - sparse_categorical_accuracy: 1.0000
59712/60000 [============================>.] - ETA: 0s - loss: 0.0021 - sparse_categorical_accuracy: 1.0000
60000/60000 [==============================] - 6s 107us/sample - loss: 0.0021 - sparse_categorical_accuracy: 1.0(
_________________________________________________________________
Layer (type)                 Output Shape              Param #
=================================================================
flatten (Flatten)            multiple                  0
_________________________________________________________________
dense (Dense)                multiple                  100480
_________________________________________________________________
dense_1 (Dense)              multiple                  1290
=================================================================
Total params: 101,770
Trainable params: 101,770
Non-trainable params: 0
_________________________________________________________________
dict_keys(['loss', 'sparse_categorical_accuracy', 'val_loss', 'val_sparse_categorical_accuracy'])

进程已结束，退出代码 0
```

图 6.22　部分训练过程代码

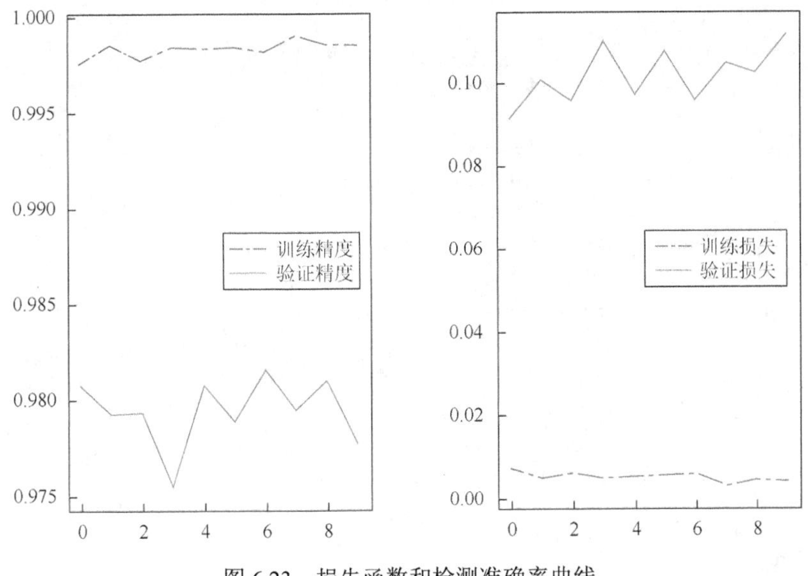

图 6.23　损失函数和检测准确率曲线

（4）至此，训练部分代码已编写完成，可以运行这个代码生成权重文件了。程序运行结束后，会在同级目录下面生成一个文件夹，用来保存权重文件，如图 6.24 所示。

.idea	2020/9/17 17:24	文件夹	
checkpoint	2020/9/18 11:33	文件夹	
venv	2020/9/17 17:24	文件夹	
0.png	2017/6/13 8:17	PNG 文件	201 KB
1.png	2017/6/13 8:17	PNG 文件	172 KB
2.png	2017/6/13 8:17	PNG 文件	182 KB
3.png	2017/6/13 8:17	PNG 文件	205 KB
4.png	2017/6/13 8:17	PNG 文件	210 KB
5.png	2017/6/13 8:17	PNG 文件	195 KB
6.png	2017/6/13 8:17	PNG 文件	205 KB
7.png	2018/5/5 3:42	PNG 文件	497 KB
8.png	2017/6/13 8:17	PNG 文件	221 KB
9.png	2017/6/13 8:17	PNG 文件	201 KB

图 6.24　模型保存路径

可以在同级目录下找到如图 6.25 所示的文件夹，打开文件夹就可以看到生成的权重文件了，在测试过程中将会使用到这个文件。

名称	修改日期	类型
checkpoint	2020/9/18 14:32	文件
mnist.ckpt.data-00000-of-00001	2020/9/18 14:32	DATA-00000-OF...
mnist.ckpt.index	2020/9/18 14:32	INDEX 文件

图 6.25　权重文件

（5）训练完成后，使用训练得到的权重文件进行检测。根据实验原理部分的检测程序介绍，将全部的检测程序编写进单独的 Python 文件中，检测程序部分截图如图 6.26 所示。

MINIST_train.py　MINIST_run.py

```python
from PIL import Image
import numpy as np
import tensorflow as tf
import matplotlib.pyplot as plt

model_save_path = './checkpoint/mnist.ckpt'
model = tf.keras.models.Sequential([
    tf.keras.layers.Flatten(),
    tf.keras.layers.Dense(128, activation='relu'),
    tf.keras.layers.Dense(10, activation='softmax')
])

model.load_weights(model_save_path)
preNum = int(input("input the number of test pictures:"))

for i in range(preNum):
    image_path = input("the path of test picture:")
    img = Image.open(image_path)
    image = plt.imread(image_path)
    plt.set_cmap('gray')
    plt.imshow(image)
    img = img.resize((28, 28), Image.ANTIALIAS)
    img_arr = np.array(img.convert('L'))
    for i in range(28):
        for j in range(28):
            if img_arr[i][j] < 200:
                img_arr[i][j] = 255
            else:
                img_arr[i][j] = 0
```

图 6.26　部分检测程序代码

程序运行过程中，会接收提示，检测几张图片信息，如图 6.27 所示。根据个人需求，填任意数字，程序会循环进行图片检测。这里假定检测 6 张图片，输入 6 并回车即可。

```
D:\application\anaconda3\envs\tensorflow-gpu\python.exe C:/Users/HUJIALE/Desktop/人工智能实验测试/MINIST/MINIST_tset.py
2020-09-18 16:33:59.496254: I tensorflow/core/platform/cpu_feature_guard.cc:141] Your CPU supports instructions that thi
2020-09-18 16:34:00.463193: I tensorflow/core/common_runtime/gpu/gpu_device.cc:1433] Found device 0 with properties:
name: GeForce GTX 960M major: 5 minor: 0 memoryClockRate(GHz): 1.176
pciBusID: 0000:01:00.0
totalMemory: 2.00GiB freeMemory: 1.64GiB
2020-09-18 16:34:00.463663: I tensorflow/core/common_runtime/gpu/gpu_device.cc:1512] Adding visible gpu devices: 0
2020-09-18 16:34:01.900982: I tensorflow/core/common_runtime/gpu/gpu_device.cc:984] Device interconnect StreamExecutor w
2020-09-18 16:34:01.901256: I tensorflow/core/common_runtime/gpu/gpu_device.cc:990]      0
2020-09-18 16:34:01.901419: I tensorflow/core/common_runtime/gpu/gpu_device.cc:1003] 0:   N
2020-09-18 16:34:01.901757: I tensorflow/core/common_runtime/gpu/gpu_device.cc:1115] Created TensorFlow device (/job:loc
input the number of test pictures:6
```

图 6.27　预测结果显示

（6）输入检测图片数量后，程序会继续提示需要输入图片的位置，可以根据自己新建的图片，将图片的位置输入提示区。需要注意的是，此时对图片的像素并不做要求，可以选择输入同级目录中的数字图片 6.png，如图 6.28 所示，也可以选择输入绝对目录，找到图片的位置，如图 6.29 所示。

.idea	2020/9/17 17:24	文件夹	
checkpoint	2020/9/18 11:33	文件夹	
venv	2020/9/17 17:24	文件夹	
0.png	2017/6/13 8:17	PNG 文件	201 KB
1.png	2017/6/13 8:17	PNG 文件	172 KB
2.png	2017/6/13 8:17	PNG 文件	182 KB
3.png	2017/6/13 8:17	PNG 文件	205 KB
4.png	2017/6/13 8:17	PNG 文件	210 KB
5.png	2017/6/13 8:17	PNG 文件	195 KB
6.png	2017/6/13 8:17	PNG 文件	205 KB
7.png	2018/5/5 3:42	PNG 文件	497 KB
8.png	2017/6/13 8:17	PNG 文件	221 KB
9.png	2017/6/13 8:17	PNG 文件	201 KB

图 6.28　图片路径

```
2020-09-18 16:33:59.496254: I tensorflow/core/platform/cpu_feature_guard.cc:141] Your CPU supports instructions that this TensorFlow
2020-09-18 16:34:00.463193: I tensorflow/core/common_runtime/gpu/gpu_device.cc:1433] Found device 0 with properties:
name: GeForce GTX 960M major: 5 minor: 0 memoryClockRate(GHz): 1.176
pciBusID: 0000:01:00.0
totalMemory: 2.00GiB freeMemory: 1.64GiB
2020-09-18 16:34:00.463663: I tensorflow/core/common_runtime/gpu/gpu_device.cc:1512] Adding visible gpu devices: 0
2020-09-18 16:34:01.900982: I tensorflow/core/common_runtime/gpu/gpu_device.cc:984] Device interconnect StreamExecutor with strength
2020-09-18 16:34:01.901256: I tensorflow/core/common_runtime/gpu/gpu_device.cc:990]      0
2020-09-18 16:34:01.901419: I tensorflow/core/common_runtime/gpu/gpu_device.cc:1003] 0:   N
2020-09-18 16:34:01.901757: I tensorflow/core/common_runtime/gpu/gpu_device.cc:1115] Created TensorFlow device (/job:localhost/repli
input the number of test pictures:6
the path of test picture:C:\Users\        \Desktop\人工智能实验测试\MINIST手写数字识别案例基于keras构建网络\6.png
```

图 6.29　添加预测图片路径

（7）输入目录后回车，等待检测结果即可，图片显示如图 6.30 所示。

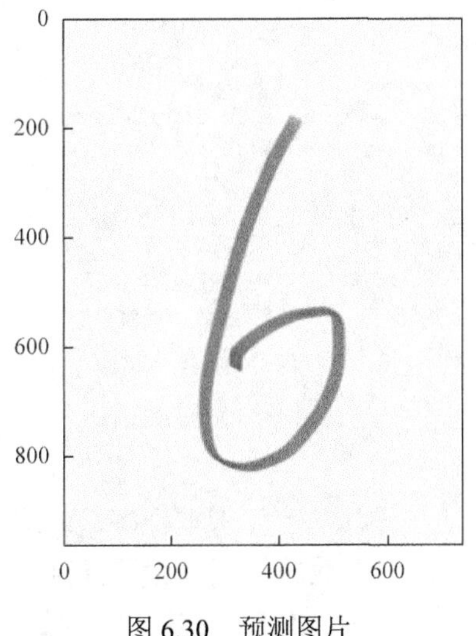

图 6.30　预测图片

预测结果如图 6.31 所示。

```
2020-09-18 16:42:58.030303: I tensorflow/core/common_runtime/gpu/gpu_device.cc:990]      0
2020-09-18 16:42:58.030462: I tensorflow/core/common_runtime/gpu/gpu_device.cc:1003] 0:   N
2020-09-18 16:42:58.030782: I tensorflow/core/common_runtime/gpu/gpu_device.cc:1115] Created TensorFlow device
[6]
[[3.6419189e-04 8.2227547e-04 5.2148341e-03 1.3841799e-04 2.9839636e-04
  8.9977245e-04 9.7778052e-01 1.3457213e-05 1.4463866e-02 4.3541509e-06]]
the path of test picture:
```

图 6.31　预测结果

检测一张图片后，系统还会继续提示进行数字图片识别操作，如图 6.31 的最后一行所示。

至此，MINIST 手写数字图片识别程序全部完成，程序能够正常训练并显示出测试结果。

2. 智能小车端操作步骤

1）训练部分

（1）根据代码原理部分，首先构建一个训练脚本代码，使用 PyCharm 构建一个 Python 脚本程序，并将训练代码完整地编写进脚本程序中，训练程序部分截图如图 6.32 所示。

```
mnist_train.py    mnist_app.py
#!/usr/local/lib/python3.6
import tensorflow as tf
import os
import numpy as np
from matplotlib import pyplot as plt

tf.enable_eager_execution()
np.set_printoptions(threshold=np.inf)

mnist = tf.keras.datasets.mnist
(x_train, y_train), (x_test, y_test) = mnist.load_data()
x_train, x_test = x_train / 255.0, x_test / 255.0

model = tf.keras.models.Sequential([
    tf.keras.layers.Flatten(),
    tf.keras.layers.Dense(128, activation='relu'),
    tf.keras.layers.Dense(10, activation='softmax')
])
l
model.compile(optimizer='adam',
              loss='sparse_categorical_crossentropy',
              metrics=['sparse_categorical_accuracy'])

```

图 6.32　部分训练代码

（2）训练脚本编写完成后，点击右键运行脚本程序，训练结果如图 6.33 所示。

（3）程序运行成功后，绘制损失函数曲线图和检测准确率曲线图，如图 6.34 所示。

```
  model's weights will be saved, but unlike with TensorFlow optimizers in the
  TensorFlow format the optimizer's state will not be saved.

Consider using a TensorFlow optimizer from `tf.train`.
60000/60000 [==============================] - 47s 785us/sample - loss: 0.0103
  sparse_categorical_accuracy: 0.9969 - val_loss: 0.0757 -
  val_sparse_categorical_accuracy: 0.9810
_________________________________________________________________
Layer (type)                 Output Shape              Param #
=================================================================
flatten (Flatten)            multiple                  0
_________________________________________________________________
dense (Dense)                multiple                  100480
_________________________________________________________________
dense_1 (Dense)              multiple                  1290
=================================================================
Total params: 101,770
Trainable params: 101,770
Non-trainable params: 0
```

图 6.33　训练结果

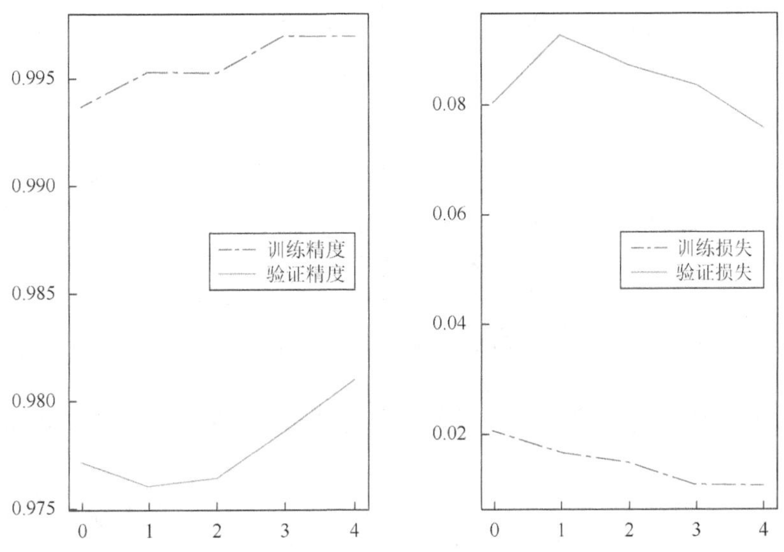

图 6.34　损失函数和检测准确率曲线图

2）识别程序

（1）训练程序完成后，开始构建识别脚本程序，同样在 PyCharm 中构建一个 Python 脚本程序，并将识别程序编写进 Python 程序中，构建一个识别程序。识别程序部分截图如图 6.35 所示。

（2）识别程序在运行过程中会提示识别几张图片，也就是后期循环检测识别的次数，这里还是填写 6 次，程序将循环检测识别 6 次。程序开始循环检测图片，这里还需要将检测的图片文件输入神经网络，可以输入数字 0 的图片，也就是 0.png，将图片输入提示窗口即可，回车后等待检测结果，如图 6.36 所示。

```
#!/usr/local/lib/python3.6
from PIL import Image
import numpy as np
import tensorflow as tf
import matplotlib.pyplot as plt

model_save_path = './checkpoint/mnist.ckpt'
model = tf.keras.models.Sequential([
    tf.keras.layers.Flatten(),
    tf.keras.layers.Dense(128, activation='relu'),
    tf.keras.layers.Dense(10, activation='softmax')
])

model.load_weights(model_save_path)
preNum = int(input("input the number of test pictures:"))

for i in range(preNum):
    image_path = input("the path of test picture:")
    img = Image.open(image_path)
    image = plt.imread(image_path)
    plt.set_cmap('gray')
    plt.imshow(image)
    img = img.resize((28, 28), Image.ANTIALIAS)
```

图 6.35　部分识别程序代码

```
 .cc:1115] Created TensorFlow device (/job:localhost/repli
 with 146 MB memory) -> physical GPU (device: 0, name: NVI
  0000:00:00.0, compute capability: 5.3)
input the number of test pictures:6
the path of test picture:0.png
```

图 6.36　输入预测图片

（3）程序会先将图片显示出来，如图 6.37 所示；然后关闭图片，显示图片的预测结果，如图 6.38 所示。

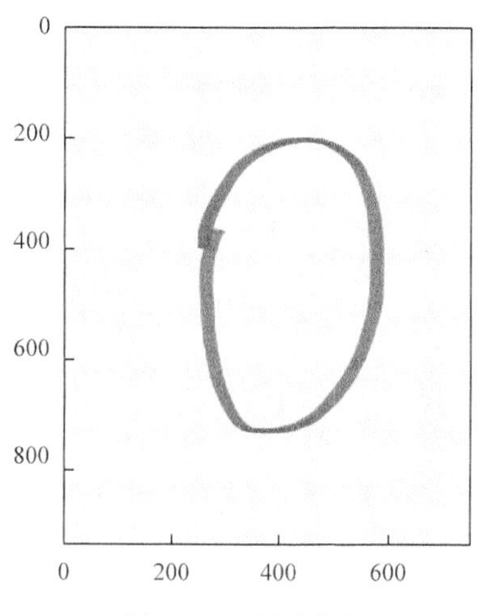

图 6.37　预测图片

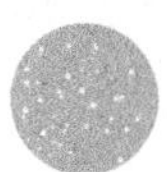

```
 0000:00:00.0, compute capability: 5.3)
[0]
[[6.2916327e-01 5.5595467e-18 8.9936322e-08 5.1280660e-11 4.5451074e-04
  8.1000151e-04 2.7312290e-05 1.2156572e-04 1.7070724e-07 3.6942306e-01]]
the path of test picture:
```

图 6.38　预测结果

（六）实验要求

（1）运用 Keras 完成对 CNN 的训练。

（2）熟悉掌握 Keras 编写神经网络的步骤。

（七）实验习题

（1）修改全连接激活函数，观察损失函数曲线；修改配置参数，包括优化器及其学习率，修改损失函数的目的参数，观察程序输出结果。

（2）修改检测方式，循环检测 10 张数字图片。

第 7 章　Fashion MNIST 服装识别案例

（一）实验目的

（1）使用 Keras 构建服装识别系统。
（2）掌握 Keras 建立识别框架。

（二）实验内容

（1）使用 Keras 完成服装设计识别系统。
（2）完成服饰图片的检测。

（三）实验设备

（1）PC 机 1 台。
（2）智能小车 1 台。

（四）实验原理

1. Fashion MNIST 数据集介绍

Fashion MNIST（服饰数据集）是经典 MNIST 数据集的简易替换，MNIST 数据集包含手写数字（阿拉伯数字）的图像，两者图像格式及大小都相同。Fashion MNIST 比常规 MNIST 手写数据将更具挑战性。两者数据集都较小，主要适用于初学者学习或验证某个算法可否正常运行，是测试与调试代码的良好起点。Fashion MNIST 包含 70 000 张灰度图像，其中训练集 60 000 个示例，测试集 10 000 个示例，每个示例都是一个 28×28 灰度图像，其类别如图 7.1 所示。

Label	Description
0	T恤（T-shirt/top）
1	裤子（Trouser）
2	套头衫（Pullover）
3	连衣裙（Dress）
4	外套（Coat）
5	凉鞋（Sandal）
6	衬衫（Shirt）
7	运动鞋（Sneaker）
8	包（Bag）
9	靴子（Ankle boot）

图 7.1 Fashion MNIST 类别划分

2. 代码原理介绍

1）训练部分

新建训练脚本程序，单独构建，并使用训练程序生成一个权重文件，在测试过程中将会使用到权重脚本文件。

（1）将需要使用的开发包导入脚本程序，如图 7.2 所示。

```
import tensorflow as tf
import os
import numpy as np
from matplotlib import pyplot as plt
```

图 7.2　导包

（2）Fashion MNIST 并不是系统自带的，可以使用程序进行下载。下载完成后，还需要将 4 个数据集文件分别赋给特定的用户名，之后直接使用用户名调用数据集即可。数据集处理过程中还是要进行归一化操作，使用函数将整体数据集划分为测试集和训练集，每个样本集又划分为特征和标签，共 4 个部分，如图 7.3 所示。

```
fashion = tf.keras.datasets.fashion_mnist
(x_train, y_train), (x_test, y_test) = fashion.load_data()
x_train, x_test = x_train / 255.0, x_test / 255.0
```

图 7.3　下载数据集

（3）搭建 CNN 结构，首先构建拉直层，然后建立两层全连接网络，再构建全连接层。构建过程中没有涉及卷积层和池化层，并非卷积层和池化层不重要，也可以尝试构建卷积层和池化层。除本次提到的构建方式外，还有一种逐级添加的构建方式，使用的主要流程是：先使用 model = Sequential()构建 Sequential 模型，然后逐级添加，顺序不能乱，使用 model.add()函数添加。例如，添加全连接层，格式如下：

```
model.add(Dense(256,activation='relu'))
```

其他层级添加方式相同。

这里构建全连接层仅对部分参数进行设置：第一层网络的神经元个数为 128，神经元个数可以修改；第二层网络的神经元个数为 10，神经元是严格的，因为最后有 10 个标签输出。第一层的激活函数为 relu()，第二层的激活函数为 softmax()。需要注意的是，一般到输出层的激活函数均为 softmax()，编写代码如图 7.4 所示。

```
model = tf.keras.models.Sequential([
    tf.keras.layers.Flatten(),
    tf.keras.layers.Dense(128, activation='relu'),
    tf.keras.layers.Dense(10, activation='softmax')
])
```

图 7.4　添加网络结构

（4）在使用 Keras 中的 Sequential 模型时，主要还是使用的 compile()函数进行训练配置。使用 compile()函数配置的不仅包括优化器，还包括损失函数和性能评估函数，这里仅设置三个主要部分，其他参数不做要求。

在具体配置训练的过程中，可以参考第 6 章的训练过程，优化器可以选择 Adam 法或 SGD，当然也可以选择其他的，损失函数的目标函数还是选择 sparse_categorical_crossentropy()，性能评估函数还是选择 sparse_categorical_accuracy()，如图 7.5 所示。具体的选择并不是一成不变的，需要根据训练的需求来决定，这里训练的是服饰识别，其实也是一种多分类训练过程。

```
model.compile(optimizer='adam',
              loss='sparse_categorical_crossentropy',
              metrics=['sparse_categorical_accuracy'])
```

图 7.5　设置网络参数

（5）在设置完成后，还需要设置训练模型的保存地址，将权重文件保存下来，对于不同服饰的识别过程，主要靠权重文件的对比来完成，保存权重文件就是为了在识别时方便调用。同时，加载训练使用的权重文件，方便之后进行断点续训操作，使得损失值能下降到需要的程度。

还是新建一个用户名来保存模型参数的地址，并使用 if 语句判断之前是否存在训练过程，若存在训练过程，则需要加载之前的训练过程，其主要目的是进行断点续训，减少计算量，用之前的梯度更新参数投入训练，能更好、更快地加载到最优的模型数据，如图 7.6 所示。

```
checkpoint_save_path = "./checkpoint/fashion.ckpt"
if os.path.exists(checkpoint_save_path + '.index'):
    print('-------------load the model-----------------')
    model.load_weights(checkpoint_save_path)
```

图 7.6　设置模型保存路径

在训练权重的过程中，机器或人为等原因可能造成训练停止，而重新训练又比较浪费时间；有时权重在识别数字的过程中对图片的识别有较大的误差，需要加大训练。这些都需要继续对权重进行相关训练。为了避免浪费训练时间，考虑到对权重文件的继续训练问题，通常会设置断点续训操作。本次断点续训的操作就是之前使用 model.load_weights 重新加载的模型参数，将加载的参数送入权重保存函数 tf.keras.callbacks.ModelCheckpoint 中，重复训练的过程，如图 7.7 所示。参数的设置过程在之前的实验过程中已经进行了一次讲解，这里不再赘述，仅保留模型中的权重文件，且只保留最好的一次模型权重参数。

```
cp_callback = tf.keras.callbacks.ModelCheckpoint(filepath=checkpoint_save_path,
                                                 save_weights_only=True,
                                                 save_best_only=True)
```

图 7.7　设置模型权重参数

（6）配置训练过程主要使用 model.fit()函数实现。输入参数包括输入特征参数及其对应的标签参数，这里的输入特征和标签值分别为 x_train 和 y_train，同时还有包括每次迭代输入的数量值，迭代输入的图片数量设置为 batch_size，训练次数设置为 epochs，指定训练集参数设置为 validation_data，并在适当的设置时间调用回调参数，选用 callbacks，如图 7.8 所示。

```
history = model.fit(x_train, y_train, batch_size=32, epochs=5,
                    validation_data=(x_test, y_test),
                    callbacks=[cp_callback])
```

图 7.8　设置训练参数

```
model.summary()
```

图 7.9　显示网络结构参数

（7）显示网络结构和参数统计，如图 7.9 所示。

① 将训练和验证过程的数据收集起来，赋给相关值。原本训练的过程中，将配置训练信息后的参数传递给了 history，history 将会拥有 4 大训练参数信息，包括 loss、sparse_categorical_accuracy、val_loss、val_sparse_categorical_accuracy，先后顺序也以此为主，可以通过 history. history 命令，以及 history 所包含的参数命令分别获取参数值，使用的方法如下：

返回值=history.history['包含参数名']

具体操作代码如图 7.10 所示。

```
acc = history.history['sparse_categorical_accuracy']
val_acc = history.history['val_sparse_categorical_accuracy']
loss = history.history['loss']
val_loss = history.history['val_loss']
```

图 7.10　训练结果参数

②设置曲线相关参数，将训练过程的曲线绘制出来。训练曲线中的数据主要有损失值和检测准确率等。如图 7.11 所示，使用 subplot()函数绘制相关参数，这里的 subplot()函数中包含的数字参数意思是：前面的 1 和 2 表示绘制 1 行 2 列的图片，也就是会绘制 2 张图片；第 3 个数字 1 表示当前准备绘制第 1 张图。也就是说，第 3 个数字不能超过第 1 个数字与第 2 个数字的乘积，绘制的顺序是从左至右，从上至下。使用 plot 绘制曲线，导入绘制的列表，给定标签值，使用 title 设置标题。

```
plt.subplot(1, 2, 1)
plt.plot(acc, label='Training Accuracy')
plt.plot(val_acc, label='Validation Accuracy')
plt.title('Training and Validation Accuracy')
plt.legend()
```

图 7.11　训练绘图参数

（8）训练曲线绘制完成后，还需要将验证曲线绘制出来，同样包括损失值和检测准确率等。绘制的方法同上，操作流程基本一致。需要指出的是，此次绘制的是第 2 张图，因此第 3 个数字应该设置为 2，如图 7.12 所示。参数部分也需要修改。

```
plt.subplot(1, 2, 2)
plt.plot(loss, label='Training Loss')
plt.plot(val_loss, label='Validation Loss')
plt.title('Training and Validation Loss')
plt.legend()
plt.show()
```

图 7.12　验证曲线绘图参数

至此，训练部分的原理全部介绍完毕，后面将新建 Python 文件构建识别服装的数据集。

2）测试部分

（1）新建一个 Python 脚本程序，检测输入图片中所显示出来的具体是服饰中的哪一类，实现通过机器识别出服饰的案例。

（2）将开发包导入程序中，如图 7.13 所示。

```
from PIL import Image
import numpy as np
import tensorflow as tf
import matplotlib.pyplot as plt
```

图 7.13　导包

（3）本次测试中，需要检测 10 类服饰。这里需要定义一个数组设置分类参量，后期检测时直接调用设置的参量做标签即可，如图 7.14 所示。在后期显示时，通过下标返回识别出来的样本值。

```
type = ['T-shirt/top', 'Trouser', 'Pullover', 'Dress', 'Coat',
        'Sandal', 'Shirt', 'Sneaker', 'Bag', 'Ankle boot']
```

图 7.14　数据类别

（4）与训练时构建前项传播模型一致，因为训练权重参数是一定的，所以在导入训练参数时也要保持一致，不可更改，若更改，部分参数可能会缺失。这里同样使用 tf.keras.layers.Dense()函数来设置与之前一样的神经网络，如图 7.15 所示。

```
model = tf.keras.models.Sequential([
    tf.keras.layers.Flatten(),
    tf.keras.layers.Dense(128, activation='relu'),
    tf.keras.layers.Dense(10, activation='softmax')
])
```

图 7.15　网络结构

（5）将权重文件导入模型中，用权重参数结合神经网络来对比判断图片参数信息，如图 7.16 所示。

```
model.load_weights(model_save_path)
```

图 7.16　导入模型参数

（6）本次实验中，对检测的图片数量可以进行手动设置，输入数字几程序就会循环运行几次，即重复几次检测过程，如图 7.17 所示。

```
preNum = int(input("input the number of test pictures:"))
```

图 7.17　测试图片数量参数

（7）在识别图片时，需要将识别的图片送入程序中，这里需要对图片的位置进行输入性操作，如图 7.18 所示。通过输入图片地址参数，将图片信息导入程序。设置图片灰度信息，并将图片显示出来。操作的具体代码参照第 6 章。

```
for i in range(preNum):
    image_path = input("the path of test picture:")
    img = Image.open(image_path)

    image = plt.imread(image_path)
    plt.set_cmap('gray')
    plt.imshow(image)
```

图 7.18　图片识别代码

（8）将图片的格式进行转化，因为训练过程的图片全部都是 28×28 的训练格式，网络中神经元信息的结构是固定的，所以，在进行检测的过程中，输入同样格式的信息值。由于图像格式大小随机，通过代码将图片大小进行调整，转化为 28×28 大小的图片，并将图片转换成灰色图像。最终转化的格式如图 7.19 所示。

```
img = img.resize((28, 28), Image.ANTIALIAS)
img_arr = np.array(img.convert('L'))
```

图 7.19　修改图片参数

```
img_arr = 255 - img_arr

img_arr=img_arr/255.0
```

图 7.20　图片归一化

（9）将图片原本参数中的亮区和暗区进行互换，原本像素点的取值范围为 0～255，用 255 减去原本的参数点大小，这样就可以使得明暗互换，元参数为 0 的，经过运算后，参数变为 255，也就是暗点变为亮点数值。之后将数据进行归一化操作，将所有参数值除以 255，如图 7.20 所示。

（10）因为训练参数时，对图片的维度进行了增加，为配合训练过程，需要将输入的图片进行维度增加操作，使得输入的图片数据符合要求。增加维度的函数是 tf.newaxis()，增加完成后，将图片送入模型进行预测，使用 model.predict()函数调用模型并进行预测。

这里对 tf.argmax()函数进行简单解释。tf.argmax()函数返回函数输入矩阵最大值的下标，这是在不设置 axis 参数的情况下，若设置 axis 参数，则按照 0 列 1 行的形式选取最大值，如图 7.21 所示。

（11）将预测结果显示出来，如图 7.22 所示，使用 tf.Session()函数运算指令，使用 sess.run()函数运行计算结果。需要注意的是，不能直接输出 pred，直接输出的是 pred 的格式，而不是运算后的结果。

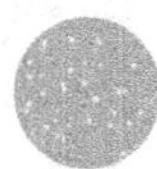

```
x_predict = img_arr[tf.newaxis,...]

result = model.predict(x_predict)
pred=tf.argmax(result, axis=1)
```

图 7.21　模型预测

```
sess = tf.Session()
print('\n')
print(sess.run(pred))
print(result)
print(type[int(sess.run(pred))])

plt.pause(1)
plt.close()
```

图 7.22　显示预测结果

预测部分代码介绍完毕。

（五）实验步骤

1. PC 端实验操作步骤

（1）使用 PyCharm 新建一个工程文件，并构建训练部分的 Python 代码。其中训练部分的代码部分截图如图 7.23 所示。

```
fashion_lenet5.py    fashion_app.py

import tensorflow as tf
import os
import numpy as np
from matplotlib import pyplot as plt

fashion = tf.keras.datasets.fashion_mnist
(x_train, y_train), (x_test, y_test) = fashion.load_data()
x_train, x_test = x_train / 255.0, x_test / 255.0
x_train = np.expand_dims(x_train, axis=3)
x_test = np.expand_dims(x_test, axis=3)

model = tf.keras.models.Sequential([
    tf.keras.layers.Conv2D(filters = 32,kernel_size =3,padding = 'SAME'),
    tf.keras.layers.MaxPooling2D(pool_size=2, strides=2),
    tf.keras.layers.Flatten(),
    tf.keras.layers.Dense(128, activation='relu'),
    tf.keras.layers.Dense(10, activation='softmax')
])

model.compile(optimizer='adam',
              loss='sparse_categorical_crossentropy',
              metrics=['sparse_categorical_accuracy'])

checkpoint_save_path = "./checkpoint/fashion.ckpt"
if os.path.exists(checkpoint_save_path + '.index'):
    print('-------------load the model-----------------')
    model.load_weights(checkpoint_save_path)

cp_callback = tf.keras.callbacks.ModelCheckpoint(filepath=checkpoint_save_path,
                                                 save_weights_only=True,
                                                 save_best_only=True)

history = model.fit(x_train, y_train, batch_size=32, epochs=10,
```

图 7.23　部分训练代码

（2）点击右键运行程序。Fashion MNIST 文件有几十兆，并不是开发包自带的，需要从服务器下载。部分下载过程截图如图 7.24 所示。

```
Run:  fashion_lenet5
D:\application\anaconda3\envs\tensorflow-gpu\python.exe C:/Users/      /Desktop/人工智能实验测试/Fashion数据集服装识别案例/fashion_lenet5.py
Downloading data from https://storage.googleapis.com/tensorflow/tf-keras-datasets/train-labels-idx1-ubyte.gz

 8192/29515 [=======>......................] - ETA: 0s
16384/29515 [===============>..............] - ETA: 0s
24576/29515 [=======================>......] - ETA: 0s
32768/29515 [==================================] - 0s 14us/step
Downloading data from https://storage.googleapis.com/tensorflow/tf-keras-datasets/train-images-idx3-ubyte.gz

    8192/26421880 [..............................] - ETA: 48s
```

图 7.24　下载过程

（3）由于地址是在国外的，下载过程中可能会出现错误，一般为网络中断，下载停止，如图 7.25 所示。

图 7.25　数据下载错误显示

这时可以清空下载数据，重新下载即可：

C:\Users\用户名\.Keras\datasets\fashion-mnist

数据集错误下载结果如图 7.26 所示。

此电脑 › 系统 (C:) › 用户 › › .keras › datasets › fashion-mnist

名称	修改日期	类型
train-images-idx3-ubyte.gz	2020/9/19 10:17	GZ 压缩文件
train-labels-idx1-ubyte.gz	2020/9/19 10:13	GZ 压缩文件

图 7.26　数据集错误下载结果

将已经下载保存的数据清空，重新下载，直到全部下载好为止。下载的文件主要包括 4 个，图 7.27 所示是最后正确的下载结果。

名称	修改日期	类型	大小
t10k-images-idx3-ubyte.gz	2020/9/18 17:12	GZ 压缩文件	4,319 KB
t10k-labels-idx1-ubyte.gz	2020/9/18 17:11	GZ 压缩文件	6 KB
train-images-idx3-ubyte.gz	2020/9/18 17:11	GZ 压缩文件	25,803 KB
train-labels-idx1-ubyte.gz	2020/9/18 17:11	GZ 压缩文件	29 KB

图 7.27　数据集正确下载结果

（4）下载成功后就可以开始正常训练了，如图 7.28 所示。

```
1875968/4422102 [===========>..................] - ETA: 6s
1941504/4422102 [============>.................] - ETA: 6s
1974272/4422102 [============>.................] - ETA: 6s
2695168/4422102 [=================>............] - ETA: 3s
4087808/4422102 [==========================>...] - ETA: 0s
4333568/4422102 [============================>.] - ETA: 0s
4423680/4422102 [==============================] - 6s 1us/step
2020-09-19 10:10:51.436421: I tensorflow/core/platform/cpu_feature_guard.cc:141] Your CPU supports instructions that this TensorFlow bina
2020-09-19 10:10:52.336730: I tensorflow/core/common_runtime/gpu/gpu_device.cc:1433] Found device 0 with properties:
name: GeForce GTX 960M major: 5 minor: 0 memoryClockRate(GHz): 1.176
pciBusID: 0000:01:00.0
totalMemory: 2.00GiB freeMemory: 1.64GiB
2020-09-19 10:10:52.337216: I tensorflow/core/common_runtime/gpu/gpu_device.cc:1512] Adding visible gpu devices: 0
2020-09-19 10:10:53.771155: I tensorflow/core/common_runtime/gpu/gpu_device.cc:984] Device interconnect StreamExecutor with strength 1 ed
2020-09-19 10:10:53.771435: I tensorflow/core/common_runtime/gpu/gpu_device.cc:990]      0
2020-09-19 10:10:53.771713: I tensorflow/core/common_runtime/gpu/gpu_device.cc:1003] 0:   N
2020-09-19 10:10:53.772571: I tensorflow/core/common_runtime/gpu/gpu_device.cc:1115] Created TensorFlow device (/job:localhost/replica:0/
-------------load the model----------------
WARNING:tensorflow:From D:\application\anaconda3\envs\tensorflow-gpu\lib\site-packages\tensorflow\python\ops\resource_variable_ops.py:642
Instructions for updating:
Colocations handled automatically by placer.
Train on 60000 samples, validate on 10000 samples
Epoch 1/5
2020-09-19 10:10:54.510826: I tensorflow/stream_executor/dso_loader.cc:152] successfully opened CUDA library cublas64_100.dll locally

   32/60000 [..............................] - ETA: 14:53 - loss: 0.3194 - sparse_categorical_accuracy: 0.8750
  416/60000 [..............................] - ETA: 1:15 - loss: 0.2369 - sparse_categorical_accuracy: 0.9183
  832/60000 [..............................] - ETA: 41s - loss: 0.2484 - sparse_categorical_accuracy: 0.9087
```

图 7.28　训练代码

如果发生下载一直失败的情况，可以前往官网进行下载。官网下载地址如下：

https://www.worldlink.com.cn/en/osdir/fashion-mnist.html

依次点击 4 个“Download”下载数据集文件，如图 7.29 所示，并将其存放在如下文件目录下运行：

C:\Users\用户名\.Keras\datasets\fashion-mnist

（5）训练准确率曲线图和损失函数曲线图如图 7.30 所示。代码重复训练过程中曲线图并不一样，这里仅作参考。需要注意的是，后期的运行，曲线会越来越平滑、准确率和损失值会逐渐稳定在某个值附近。

（6）程序运行结束后，会在同级目录下面生成一个同级目录文件夹，用来保存权重文件，如图 7.31 所示。

在同级目录下打开文件夹就可以看到生成的权重文件了，如图 7.32 所示。后面的测试过程中将会使用这个文件。

（7）权重文件生成后，就可以开始构建测试程序了。根据实验原理介绍，将测试程序的代码编写进一个单独的 Python 文件中。测试程序部分截图如图 7.33 所示。

（8）点击右键运行代码。程序运行过程中，会接收到提示，输入检测几张图片，如图 7.34 所示。这里检测 6 张图片，输入 6 并回车即可。

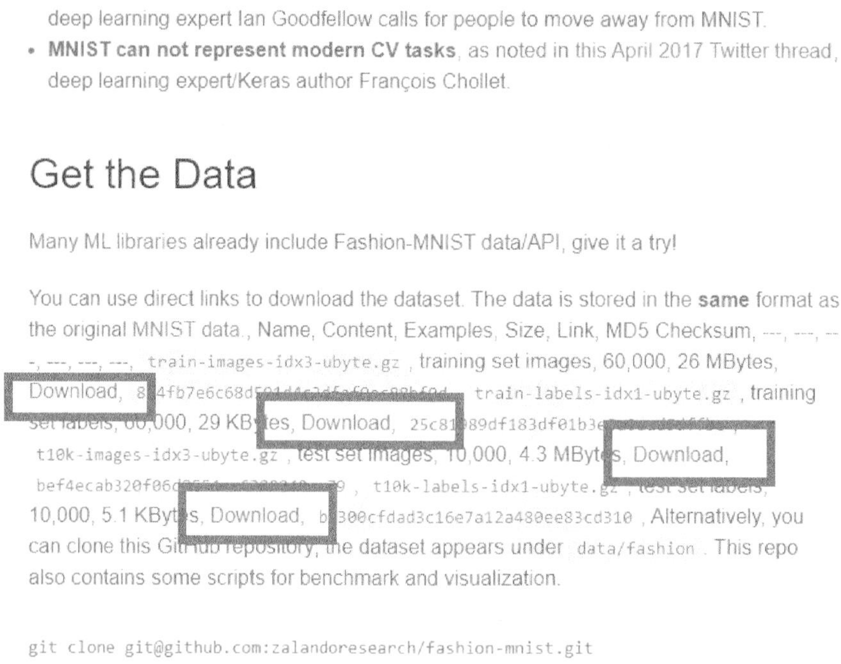

deep learning expert Ian Goodfellow calls for people to move away from MNIST.

- **MNIST can not represent modern CV tasks**, as noted in this April 2017 Twitter thread, deep learning expert/Keras author François Chollet.

Get the Data

Many ML libraries already include Fashion-MNIST data/API, give it a try!

You can use direct links to download the dataset. The data is stored in the **same** format as the original MNIST data., Name, Content, Examples, Size, Link, MD5 Checksum, ---, ---, ---, ---, ---, ---, `train-images-idx3-ubyte.gz`, training set images, 60,000, 26 MBytes, Download, `8 4fb7e6c68d` ... `train-labels-idx1-ubyte.gz`, training set labels, 60,000, 29 KBytes, Download, `25c81 89df183df01b3e` ... `t10k-images-idx3-ubyte.gz`, test set images, 10,000, 4.3 MBytes, Download, `bef4ecab320f06d` ... `t10k-labels-idx1-ubyte.gz`, test set labels, 10,000, 5.1 KBytes, Download, `b 300cfdad3c16e7a12a480ee83cd310`, Alternatively, you can clone this GitHub repository; the dataset appears under `data/fashion`. This repo also contains some scripts for benchmark and visualization.

```
git clone git@github.com:zalandoresearch/fashion-mnist.git
```

图 7.29　官网下载

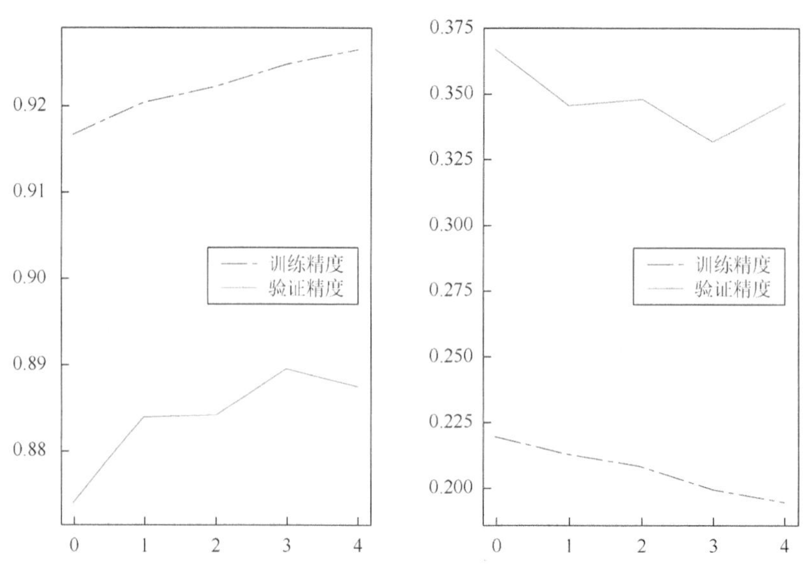

图 7.30　训练准确率曲线图和损失函数曲线图

（9）输入检测图片数量后，程序会继续提示输入图片的位置，可以根据自己新建的图片，将图片的位置输入提示区。需要注意的是，此时对图片的像素并不做要求，可以选择输入同级目录中的数字图片 6_shirt.jpeg，如图 7.35 所示。

可以选择输入绝对目录，也可以选择输入相对目录，如图 7.36 所示。

.idea	2020/9/18 16:54	文件夹	
checkpoint	2020/9/18 17:12	文件夹	
venv	2020/9/18 16:53	文件夹	
0_t-shirt.jpeg	2019/10/28 11:31	JPEG 文件	11 KB
1_trouser.jpeg	2019/10/28 11:34	JPEG 文件	6 KB
2_pullover.jpeg	2020/3/10 11:31	JPEG 文件	10 KB
3_dress.jpeg	2019/10/28 11:47	JPEG 文件	5 KB
4_coat.jpeg	2020/3/10 11:37	JPEG 文件	20 KB
5_sandal.jpeg	2020/3/10 11:59	JPEG 文件	63 KB
6_shirt.jpeg	2020/3/10 12:35	JPEG 文件	27 KB
7_sneaker.jpeg	2020/3/10 11:41	JPEG 文件	9 KB
8_bag.jpeg	2019/10/28 12:21	JPEG 文件	6 KB
9_ankle_boot.jpeg	2019/10/28 12:24	JPEG 文件	4 KB
fashion_app.py	2020/9/18 17:17	PY 文件	2 KB
fashion_lenet5.py	2020/9/18 16:55	PY 文件	3 KB

图 7.31 权重文件夹

checkpoint	2020/9/19 10:36	文件	1 KB
fashion.ckpt.data-00000-of-00001	2020/9/19 10:36	DATA-00000-OF...	401 KB
fashion.ckpt.index	2020/9/19 10:36	INDEX 文件	1 KB

图 7.32 权重文件

fashion_lenet5.py × fashion_app.py ×

```
from PIL import Image
import numpy as np
import tensorflow as tf
import matplotlib.pyplot as plt

type = ['T-shirt/top', 'Trouser', 'Pullover', 'Dress', 'Coat',
        'Sandal', 'Shirt', 'Sneaker', 'Bag', 'Ankle boot']

model_save_path = './checkpoint/fashion.ckpt'
model = tf.keras.models.Sequential([
    tf.keras.layers.Conv2D(filters = 32,kernel_size =3,padding = 'SAME'),
    tf.keras.layers.MaxPooling2D(pool_size=2, strides=2),
    tf.keras.layers.Flatten(),
    tf.keras.layers.Dense(128, activation='relu'),
    tf.keras.layers.Dense(10, activation='softmax')
])

model.load_weights(model_save_path)

preNum = int(input("input the number of test pictures:"))
for i in range(preNum):
    image_path = input("the path of test picture:")
    img = Image.open(image_path)
    image = plt.imread(image_path)
    plt.set_cmap('gray')
    plt.imshow(image)
    img=img.resize((28,28),Image.ANTIALIAS)
    img_arr = np.array(img.convert('L'))
    img_arr = 255 - img_arr
    img_arr=img_arr/255.0
    x_predict1 = img_arr[tf.newaxis,...]
    x_predict = np.expand_dims(x_predict1, axis=3)
    result = model.predict(x_predict)
```

图 7.33 部分测试程序代码

```
fashion_app
D:\application\anaconda3\envs\tensorflow-gpu\python.exe C:/Users/HUJIALE/Desktop/人工智能实验测试/Fashion数据集服装识别案例/fashion_app.py
2020-09-19 11:30:08.517013: I tensorflow/core/platform/cpu_feature_guard.cc:141] Your CPU supports instructions that this TensorFlow bin
2020-09-19 11:30:08.964514: I tensorflow/core/common_runtime/gpu/gpu_device.cc:1433] Found device 0 with properties:
name: GeForce GTX 960M major: 5 minor: 0 memoryClockRate(GHz): 1.176
pciBusID: 0000:01:00.0
totalMemory: 2.00GiB freeMemory: 1.64GiB
2020-09-19 11:30:08.965190: I tensorflow/core/common_runtime/gpu/gpu_device.cc:1512] Adding visible gpu devices: 0
2020-09-19 11:30:10.397504: I tensorflow/core/common_runtime/gpu/gpu_device.cc:984] Device interconnect StreamExecutor with strength 1 e
2020-09-19 11:30:10.397778: I tensorflow/core/common_runtime/gpu/gpu_device.cc:990]      0
2020-09-19 11:30:10.397942: I tensorflow/core/common_runtime/gpu/gpu_device.cc:1003] 0:   N
2020-09-19 11:30:10.398319: I tensorflow/core/common_runtime/gpu/gpu_device.cc:1115] Created TensorFlow device (/job:localhost/replica:0,
input the number of test pictures:6
```

图 7.34　输入检测信息

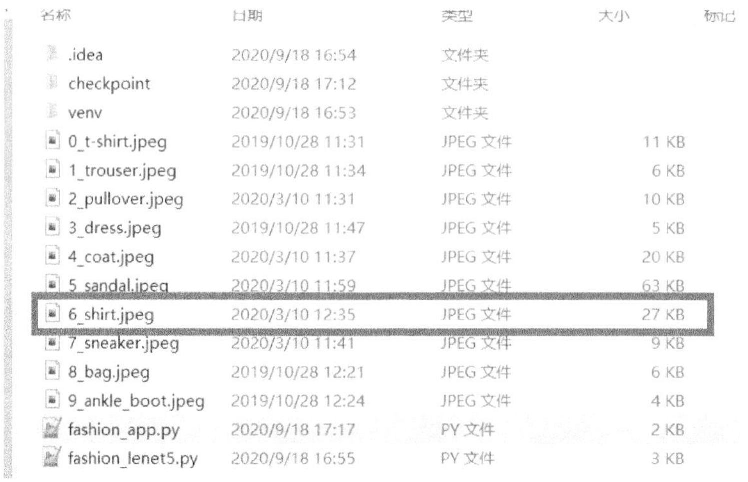

名称	日期	类型	大小	标记
.idea	2020/9/18 16:54	文件夹		
checkpoint	2020/9/18 17:12	文件夹		
venv	2020/9/18 16:53	文件夹		
0_t-shirt.jpeg	2019/10/28 11:31	JPEG 文件	11 KB	
1_trouser.jpeg	2019/10/28 11:34	JPEG 文件	6 KB	
2_pullover.jpeg	2020/3/10 11:31	JPEG 文件	10 KB	
3_dress.jpeg	2019/10/28 11:47	JPEG 文件	5 KB	
4_coat.jpeg	2020/3/10 11:37	JPEG 文件	20 KB	
5_sandal.jpeg	2020/3/10 11:59	JPEG 文件	63 KB	
6_shirt.jpeg	2020/3/10 12:35	JPEG 文件	27 KB	
7_sneaker.jpeg	2020/3/10 11:41	JPEG 文件	9 KB	
8_bag.jpeg	2019/10/28 12:21	JPEG 文件	6 KB	
9_ankle_boot.jpeg	2019/10/28 12:24	JPEG 文件	4 KB	
fashion_app.py	2020/9/18 17:17	PY 文件	2 KB	
fashion_lenet5.py	2020/9/18 16:55	PY 文件	3 KB	

图 7.35　输入图片位置

```
fashion_app
D:\application\anaconda3\envs\tensorflow-gpu\python.exe C:/Users/        /Desktop/人工智能实验测试/Fashion数据集服装识别案例/fashi
2020-09-19 11:30:08.517013: I tensorflow/core/platform/cpu_feature_guard.cc:141] Your CPU supports instructions that this Ten
2020-09-19 11:30:08.964514: I tensorflow/core/common_runtime/gpu/gpu_device.cc:1433] Found device 0 with properties:
name: GeForce GTX 960M major: 5 minor: 0 memoryClockRate(GHz): 1.176
pciBusID: 0000:01:00.0
totalMemory: 2.00GiB freeMemory: 1.64GiB
2020-09-19 11:30:08.965190: I tensorflow/core/common_runtime/gpu/gpu_device.cc:1512] Adding visible gpu devices: 0
2020-09-19 11:30:10.397504: I tensorflow/core/common_runtime/gpu/gpu_device.cc:984] Device interconnect StreamExecutor with s
2020-09-19 11:30:10.397778: I tensorflow/core/common_runtime/gpu/gpu_device.cc:990]      0
2020-09-19 11:30:10.397942: I tensorflow/core/common_runtime/gpu/gpu_device.cc:1003] 0:   N
2020-09-19 11:30:10.398319: I tensorflow/core/common_runtime/gpu/gpu_device.cc:1115] Created TensorFlow device (/job:localhos
input the number of test pictures:6
the path of test picture:C:\Users\        \Desktop\人工智能实验测试\Fashion数据集服装识别案例\6_shirt.jpeg
```

图 7.36　输入测试图片的路径

（10）在软件的右侧将显示出待检测的图片，如图 7.37 所示。

程序将会对图片做出预测，并显示结果，如图 7.38 所示。

至此，MINIST 服饰图片识别程序全部完成，程序能够正常训练并显示图片的检测结果。

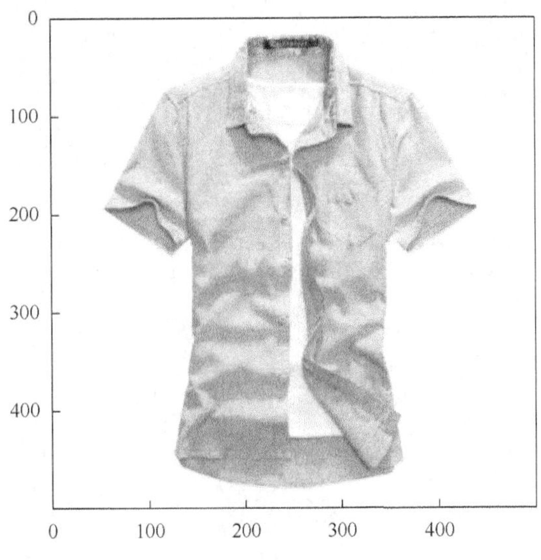

图 7.37　待检测图片

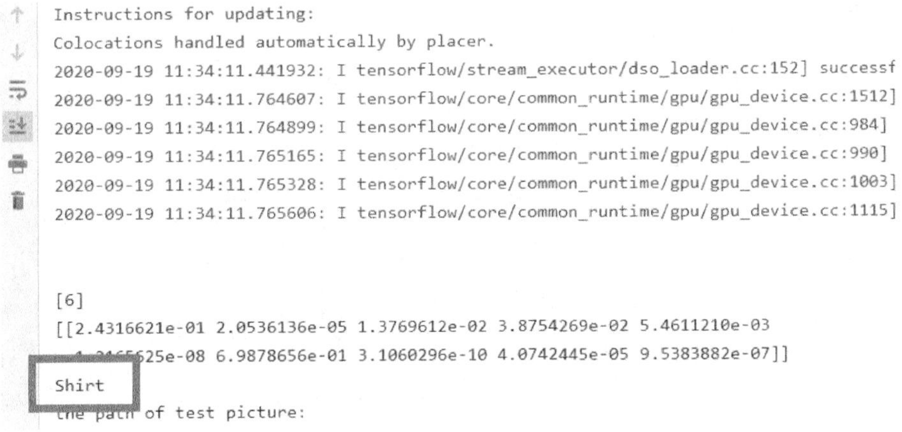

```
Instructions for updating:
Colocations handled automatically by placer.
2020-09-19 11:34:11.441932: I tensorflow/stream_executor/dso_loader.cc:152] successf
2020-09-19 11:34:11.764607: I tensorflow/core/common_runtime/gpu/gpu_device.cc:1512]
2020-09-19 11:34:11.764899: I tensorflow/core/common_runtime/gpu/gpu_device.cc:984]
2020-09-19 11:34:11.765165: I tensorflow/core/common_runtime/gpu/gpu_device.cc:990]
2020-09-19 11:34:11.765328: I tensorflow/core/common_runtime/gpu/gpu_device.cc:1003]
2020-09-19 11:34:11.765606: I tensorflow/core/common_runtime/gpu/gpu_device.cc:1115]


[6]
[[2.4316621e-01 2.0536136e-05 1.3769612e-02 3.8754269e-02 5.4611210e-03
  4.2465625e-08 6.9878656e-01 3.1060296e-10 4.0742445e-05 9.5383882e-07]]
Shirt
the path of test picture:
```

图 7.38　显示结果

2. 智能小车端操作步骤

（1）参照实验原理，在 PyCharm 中构建一个 Python 脚本程序，用来编写训练程序，训练代码部分截图如图 7.39 所示。

（2）点击右键运行训练程序，训练程序将对样本集做特征提取，并生成一个权重文件。训练过程如图 7.40 所示。

（3）样本训练完成后，程序会将绘制训练准确率曲线图和损失函数曲线图，如图 7.41 所示。

（4）程序训练完成后，使用训练程序生成的权重文件来进行识别操作。构建一个训练脚本程序，并将实验原理中介绍的识别代码全部编写进脚本程序，脚本程序部分代码如图 7.42 所示。

fashion_train.py   fashion_app.py

```python
#!/usr/local/lib/python3.6
import tensorflow as tf
import os
import numpy as np
from matplotlib import pyplot as plt

tf.enable_eager_execution()

fashion = tf.keras.datasets.fashion_mnist
(x_train, y_train), (x_test, y_test) = fashion.load_data()
x_train, x_test = x_train / 255.0, x_test / 255.0

model = tf.keras.models.Sequential([
    tf.keras.layers.Flatten(),
    tf.keras.layers.Dense(128, activation='relu'),
    tf.keras.layers.Dense(10, activation='softmax')
])

model.compile(optimizer='adam',
              loss='sparse_categorical_crossentropy',
              metrics=['sparse_categorical_accuracy'])
```

图 7.39　部分训练代码

Run: mnist_train   fashion_train

```
TensorFlow format with `save_weights`. The model's weights will be
unlike with TensorFlow optimizers in the TensorFlow format the op
will not be saved.

Consider using a TensorFlow optimizer from `tf.train`.
_________________________________________________________________
Layer (type)                 Output Shape              Param #
=================================================================
flatten (Flatten)            multiple                  0
_________________________________________________________________
dense (Dense)                multiple                  100480
_________________________________________________________________
dense_1 (Dense)              multiple                  1290
=================================================================
Total params: 101,770
Trainable params: 101,770
Non-trainable params: 0
```

图 7.40　训练过程

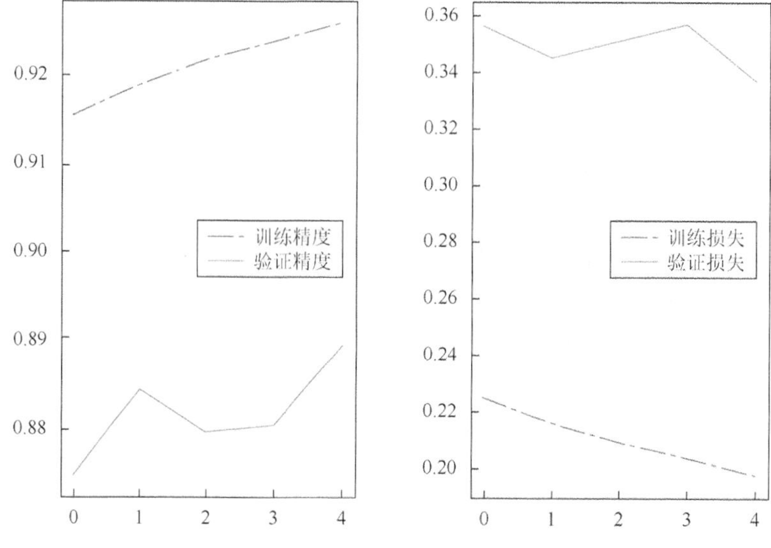

图 7.41　训练准确率和损失函数曲线图

fashion_train.py　fashion_app.py

```python
#!/usr/local/lib/python3.6
from PIL import Image
import numpy as np
import tensorflow as tf
import matplotlib.pyplot as plt

type = ['T-shirt/top', 'Trouser', 'Pullover', 'Dress',
        'Coat', 'Sandal', 'Shirt', 'Sneaker', 'Bag', 'Ankle boot']

model_save_path = './checkpoint/fashion.ckpt'
model = tf.keras.models.Sequential([
    tf.keras.layers.Flatten(),
    tf.keras.layers.Dense(128, activation='relu'),
    tf.keras.layers.Dense(10, activation='softmax')
])

model.load_weights(model_save_path)

preNum = int(input("input the number of test pictures:"))
for i in range(preNum):
    image_path = input("the path of test picture:")
```

图 7.42　部分测试代码

（5）识别脚本程序构建完成后，开始进行识别操作，点击右键运行识别脚本程序。在程序运行的过程中，程序会提示识别物体的数量，这里还是输入 6，循环检测 6 次，将同级图片的文件名输入提示区，完整输入操作如图 7.43 所示。

Run:　fashion_app　fashion_train

```
2020-10-21 16:23:18.475623: I tensorflow/core/common_runt
        0
2020-10-21 16:23:18.475696: I tensorflow/core/common_runt
 .cc:1003] 0:   N
2020-10-21 16:23:18.547901: I tensorflow/core/common_runt
 .cc:1115] Created TensorFlow device (/job:localhost/rep
 with 205 MB memory) -> physical GPU (device: 0, name: N
  0000:00:00.0, compute capability: 5.3)
input the number of test pictures:6
the path of test picture:3_dress.jpeg
```

图 7.43　输入图片信息

（6）显示图片，如图 7.44 所示。

（7）关掉图片并对图片做出预测，最后的预测结果如图 7.45 所示。

（六）实验要求

（1）运用 Keras 完成对 CNN 的训练功能。

（2）完成对服饰图片的高精度识别。

0
50
100
150
200
250
0
50
100
150

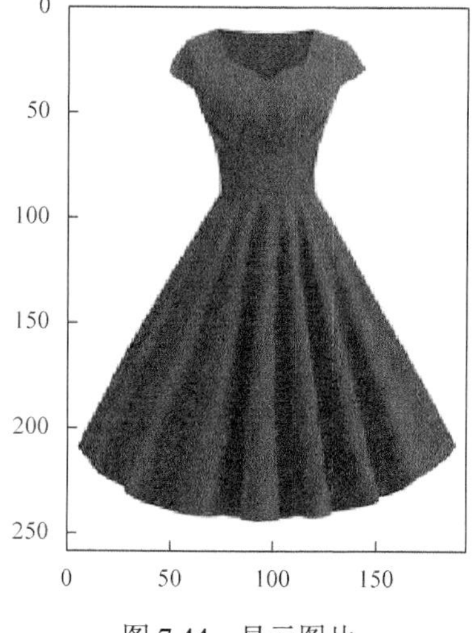

图 7.44　显示图片

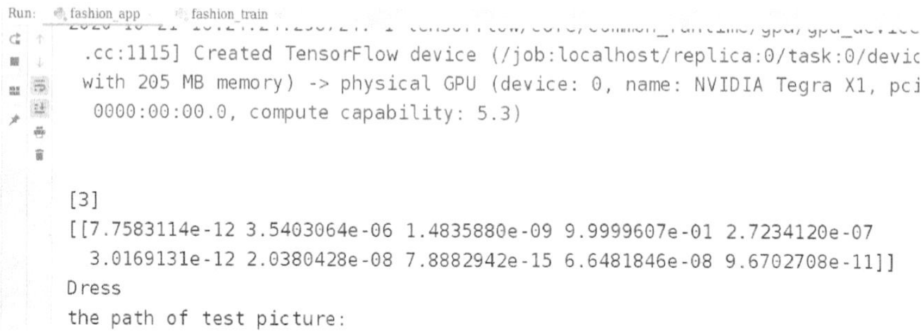

Run: fashion_app fashion_train

```
 .cc:1115] Created TensorFlow device (/job:localhost/replica:0/task:0/devic
 with 205 MB memory) -> physical GPU (device: 0, name: NVIDIA Tegra X1, pci
  0000:00:00.0, compute capability: 5.3)


[3]
[[7.7583114e-12 3.5403064e-06 1.4835880e-09 9.9999607e-01 2.7234120e-07
  3.0169131e-12 2.0380428e-08 7.8882942e-15 6.6481846e-08 9.6702708e-11]]
Dress
the path of test picture:
```

图 7.45　预测结果

（七）实验习题

（1）更改配置训练参数，观察训练效果。

（2）搭建 LeNet-5 CNN，完成对服饰的识别过程。

第 8 章　CIFAR-10 数据集彩色图片识别案例

（一）实验目的

（1）使用 Keras 构建彩色图片识别系统。

（2）掌握 Keras 搭建框架的基本流程。

（二）实验内容

（1）使用 Keras 完成训练彩色图片识别系统。

（2）完成对彩色图片的检测。

（三）实验设备

（1）PC 机 1 台。

（2）智能小车 1 台。

（四）实验原理

1. CIFAR-10 数据集简介

CIFAR-10 是一个更接近普适物体的彩色图像数据集。CIFAR-10 是由杰弗里·辛顿（Geoffrey Hinton）的学生亚历克斯·克里热夫斯基（Alex Krizhevsky）和伊利亚·萨茨基（Ilya Sutskever）整理的一个用于识别普适物体的小型数据集。它一共包含 10 个类别的 RGB 彩色图片：飞机（airplane）、汽车（automobile）、鸟（bird）、猫（cat）、鹿（deer）、狗（dog）、青蛙（frog）、马（horse）、船（ship）和卡车（truck），如图 8.1 所示。每张图片的尺寸为 32×32，每个类别有 6 000 张图片，一共有 50 000 张训练图片和 10 000 张测试图片。

扫描看彩图

图 8.1　CIFAR-10 数据集

2. 与 MNIST 数据集差异

（1）CIFAR-10 数据集中是 3 通道的彩色 RGB 图片，而 MNIST 是灰度图像。

（2）CIFAR-10 数据集中的图片尺寸为 32×32，而 MNIST 为 28×28。

（3）相比于手写字符，CIFAR-10 数据集含有的是现实世界中真实的物体，不仅噪声很大，而且物体的比例、特征都不尽相同，这为识别带来很大困难。直接的线性模型如 Softmax 对 CIFAR-10 数据集表现很差。

3. CIFAR-10 数据集的数据文件及其用途

在程序运行过程中，程序会从网上下载 CIFAR-10 数据集，数据集存地址为 C:\Users\用户名\.Keras\datasets\cifar-10-batches-py。

文件内部主要包含数据如图 8.2 所示。

名称	修改日期	类型	大小
batches.meta	2009/3/31 12:45	META 文件	1 KB
data_batch_1	2009/3/31 12:32	文件	30,309 KB
data_batch_2	2009/3/31 12:32	文件	30,308 KB
data_batch_3	2009/3/31 12:32	文件	30,309 KB
data_batch_4	2009/3/31 12:32	文件	30,309 KB
data_batch_5	2009/3/31 12:32	文件	30,309 KB
readme.html	2009/6/5 4:47	搜狗高速浏览器H...	1 KB
test_batch	2009/3/31 12:32	文件	30,309 KB

图 8.2　数据文件

在 CIFAR-10 数据集中，文件 data_batch_1.bin、data_batch_2.bin、data_batch_3.bin、data_batch_4.bin、data_batch_5.bin 和 test_batch.bin 中各有 10 000 个样本。一个样本由 3 073 个字节组成，第一个字节为标签 label，剩下 3 072 个字节为图像数据。样本与样本之间没有多余的字节分割，因此这几个二进制文件的大小都是 31 030 000 个字节。

文件详细情况如表 8.1 所示。

表 8.1　文件情况

文件名	文件用途
batches.meta.bet	这个文件存储了每个类别的英文名称，可以用记事本或其他文本文件阅读器打开查看
data_batch_1.bin data_batch_2.bin data_batch_3.bin data_batch_4.bin data_batch_5.bin	这 5 个文件是 CIFAR-10 数据集中的训练数据，每个文件以二进制格式存储了 10 000 张 32×32 的彩色图片及其对应的类别标签，一共 50 000 张训练图片
test_batch.bin	这个文件存储的是测试图片及其标签，一共 10 000 张
readme.html	数据集介绍文件

4. LeNet-5 CNN

LeNet-5 CNN 是由图灵奖得主杨立昆（Yann LeCun）等提出的一种模型，这个模型提出得比较早，现在的 CNN 大都继承于此，下面对最初的 LeNet-5 CNN 的基本搭建流程按顺序进行简单介绍。

（1）输入层。输入层是 CNN 的第一层，在经典的 CNN 中，对于输入层都是有定义的。例如，28×28 的图片输入或 32×32 的图片输入，固定的输入格式有助于设置卷积层步进数和池化层步进数等。在最初发表的 LeNet-5 CNN 中，对于输入层的定义是输入图片大小为 32×32，有兴趣的读者可以下载论文查看。

（2）卷积层。输入数据完成后，开始搭建卷积层，这也是基本的流程操作。卷积核大小为 5×5 格式，一共设置 6 个卷积核，步进数为 1。在最初的 LeNet-5 CNN 中，卷积层的填充方式是 valid，这种填充方式并不跨域边界。操作完成后，输入图片的尺寸大小将变为 28×28。因为权值共享，所以输出都是如此。

（3）池化层，也称为下采样层。最初的 LeNet-5 CNN 中池化层使用的是最大池化操作，并非平均池化，给定的池化层大小为 2×2，给定的步进数就是池化层的大小值，步进数为 2。经过最大池化后，输入图片的大小将减半，变为 14×14，且通道数不变，只对参数中的模块提取最大参数。

（4）卷积层。经过卷积、池化后，开始构建第二层卷积层，卷积核为 16 个，卷积核大小为 5×5。重构后的图片重新输入卷积层，第二层的卷积层大小依旧不变，还是 5×5。输入结构值时首先将 6 个 14×14 特征图进行特征图内的归一化操作，即将每一个卷积核单独与 6 个输入特征图合并，然后加上偏差值，得到 16 个特征图，再对图片进行进一步提取，最终得到的图片大小为 10×10。

（5）池化层。同样进行最大池化，将数据中最大的参数提取出来重构一张图片，图片大小减半，变为 5×5，一共 16 张图片。

（6）卷积层。构建过程中也称为直拉层，是将数据由矩阵形式变为数组的形式。经过两层卷积层和池化层操作后，数据变为 5×5 的 16 张图片，通道数为 16。同样进行 5×5 的卷积操作，经过运算后得到 1×1 的矩阵，也就是一个数据值，这就是简单的直拉操作。卷积个数为 120 个，因此最终得到 120 个神经元，将这 120 个神经元送入全连接层进行分类处理。

（7）全连接层。全连接层主要通过激活运算得到参数结果，并不给出具体的计算结果。其主要操作是进行特征分类，并不是像卷积层一样进行特征提取，因此不需要进行卷积核提取特征参数值。

全连接层主要进行特征输出，即根据标签参数，将特征进行分类，同一标签下的特征划分出去，最后得到输出值。需要注意的是，输出值的结果与真实值有一定差异。

以上就是 LeNet-5 CNN 构建的主要步骤，本次实验中构建的流程也是如此。

5. 代码原理介绍

1）训练部分

新建训练脚本程序，单独构建，并使用训练程序生成一个权重文件，在测试过程中将会使用到。

（1）将需要使用的开发包导入脚本程序，如图 8.3 所示。

（2）创建用户名，将数据集简短化，下载导入 CIFAR-10 数据集，将数据集进行拆分，包括训练集特征 x_train、训练集标签 y_train 和测试集特征 x_test、测试集标签 y_test，如图 8.4 所示。

```
import tensorflow as tf
import os
import numpy as np
from matplotlib import pyplot as plt
from tensorflow.python.keras.layers import Conv2D, MaxPool2D, Flatten, Dense
from tensorflow.python.keras import Model
```

图 8.3　导包

```
cifar10 = tf.keras.datasets.cifar10

(x_train, y_train), (x_test, y_test) = cifar10.load_data()
```

图 8.4　加载数据

（3）提取像素点进行图像处理，图片文件像素点数值为 0～255，进行归一化处理后，图片文件像素点数值转化为 0～1，如图 8.5 所示。

```
x_train, x_test = x_train / 255.0, x_test / 255.0
```

图 8.5　数据归一化

（4）用 class 类搭建 LeNet-5 CNN。

① 搭建一个 CNN。

用 class 类搭建一个 CNN 并构建函数体。首先，搭建第一层 CNN 并进行最大池化处理。使用 Conv2D()函数来搭建卷积层，其内部参数如图 8.6 所示。其中：filters 设置卷积核个数，本次构建使用 6 个卷积核；kernel_size 设置卷积核大小，本次构建为 5×5；activation 设置激活函数，这里使用 sigmoid 作为激活函数，通常情况下 relu 作为激活函数也可以。其次，池化层操作，使用 MaxPool2D()设置池化层。其中：pool_size 设置池化层大小，并进行最大池化操作，这里为 2×2；strides 设置步进数，这里为 2。

```
class LeNet5(Model):
    def __init__(self):
        super(LeNet5, self).__init__()
        self.c1 = Conv2D(filters=6, kernel_size=(5, 5),
                         activation='sigmoid')
        self.p1 = MaxPool2D(pool_size=(2, 2), strides=2)
```

图 8.6　构建第一层 CNN

② 构建第二层 CNN 进行池化处理。与构建第一层池化层相同，同样使用 Conv2D()函数，其中卷积核个数由 6 个变为 16 个，卷积核大小还是 5×5，卷积核的步进数默认为 1，使用 sigmoid 作为激活函数，激活函数可修改，如图 8.7 所示。

③ 经过两个卷积和池化操作后，矩阵大小变为 5×5。这里可以直接使用卷积核 5×5 的数据进行直拉层操作，将原本的矩阵数据变为数组形式的直拉效果，如图 8.8 所示。

```
self.c2 = Conv2D(filters=16, kernel_size=(5, 5),
                 activation='sigmoid')
self.p2 = MaxPool2D(pool_size=(2, 2), strides=2)
```

图 8.7 构建第二层 CNN

```
self.flatten = Flatten()
```

图 8.8 直拉层

④ 数据平铺拉直后，开始构建全连接层，神经元分类提取，并使得特征对应标签输出最终结果，使用 Dense()函数构建三层全连接层。根据直拉层结果可知，本次输出为 120 个神经元，设置激活函数为 sigmoid。

第二层输出神经元为 84 个，提出部分神经元，节选重要的特征参数，同样选用 sigmoid 作为激活函数。

第三层输出为 10，本次设置的标签值为 10，将特征分类到 10 个标签中去，完成全部全连接的设置。

全连接层创建代码如图 8.9 所示。

```
self.f1 = Dense(units=120, activation='sigmoid')
self.f2 = Dense(units=84, activation='sigmoid')
self.f3 = Dense(units=10, activation='softmax')
```

图 8.9 全连接层

至此 CNN 搭建全部完成，下面开始运行 CNN，LeNet-5 CNN 需要使用运行函数，因此构建 CNN 的同时，也要构建一个运行的 CNN 流程，搭建 CNN 的步骤，基本上就是运行 CNN 的步骤，只是需要带入图片数据输入进去即可。

（5）输入图片，以参数 x 作为输入值，使用第一层卷积层和池化层，进行特征提取，并进行参数稀释，减少运算量。

（6）同样进行卷积层操作与池化层操作，也是进行特征提取，并稀释参数值。

（7）直拉层操作，平铺数据，形成初始神经元。

（8）进入三层全连接层操作将特征进行分类，最终分化到 10 个具体的标签上，形成最终的特征与神经元对称关系。具体代码如图 8.10 所示。

（9）导入网络模型，如图 8.11 所示。

```
def call(self, x):
    x = self.c1(x)
    x = self.p1(x)

    x = self.c2(x)
    x = self.p2(x)

    x = self.flatten(x)
    x = self.f1(x)
    x = self.f2(x)
    y = self.f3(x)
    return y
```

图 8.10 网络搭建

```
model = LeNet5()
```

图 8.11 新建网络对象

（10）使用 compile()函数配置训练方法，如图 8.12 所示。其中：optimizer 设置优化器，采用 adam 作为本次训练中的优化器；loss 设置目标函数，本次实验设置的目标函数为 sparse_categorical-crossentropy；metrics 设置性能评估列表，这里为 sparse_categorical_accuracy。

```
model.compile(optimizer='adam',
              loss ='sparse_categorical_crossentropy',
              metrics=['sparse_categorical_accuracy'])
```

图 8.12　设置训练参数

（11）LeNet-5 CNN 主要使用 Keras 的 model 方式构建网络结构，如图 8.13 所示。同样地，也需要将训练文件保存下来，训练的保存方式同前。

```
checkpoint_save_path = "./checkpoint/LeNet5.ckpt"
if os.path.exists(checkpoint_save_path + '.index'):
    print('------------load the model----------------')
    model.load_weights(checkpoint_save_path)
```

图 8.13　权重保存路径

（12）保存训练信息并进行断点续训操作。filepath 保存训练的文件地址；save_weights_only 设置为 True，保存模型权重；save_best_only 设置为 True，保存在验证集上性能最好的模型，如图 8.14 所示。

```
cp_callback = tf.keras.callbacks.ModelCheckpoint(filepath=checkpoint_save_path,
                                                 save_weights_only=True,
                                                 save_best_only=True)
```

图 8.14　权重保存参数

（13）配置训练过程主要使用 model.fit()函数实现。其中：batch_size 设置每一次迭代的图片数量；epochs 设置训练的循环次数；validation_data 设置测试集样本数据信息，如图 8.15 所示。

```
history = model.fit(x_train, y_train, batch_size=32, epochs=10,
                    validation_data=(x_test, y_test),
                    callbacks=[cp_callback])
```

图 8.15　训练参数设置

```
model.summary()
```

图 8.16　显示网络结构和参数统计

（14）显示网络结构和参数统计，如图 8.16 所示。

（15）在显示训练信息前，需要先将训练的信息从模型中传递出来。因此，将训练和验证过程的数据收集起来，赋给相关值。训练过程中，配置训练信息后的参数传递给了 history，history 拥有 4 大训练参数信息，包括 loss、sparse_categorical_accuracy、val_loss、val_sparse_categorical_accuracy，其先后顺序也以此为主，可以通过 history.history 命令，以及 history 所包含的参数命令分别获取参数值，如图 8.17 所示。

```
acc = history.history['sparse_categorical_accuracy']
val_acc = history.history['val_sparse_categorical_accuracy']
loss = history.history['loss']
val_loss = history.history['val_loss']
```

图 8.17　训练参数保存

（16）设置曲线相关参数，如图 8.18 所示，包括损失值和准确率等。

```
plt.subplot(1, 2, 1)
plt.plot(acc, label='Training Accuracy')
plt.plot(val_acc, label='Validation Accuracy')
plt.title('Training and Validation Accuracy')
plt.legend()
```

图 8.18　训练准确率

绘制损失函数曲线图和检测准确率曲线图，如图 8.19 所示。

```
plt.subplot(1, 2, 2)
plt.plot(loss, label='Training Loss')
plt.plot(val_loss, label='Validation Loss')
plt.title('Training and Validation Loss')
plt.legend()
plt.show()
```

图 8.19　绘制损失函数和检测准确率曲线图

至此，训练原理全部介绍完毕。

2）测试部分

新建一个 Python 脚本程序，检测输入图片中所显示出来的具体是数据中的哪一类，通过机器识别出数据的案例。

（1）将开发包导入程序中，其中开发包 PIL 主要是对图片进行操作的开发包，如图 8.20 所示。

```
import tensorflow as tf
import numpy as np
from matplotlib import pyplot as plt
from tensorflow.python.keras.layers import Conv2D, MaxPool2D,  Flatten, Dense
from tensorflow.python.keras import Model
from PIL import Image
```

图 8.20　导包

需要注意的是，LeNet-5 CNN 中对于输入的数据是有一定要求的，在配置训练时进行了介绍，输入图片大小为 32×32，如图 8.21 所示。

```
IMAGE_SIZE =32
```

图 8.21　图片尺寸

（2）用 class 类搭建 LeNet-5 CNN，构建的模型与之前的模型一致，还是两层全连接层、两层池化层、一层直拉层和两层全连接层。

① 构建两层卷积层和池化层，参数与训练时的参数保持一致，不要更改，如图 8.22 所示。

```
class LeNet5(Model):
    def __init__(self):
        super(LeNet5, self).__init__()
        self.c1 = Conv2D(filters=6, kernel_size=(5, 5),
                         activation='sigmoid')
        self.p1 = MaxPool2D(pool_size=(2, 2), strides=2)

        self.c2 = Conv2D(filters=16, kernel_size=(5, 5),
                         activation='sigmoid')
        self.p2 = MaxPool2D(pool_size=(2, 2), strides=2)
```

图 8.22　结构模型

② 构建直拉层和全连接层，使用 Flatten()函数构建直拉层，不需要数据输入，最后的数据都是类似数组的长条形结构，使用 Dense()函数构建全连接层，一般只需要指定输出节点数和激活函数类型即可，如图 8.23 所示。

```
self.flatten = Flatten()
self.f1 = Dense(120, activation='sigmoid')
self.f2 = Dense(84, activation='sigmoid')
self.f3 = Dense(10, activation='softmax')
```

图 8.23　直拉层

（3）将图片数据 x 输入 CNN，使用 CNN 训练训练集程序，流程还是先经过卷积层，在池化数据，经过激活再进入下一层卷积，两层卷积操作结束后，开始使用直拉层，然后送入全连接层，输出对应标签的特征值即可，如图 8.24 所示。

（4）新建网络模型，如图 8.25 所示。

与训练时不同，这里不需要判断权重是否存在，经过训练后，一般权重文件都会存储在设定的文件夹里，这里只需要读取并加载文件即可，如图 8.26 所示。

（5）首先读取需要检测的图片信息，一般同级目录下可以直接读取，本次实验就是直接读取同级目录下的文件；然后将读取的文件输入进去，在输入图片之前，需要先将图片的格式转化为 32×32 的大小，这是训练时决定的，如图 8.27 所示。

```
    def call(self, x):
        x = self.c1(x)
        x = self.p1(x)

        x = self.c2(x)
        x = self.p2(x)

        x = self.flatten(x)
        x = self.f1(x)
        x = self.f2(x)
        y = self.f3(x)
        return y
```

图 8.24　网络结构

```
model = LeNet5()
```

图 8.25　新建网络模型

```
model_save_path = "./checkpoint/LeNet5.ckpt"
model.load_weights(model_save_path)
```

图 8.26　读取模型权重

```
imgpath = 'car.jpg'
img = Image.open(imgpath)
img = img.resize((32, 32), Image.ANTIALIAS)
img_arr =np.array(img)
```

图 8.27　读取图片数据

（6）将图片像素点提取完成后，输出图片，并将图片显示出来，如图 8.28 所示。

（7）将图片以像素点阵的方式显示出来，原本默认的点阵为 0～255，需要进行归一化，将所有点的数值除以 255 即可完成简单归一化信息。使用 tf.newaxis 增加图片维度信息，使用 model.predict()函数对图片进行预测。预测出来的结果是一个概率值，这里使用 argmax()函数输入概率最大的下标值，并使用最初设置的数组值，显示程序预测的最终结果，如图 8.29 所示。

```
print(img_arr.shape)
plt.imshow(img_arr)  # 绘制图片
plt.show()
```

图 8.28　显示图片

```
img_arr = img_arr/255
x_predict = img_arr[tf.newaxis, ...]
print("x_predict:", x_predict.shape)
result = model.predict(x_predict)
print(result)

pred = tf.argmax(result, axis=1)

sess = tf.Session()
print('\n')
print(sess.run(pred))
```

图 8.29　图片的预测

至此，原理部分全部介绍完毕。

（五）实验步骤

1. PC 端实验操作步骤

（1）使用 PyCharm 新建一个工程文件，并构建训练部分的 Python 代码，代码部分截图如图 8.30 所示。

cifar10_train.py × cifar10_run.py ×

```
import tensorflow as tf
import os
from matplotlib import pyplot as plt
from tensorflow.python.keras.layers import Conv2D, MaxPool2D, Flatten, Dense
from tensorflow.python.keras import Model

cifar10 = tf.keras.datasets.cifar10
(x_train, y_train), (x_test, y_test) = cifar10.load_data()

x_train, x_test = x_train / 255.0, x_test / 255.0

class LeNet5(Model):
    def __init__(self):
        super(LeNet5, self).__init__()
        self.c1 = Conv2D(filters=6, kernel_size=(5, 5),
                         activation='sigmoid')
        self.p1 = MaxPool2D(pool_size=(2, 2), strides=2)

        self.c2 = Conv2D(filters=16, kernel_size=(5, 5),
                         activation='sigmoid')
        self.p2 = MaxPool2D(pool_size=(2, 2), strides=2)

        self.flatten = Flatten()

        self.f1 = Dense(units=120, activation='sigmoid')
```

图 8.30　训练部分代码

（2）训练程序的脚本编写完成后，点击右键运行程序，就可以进行文件的训练了。程序在运行过程中，会下载数据集，大约有 161 M，由于数据集是彩色图片，且包含样本比较多，文件会比较大，可以提前下载好数据集放入指定位置。

数据集下载地址如下：

https://www.cs.toronto.edu/～kriz/cifar-10-python.tar.gz

图 8.31 所示为下载数据集截图。

（3）数据集的下载需要等待一段时间，正常情况几分钟就可以完成。下载完成后，程序会将数据解压成几个不同的文件，开始训练文件，文件的训练过程部分截图如图 8.32 所示。

（4）程序训练完成后，显示训练结果，如图 8.33 所示。

（5）训练中，初始损失函数曲线图和准确率曲线图如图 8.34 所示。

```
cifar10_train
D:\application\anaconda3\envs\tensorflow-gpu\python.exe C:/Users/HUJIALE/Desktop/人工智能实验测试/CIFAR-10数据集彩色图片识别案例/cifar10_train.py
Downloading data from https://www.cs.toronto.edu/~kriz/cifar-10-python.tar.gz

     8192/170498071 [..............................] - ETA: 1:32:21
    40960/170498071 [..............................] - ETA: 39:50
   106496/170498071 [..............................] - ETA: 22:49
   172032/170498071 [..............................] - ETA: 18:11
   303104/170498071 [..............................] - ETA: 12:53
   516096/170498071 [..............................] - ETA: 7:53
   598016/170498071 [..............................] - ETA: 7:52
```

图 8.31　数据集下载

```
170450944/170498071 [============================>.] - ETA: 0s
170467328/170498071 [============================>.] - ETA: 0s
170483712/170498071 [============================>.] - ETA: 0s
170500096/170498071 [==============================] - 2626s 15us/step
2020-09-19 12:32:36.567775: I tensorflow/core/platform/cpu_feature_guard.cc:141] Your CPU supports instructions that thi
2020-09-19 12:32:37.496962: I tensorflow/core/common_runtime/gpu/gpu_device.cc:1433] Found device 0 with properties:
name: GeForce GTX 960M major: 5 minor: 0 memoryClockRate(GHz): 1.176
pciBusID: 0000:01:00.0
totalMemory: 2.00GiB freeMemory: 1.64GiB
2020-09-19 12:32:37.497477: I tensorflow/core/common_runtime/gpu/gpu_device.cc:1512] Adding visible gpu devices: 0
2020-09-19 12:32:38.952143: I tensorflow/core/common_runtime/gpu/gpu_device.cc:984] Device interconnect StreamExecutor w
2020-09-19 12:32:38.952416: I tensorflow/core/common_runtime/gpu/gpu_device.cc:990]      0
2020-09-19 12:32:38.952577: I tensorflow/core/common_runtime/gpu/gpu_device.cc:1003] 0:   N
2020-09-19 12:32:38.953009: I tensorflow/core/common_runtime/gpu/gpu_device.cc:1115] Created TensorFlow device (/job:loca
WARNING:tensorflow:From D:\application\anaconda3\envs\tensorflow-gpu\lib\site-packages\tensorflow\python\ops\resource_var
Instructions for updating:
Colocations handled automatically by placer.
Train on 50000 samples, validate on 10000 samples
Epoch 1/5
2020-09-19 12:32:40.035824: I tensorflow/stream_executor/dso_loader.cc:152] successfully opened CUDA library cublas64_10

   32/50000 [..............................] - ETA: 57:51 - loss: 2.4292 - sparse_categorical_accuracy: 0.0625
  256/50000 [..............................] - ETA: 7:22 - loss: 2.3416 - sparse_categorical_accuracy: 0.1172
```

图 8.32　训练代码

```
50000/50000 [==============================] - 11s 227us/sample - loss: 1.5033 - spar
_________________________________________________________________
Layer (type)                 Output Shape              Param #
=================================================================
conv2d (Conv2D)              multiple                  456
_________________________________________________________________
max_pooling2d (MaxPooling2D) multiple                  0
_________________________________________________________________
conv2d_1 (Conv2D)            multiple                  2416
_________________________________________________________________
max_pooling2d_1 (MaxPooling2 multiple                  0
_________________________________________________________________
flatten (Flatten)            multiple                  0
_________________________________________________________________
dense (Dense)                multiple                  48120
_________________________________________________________________
dense_1 (Dense)              multiple                  10164
_________________________________________________________________
dense_2 (Dense)              multiple                  850
=================================================================
Total params: 62,006
Trainable params: 62,006
Non-trainable params: 0
_________________________________________________________________

进程已结束，退出代码 0
```

图 8.33　显示训练结果

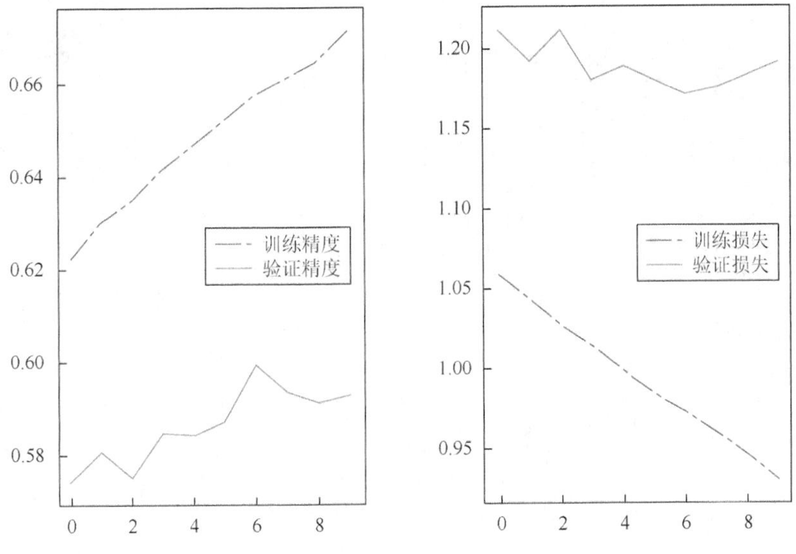

图 8.34　训练准确率和损失函数曲线图

至此，训练部分代码编写完成，运行代码，生成权重文件在同级目录下面会生成一个文件夹，用来保存权重文件，如图 8.35 所示。

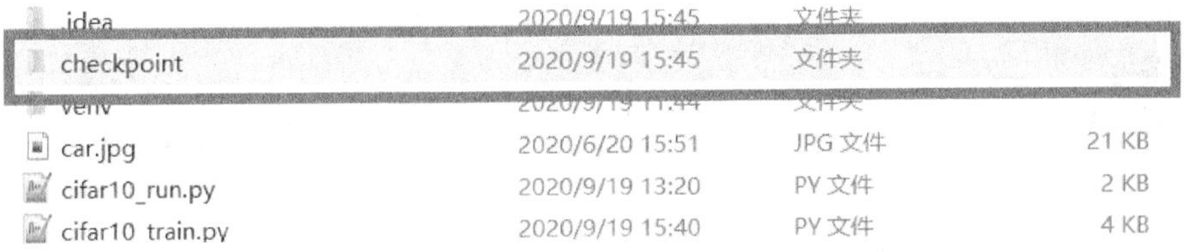

.idea	2020/9/19 15:45	文件夹	
checkpoint	2020/9/19 15:45	文件夹	
venv	2020/9/19 11:44	文件夹	
car.jpg	2020/6/20 15:51	JPG 文件	21 KB
cifar10_run.py	2020/9/19 13:20	PY 文件	2 KB
cifar10_train.py	2020/9/19 15:40	PY 文件	4 KB

图 8.35　权重文件夹

打开文件夹就可以看到生成的权重文件，在测试过程中将会使用到这个文件，如图 8.36 所示。

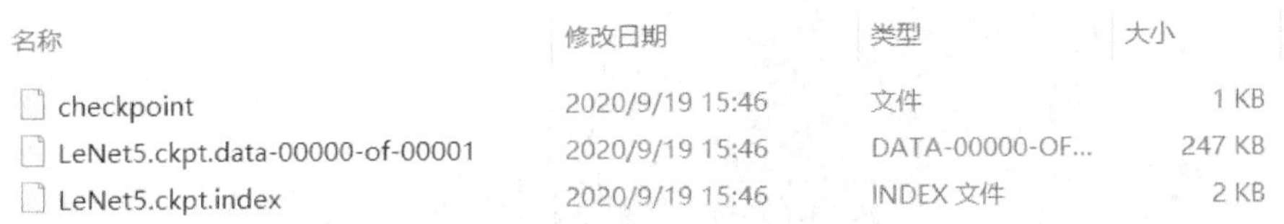

名称	修改日期	类型	大小
checkpoint	2020/9/19 15:46	文件	1 KB
LeNet5.ckpt.data-00000-of-00001	2020/9/19 15:46	DATA-00000-OF...	247 KB
LeNet5.ckpt.index	2020/9/19 15:46	INDEX 文件	2 KB

图 8.36　权重文件

（6）训练程序生成权重文件后，就可以开始构建检测程序了，检测程序的代码部分截图如图 8.37 所示。

（7）程序创建完成后，点击右键运行程序。本次实验预测图片如图 8.38 所示。

运行时，程序将图片提取为 32×32 像素的图片，显示图片如图 8.39 所示。

（8）程序预测结果为 9，如图 8.40 所示。

（9）根据图片训练信息默认顺序，即从 0 到 9 的顺序可知，结果预测为卡车，结果正确。

cifar10_train.py　cifar10_run.py

```python
import tensorflow as tf
import os
import numpy as np
from matplotlib import pyplot as plt
from tensorflow.python.keras.layers import Conv2D, MaxPool2D,  Flatten, Dense
from tensorflow.python.keras import Model
from PIL import Image

IMAGE_SIZE =32
class LeNet5(Model):
    def __init__(self):
        super(LeNet5, self).__init__()
        self.c1 = Conv2D(filters=6, kernel_size=(5, 5),
                         activation='sigmoid')
        self.p1 = MaxPool2D(pool_size=(2, 2), strides=2)

        self.c2 = Conv2D(filters=16, kernel_size=(5, 5),
                         activation='sigmoid')
        self.p2 = MaxPool2D(pool_size=(2, 2), strides=2)

        self.flatten = Flatten()
        self.f1 = Dense(120, activation='sigmoid')
        self.f2 = Dense(84, activation='sigmoid')
        self.f3 = Dense(10, activation='softmax')

    def call(self, x):
        x = self.c1(x)
        x = self.p1(x)

        x = self.c2(x)
        x = self.p2(x)
```

图 8.37　预测代码

扫描看彩图

图 8.38　预测图片

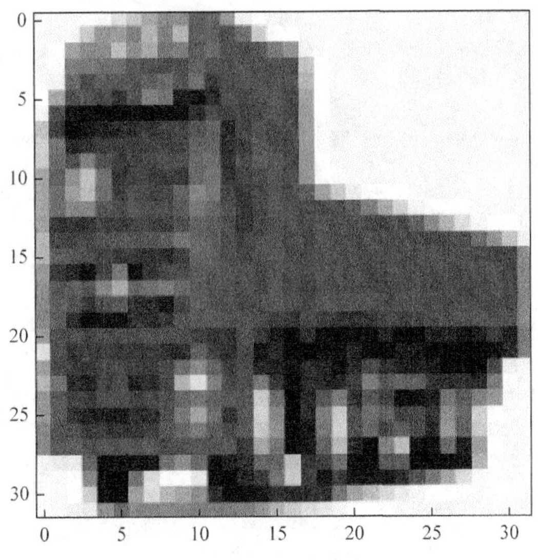

图 8.39　图片像素修改

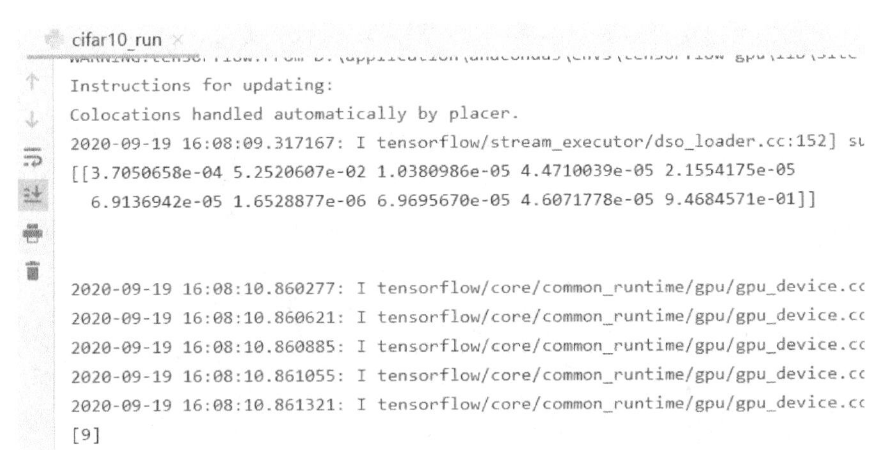

扫描看彩图

图 8.40　预测结果

至此，训练程序和测试程序全部完成，且检测结果符合预期，证明程序能对 9 类对象进行简单预测。

2. 智能小车端操作步骤

1）训练部分

（1）参照实验原理代码将训练程序代码编写进 PyCharm 创建的 Python 程序中，部分代码截图如图 8.41 所示。

（2）点击右键运行程序，运行结果如图 8.42 所示。

（3）训练程序运行完成后，会将训练过程中的数据以折线图的方式显示出来，本次训练折线图如图 8.43 所示。

（4）训练结束后，训练程序会将权重文件保存下来，以便在测试过程中调用模型。

```
cifar10_baseline.py    CIFAR10_app.py
import tensorflow as tf
import os
import numpy as np
from matplotlib import pyplot as plt
from tensorflow.keras.layers import Conv2D, BatchNormalization, Activation
from tensorflow.keras.layers import MaxPool2D, Dropout, Flatten, Dense
from tensorflow.keras import Model

tf.enable_eager_execution()

cifar10 = tf.keras.datasets.cifar10

(x_train, y_train), (x_test, y_test) = cifar10.load_data()

x_train, x_test = x_train / 255.0, x_test / 255.0

class Baseline(Model):
```

图 8.41　部分代码

```
Run:    cifar10_baseline
Epoch 5/5
50000/50000 [==============================] - 65s 1ms/sample - loss: 0.9
 sparse_categorical_accuracy: 0.6756 - val_loss: 1.1484 -
 val_sparse_categorical_accuracy: 0.5965
_________________________________________________________________
Layer (type)                 Output Shape              Param #
=================================================================
conv2d (Conv2D)              multiple                  456
_________________________________________________________________
batch_normalization_v1 (Batc multiple                  24
_________________________________________________________________
activation (Activation)      multiple                  0
_________________________________________________________________
max_pooling2d (MaxPooling2D) multiple                  0
_________________________________________________________________
dropout (Dropout)            multiple                  0
_________________________________________________________________
flatten (Flatten)            multiple                  0
_________________________________________________________________
dense (Dense)                multiple                  196736
_________________________________________________________________
dropout_1 (Dropout)          multiple                  0
_________________________________________________________________
dense_1 (Dense)              multiple                  1290
=================================================================
```

图 8.42　运行结果

2）识别部分

（1）使用 PyCharm 构建一个识别 Python 程序代码，并调用训练产生的模型数据，使用模型数据构建一个识别程序，程序代码部分截图如图 8.44 所示。

（2）程序构建完成后，点击右键运行程序。运行过程中，会首先将需要识别的图片显示出来，本次识别的过程还是以卡车为主，因此程序会将卡车首先显示出来，如图 8.45 所示。

（3）显示出来的卡车图片是经过格式调整的，为 32×32 像素。显示卡车图片后，再关闭卡车图片，之后程序会显示预测的信息，结果如图 8.46 所示。

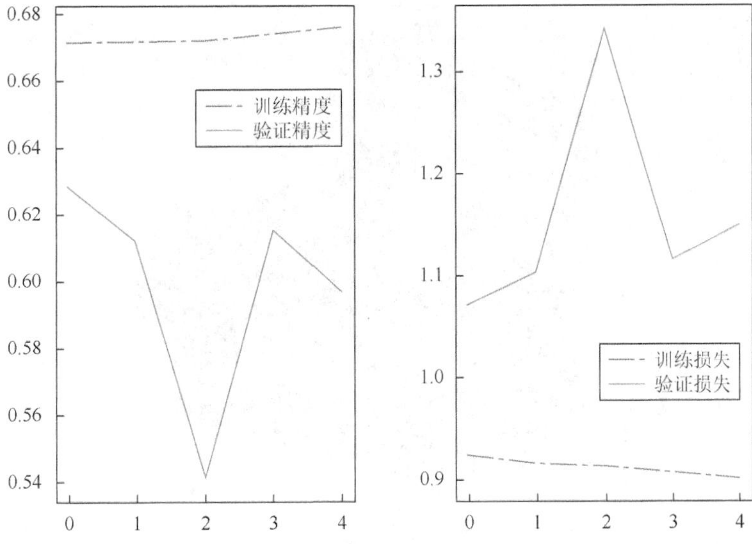

图 8.43　训练准确率和损失函数曲线图

cifar10_baseline.py　CIFAR10_app.py

```
import tensorflow as tf
import os
import numpy as np
from matplotlib import pyplot as plt
from tensorflow.keras.layers import Conv2D, BatchNormalization, Activation
from tensorflow.keras.layers import MaxPool2D, Dropout, Flatten, Dense
from tensorflow.keras import Model
from PIL import Image

IMAGE_SIZE =32

class Baseline(Model):
    def __init__(self):
        super(Baseline, self).__init__()
        self.c1 = Conv2D(filters=6, kernel_size=(5, 5), padding='same')  #
        self.b1 = BatchNormalization()
        self.a1 = Activation('relu')
        self.p1 = MaxPool2D(pool_size=(2, 2), strides=2, padding='same')  #
```

图 8.44　预测部分代码

从图 8.46 可以看到，显示出的预测结果是 9。这里对数据集预测分类进行简单解释。数据集训练过程中是以 one-hot 编码做的预测，十分类数据为 0～9，0 对应飞机，1 对应汽车，2 对应鸟，3 对应猫，4 对应鹿，5 对应狗，6 对应青蛙，7 对应马，8 对应船，9 对应卡车，输入的图片是卡车，对应的结果也刚好是 9，对应卡车，因此预测正确。

（六）实验要求

（1）成功运行检测程序和测试程序。

（2）完成对卡车的简单预测过程。

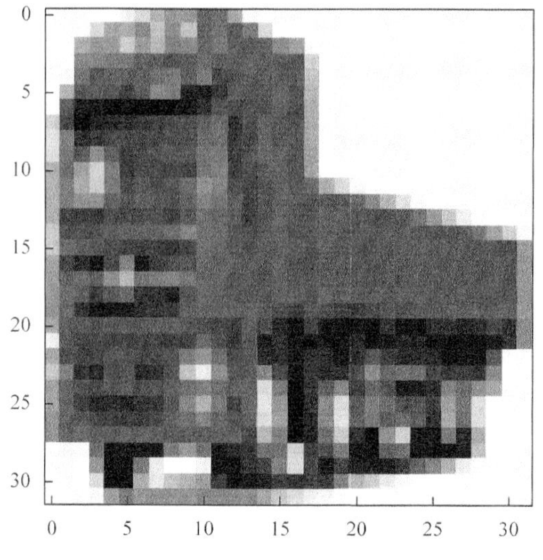

扫描看彩图

图 8.45　预测图片

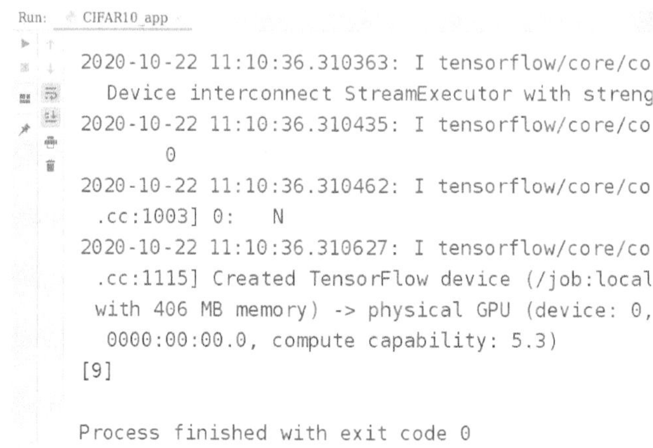

图 8.46　预测结果

（七）实验习题

（1）修改程序，使输出结果以中文显示出来。

（2）使用 class 类搭建 Lenet-5 CNN，完成对 CIFAR-10 数据集彩色图片识别模型。

第 9 章　Embedding 编码下通过 1 个字母预测下一个字母的案例

（一）实验目的

（1）熟悉 RNN。
（2）掌握 RNN 基本流程。

（二）实验内容

（1）使用 Keras 完成字母预测系统。
（2）根据输入字母完成下一个字母的检测。

（三）实验设备

（1）PC 机 1 台。
（2）智能小车 1 台。

（四）实验原理

1. RNN 介绍

RNN 是用来处理序列数据的。在传统的神经网络模型中，是从输入层到隐藏层再到输出层，层与层之间是全连接的，每层之间的节点是无连接的。但是这种普通的神经网络对于很多问题却无能为力。例如，要预测句子的下一个单词是什么，一般需要用到前面的单词，因为一个句子中前后单词并不是独立的。RNN 之所以被称为循环神经网络，就是因为一个序列当前的输出与前面的输出也有关。具体的表现形式为，网络会对前面的信息进行记忆并应用于当前输出的计算中，即隐藏层之间的节点不再是无连接而是有连接的，并且隐藏层的输入不仅包括输入层的输出还包括上一时刻隐藏层的输出。理论上，RNN 能够对任何长度的序列数据进行处理。

RNN 包括输入单元（input units）和输出单元（output units）。输入单元的输入集标记为$\{x_0, x_1, \cdots, x_t, x_{t+1}, \cdots\}$，输出单元的输出集标记为$\{y_0, y_1, \cdots, y_t, y_{t+1}, \cdots\}$。RNN 还包括隐藏单元（hidden units），其输出集标记为$\{s_0, s_1, \cdots, s_t, s_{t+1}, \cdots\}$，这些隐藏单元完成了最为主要的工作。在循环神经网络中有一条单向流动的信息流是从输入单元到达隐藏单元的；与此同时，另一条单向流动的信息流从隐藏单元到达输出单元。在某些情况下，RNN 会打破后者的限制，引导信息从输出单元返回隐藏单元，这些被称为 Back Projections；并且隐藏层的输入还包括上一隐藏层的状态，即隐藏层内的节点可以自连也可以互连。

2. RNN 的作用

RNN 已经在实践中被证明对 NLP 是非常成功的，如词向量表达、语句合法性检查、词性标注等。在 RNN 中，目前使用最广泛、最成功的模型便是长短时记忆模型（long short-term memory，LSTMs），该模型通常比 vanilla RNN 能够更好地对长短时依赖进行表达。该模型相对于一般的 RNN，只是在隐藏层做了改动。

3. 训练 RNN

训练 RNN 与训练传统 ANN 一样，使用 BP 误差反向传播算法，不过有一点区别。如果

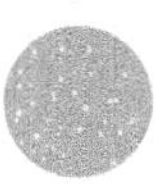

将 RNN 进行网络展开，那么参数 W、U、V 是共享的，而传统 ANN 不是；而且在使用梯度下降算法中，每一步的输出不仅依赖当前步的网络，还依赖前面若干步网络的状态。例如，当 t = 4 时，还需要向后传递 3 步，后面的 3 步都需要加上梯度。需要注意的是，在 vanilla RNN 训练中，BPTT 无法解决长时依赖问题，因为 BPTT 会带来梯度消失或梯度爆炸问题。

4. One-hot 编码与 Embedding 编码的区别

One-hot 编码构建的是 0 与 1 的编码值，需要注意的是，One-hot 编码是在特征输入过程中使用的，即表示特征值的读取情况。

在熟悉 One-hot 编码之前，先举一个简单的例子，以三种水果为例，排序为苹果、香蕉、西瓜。那么，在用 One-hot 编码表示香蕉时，给出的编码值就是（0, 1, 0），表示西瓜时就是（0, 0, 1）。输入过程一目了然，机器也能快速知道输入参数是什么，这在进行简单训练时或特征之间并无关联时，确实比较有效，但在特征值之间存在关联时通常会出现误差，当两种特征参数很接近时，应该在哪个位置取 1 呢？One-hot 编码仅适合在输入特征值相对独立时使用，当特征输入存在关联时，概率方式更适合。

以上面的水果为例，假设输入的是（0.1, 0.3, 0.6），则表示很可能是西瓜，但存在一定小概率是苹果或香蕉。这就是 Embedding 编码的编译方式，它在一定程度上继承了 One-hot 编码的优势，又增加了更加丰富的信息。

5. 代码原理介绍

1）搭建训练网络

（1）新建训练脚本程序，单独创建，并使用训练的程序生成一个权重文件，在测试过程中将会使用到权重文件。

（2）将需要使用的开发包导入脚本程序，如图 9.1 所示。

```
import numpy as np
import tensorflow as tf
from tensorflow.python.keras.layers import Dense, SimpleRNN
import matplotlib.pyplot as plt
import os
```

图 9.1　导包

（3）以词典的方式创建单词映射，本次字母预测截取 26 个字母中的部分数据，以前 5 个字母为实验全部流程，如图 9.2 所示。并以顺序的方式进行预测，其中首尾部分相连，构成循环结构。创建字典，并以数字保存字母映射信息。

```
w_to_id = {'a': 0, 'b': 1, 'c': 2, 'd': 3, 'e': 4}
```

图 9.2　编码

（4）将字典数据分别存放进训练样本数据中，按照输入为 a、b、c、d、e 将数据存放进训练的特征数据中，然后将对应需要预测的数据，按照 b、c、d、e、a 的顺序存放进训练数据的标签中。这样存放的顺序就是预测的数据值。图 9.3 所示就是特征值和标签值的存放代码。

```
x_train = [w_to_id['a'], w_to_id['b'], w_to_id['c'], w_to_id['d'], w_to_id['e']]
y_train = [w_to_id['b'], w_to_id['c'], w_to_id['d'], w_to_id['e'], w_to_id['a']]
```

图 9.3　特征值和标签值的存放

```
np.random.seed(7)
np.random.shuffle(x_train)
np.random.seed(7)
np.random.shuffle(y_train)
tf.random.set_random_seed(7)
```

图 9.4　数据打乱

（5）random.seed()函数对数据集进行随机打乱，不然会造成特征与标签不对应，如图 9.4 所示。之后让机器自己学习相关知识信息。

（6）使用 np.reshape()函数修改样本特征矩阵，将数据按照矩阵的结构输入，矩阵行向量为特征总体数据，使用 len()函数获取矩阵所有值长度，矩阵的列向量为 1，原始输入矩阵为 x_train。使 x_train 符合 Embedding 输入要求，也就是送入样本数加循环核时间展开步数，此处整个数据集送入，送入样本数为 len(x_train)；输入 1 个字母出结果，循环核时间展开步数为 1。构建样本的矩阵代码如图 9.5 所示。

```
x_train = np.reshape(x_train, (len(x_train), 1))
y_train = np.array(y_train)
```

图 9.5　构建样本矩阵

（7）Keras 中的主要数据结构是 model，它提供定义完整计算图的方法。通过将图层添加到现有模型或计算图，可以构建出复杂的神经网络。Keras 有两种不同的构建模型的方法，即 Sequential 和 Functional API。这里主要使用 Sequential 模型。

（8）使用 Sequential 构建层级网络结构，其字面上的翻译是顺序模型，给人的第一感觉是简单的线性模型，但实际上 Sequential 模型可以构建非常复杂的神经网络，包括深度神经网络（deep neural network，DNN）、CNN、RNN 等。Sequential 更准确地应该理解为堆叠，通过堆叠许多层，构建出深度神经网络。

（9）搭建 RNN，RNN 记忆体为 3 个，全连接网络的神经元必须为 5 个，即 5 个字母的概率，全连接层的激活函数使用 softmax()。Embedding(5, 2)中，5 表示词汇表长度，2 表示编码维度，即几个数字表示一个词语。

需要注意的是，在构建 RNN 时，Embedding 嵌入层只能为第一层。

SimpleRNN 层也称为全连接 RNN，RNN 的输出会被回馈到输入，构建循环体系，如图 9.6 所示。

```
model = tf.keras.Sequential([
    Embedding(5, 2),
    SimpleRNN(3),
    Dense(5, activation='softmax')
])
```

图 9.6　添加网络

这里对 Embedding()函数进行简单介绍。使用 Embedding 嵌入层的主要原因是，使用 One-hot 编码的向量很高维、很稀疏，假设在做自然语言处理（natural language processing，NLP）中遇到了一个包含 2 000 个词的字典，当使用 One-hot 编码时，每一个词会被一个包含 2 000 个整数的向量来表示，其中 1 999 个数字是 0，计算数值过大会影响计算效率。训练神经网络的过程中，每个嵌入的向量都会得到更新。多

维空间中词与词之间的相似度可以可视化地了解词语之间的关系，不仅是词语，任何能通过 Embedding 嵌入层转换成向量的内容都可以这样做。这也就是添加 Embedding 嵌入层的原因。

（10）在 compile 中配置训练方法。采用 Adam 优化器，将学习率设置为 0.01。这里使用的是 tf.keras.optimizers.Adam()、loss 以及性能评估列表，如图 9.7 所示。

```
model.compile(optimizer=tf.keras.optimizers.Adam(0.01),
              loss ='sparse_categorical_crossentropy',
              metrics=['sparse_categorical_accuracy'])
```

图 9.7　配置训练方法

（11）在设置完成后，还需要设置训练模型的保存地址，将权重文件保存下来，因为字母预测主要是靠权重文件的对比来完成的。

权重路径如图 9.8 所示。重复调用，继续训练，可以使得损失值下降得更快，不用每次都重新训练。

```
checkpoint_save_path = "./checkpoint/run_embedding_1pre1.ckpt"
if os.path.exists(checkpoint_save_path + '.index'):
    print('-------------load the model-----------------')
    model.load_weights(checkpoint_save_path)
```

图 9.8　权重路径

（12）保存权重文件还是使用 tf.keras.callbacks.ModelCheckpoint()函数，同时对内在参数进行设置。其中：权重文件地址使用 filepath；设置仅仅保存权重信息，而并不是全部模型保存，使用 save_weights_only 参数，并设置为 True；权重文件在训练过程中会不断生成，仅需要保留最佳权重信息，使用 save_best_only 进行设置，并设置为 Ture；使用 monitor 检测信息，主要监测损失值。权重参数配置代码如图 9.9 所示。

```
cp_callback = tf.keras.callbacks.ModelCheckpoint(filepath=checkpoint_save_path,
                                                 save_weights_only=True,
                                                 save_best_only=True,
                                                 monitor='loss')
```

图 9.9　权重参数

（13）在 fit 中执行训练过程，输入训练集参数，主要包括训练集特征值和标签值，设置每个批次输入 32 个数值，数据集迭代次数为 100 次，如图 9.10 所示。

```
history = model.fit(x_train, y_train, batch_size=32, epochs=100, callbacks=[cp_callback])
```

图 9.10　设置训练集参数

```
model.summary()
```

图 9.11 显示网络结构

（14）显示网络结构和参数统计，如图 9.11 所示。

（15）将训练和验证过程的数据收集起来，本次设置中仅包括准确率和损失值，不包括验证集数据，仅设置了 5 个字母，因此不单独设置验证集数据。获取代码信息如图 9.12 所示，如之前配置 Keras 模型中的参数一样。

```
acc = history.history['sparse_categorical_accuracy']
loss = history.history['loss']
```

图 9.12 训练准确率和损失值

（16）设置曲线相关参数，将训练过程的曲线绘制出来，主要包括损失函数曲线图和准确率。设置准确率参数，使用 subplot()函数打开两张图片，并在第一张图中绘制准确率曲线图，如图 9.13 所示。

（17）设置损失函数参数，使用 subplot()函数打开第二张图，并在第二张图中绘制损失函数曲线图，如图 9.14 所示。

```
plt.subplot(1, 2, 1)
plt.plot(acc, label='Training Accuracy')
plt.title('Training Accuracy')
plt.legend()
```

图 9.13 绘制准确率曲线图

```
plt.subplot(1, 2, 2)
plt.plot(loss, label='Training Loss')
plt.title('Training Loss')
plt.legend()
plt.show()
```

图 9.14 绘制损失函数曲线图

至此，训练部分的原理全部介绍完毕。

2）测试部分

新建一个 Python 脚本程序，用来做测试，检测图片中所显示出来的是数据中的哪一类，通过机器识别出数据的案例。

（1）将开发包导入程序中，如图 9.15 所示。

```
import numpy as np
import tensorflow as tf
from tensorflow.python.keras.layers import Dense, SimpleRNN, Embedding
```

图 9.15 导包

（2）启用动态标志，如图 9.16 所示。

（3）本次实验循环预测 5 个数据，在运行程序之前，先为程序建立一个字母表，如图 9.17 所示，方便后续输入查找。

```
tf.enable_eager_execution()
```

图 9.16 启用动态标志

```
input_word = "abcde"
```

图 9.17 字母表

建立一个字母表词典，存储 5 个字母数字，并为每一个字母赋予 1 个数字，在测试的过程中，可以一一对应显示出来，如图 9.18 所示。

```
w_to_id = {'a': 0, 'b': 1, 'c': 2, 'd': 3, 'e': 4}
```

图 9.18　字母编码

（4）在进行预测前，还需要搭建一个 RNN 用来预测。同样使用 tf.keras.Sequential()函数搭建 RNN，但是在搭建时与 CNN 会有很多不同。

RNN 记忆体为 3 个，全连接网络的神经元必须为 5 个，即 5 个字母的概率。Embedding(5, 2)中 5 表示词汇表长度，2 表示编码维度，即几个数字表示一个词语。神经网络的激活函数为 softmax，如图 9.19 所示。

```
model = tf.keras.Sequential([
    Embedding(5, 2),
    SimpleRNN(3),
    Dense(5, activation='softmax')
])
```

图 9.19　添加网络

（5）将训练好的权重参数导入预测程序中，使用权重来预测输入字母的下一个字母是什么，如图 9.20 所示。

```
checkpoint_save_path = "./checkpoint/run_embedding_1pre1.ckpt"
model.load_weights(checkpoint_save_path)
```

图 9.20　权重保存地址

（6）输入需要预测函数的循环次数，如图 9.21 所示，也就是在程序运行过程中一共需要预测的次数，这里主要是提示运行程序的人员。

```
preNum = int(input("input the number of test alphabet:"))
```

图 9.21　测试图片数量参数

（7）输入需要预测的字母的个数，如图 9.22 所示，循环的次数由输入的需要预测的字母的个数决定。进入循环程序后，首先就要确定预测的前一个字母是什么，然后根据前一个字母来预测下一个字母是什么，并将字母值通过字典赋值相应的 ID 号码，这里通过字典返回的值是字母对应的数字，而不再是字母了，后期预测也是以数字为主，通过数字反推对应的字母。

```
for i in range(preNum):
    alphabet1 = input("input test alphabet:")
    alphabet = [w_to_id[alphabet1]]
```

图 9.22　预测数量

（8）使用 reshape()函数设置输入循环神经网络的部分参数，使 alphabet 符合 Embedding 输入要求，主要包括送入样本个数和循环核的时间展开步数。在此处验证其效果，送入一个样本，送入样本数为 1，输出 1 个字母结果，循环核的时间展开步数为 1，如图 9.23 所示。

```
alphabet = np.reshape(alphabet, (1, 1))
```

图 9.23　修改预测的数据结构

```
result = model.predict(alphabet)
```

图 9.24　预测

（9）使用模型，根据输入的字母预测下一个字母是什么，如图 9.24 所示。这里预测的结果并不是最终的数据，而是一组概率函数，即下一个字母具体是什么的概率问题，结果得出的是一个 5 行 1 列的矩阵。

（10）提取返回结果中概率最大值的下标作为返回值，这个返回值是一个数字，根据字典可知，每一个数字的下标就是其对应的字母，因此可以找到对应的字母，最终完成字母预测，如图 9.25 所示。

```
pred = tf.argmax(result, axis=1)
pred = int(pred)
tf.print(alphabet1 + '->' + input_word[pred])
```

图 9.25　显示预测结果

（五）实验步骤

1. PC 端实验操作步骤

（1）使用 PyCharm 新建一个工程文件，并构建训练部分的 Python 代码，其部分截图如图 9.26 所示。

1pre1_onehot_rnn_tain.py　1pre1_onehot_rnn_app.py

```
import numpy as np
import tensorflow as tf
from tensorflow.python.keras.layers import Dense, SimpleRNN
import matplotlib.pyplot as plt
import os

tf.enable_eager_execution()

w_to_id = {'a': 0, 'b': 1, 'c': 2, 'd': 3, 'e': 4}

id_to_onehot = {0: [1., 0., 0., 0., 0.], 1: [0., 1., 0., 0., 0.], 2: [0., 0., 1., 0., 0.], 3: [0., 0., 0., 1., 0.],
                4: [0., 0., 0., 0., 1.]}

x_train = [id_to_onehot[w_to_id['a']], id_to_onehot[w_to_id['b']], id_to_onehot[w_to_id['c']],
           id_to_onehot[w_to_id['d']], id_to_onehot[w_to_id['e']]]
y_train = [w_to_id['b'], w_to_id['c'], w_to_id['d'], w_to_id['e'], w_to_id['a']]

np.random.seed(7)
np.random.shuffle(x_train)
np.random.seed(7)
np.random.shuffle(y_train)
tf.random.set_random_seed(7)

x_train = np.reshape(x_train, (len(x_train), 1, 5))
y_train = np.array(y_train)

model = tf.keras.Sequential([
    SimpleRNN(3),
    Dense(5, activation='softmax')
])

model.compile(optimizer=tf.keras.optimizers.Adam(0.01),
```

图 9.26　部分训练代码

（2）训练代码构建完成后，点击右键运行程序。图 9.27 所示为部分训练信息及其结果。

```
5/5 [==============================] - 0s 6ms/sample - loss: 0.0185 - sparse_categorical_accuracy: 1.0000
Epoch 100/100
WARNING:tensorflow:This model was compiled with a Keras optimizer (<tensorflow.python.keras.optimizers.Adam object

Consider using a TensorFlow optimizer from `tf.train`.

5/5 [==============================] - 0s 6ms/sample - loss: 0.0183 - sparse_categorical_accuracy: 1.0000
_________________________________________________________________
Layer (type)                 Output Shape              Param #
=================================================================
embedding (Embedding)        (None, None, 2)           10
_________________________________________________________________
simple_rnn (SimpleRNN)       (None, 3)                 18
_________________________________________________________________
dense (Dense)                (None, 5)                 20
=================================================================
Total params: 48
Trainable params: 48
Non-trainable params: 0
_________________________________________________________________

进程已结束，退出代码 0
```

图 9.27　部分训练信息及其结果

（3）训练中，准确率曲线图和损失函数曲线图如图 9.28 所示。

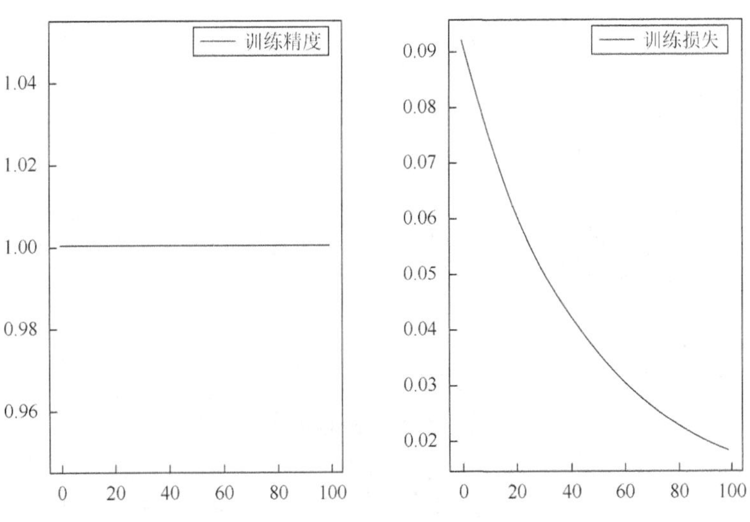

图 9.28　准确率和损失函数曲线图

（4）至此，训练代码完成，可以运行这个代码生成权重文件。程序运行结束后，会在同级目录下面生成一个文件夹，用来保存权重文件，如图 9.29 所示。

（5）打开文件夹就可以看到生成的权重文件了，在测试过程中将会使用到这个文件，如图 9.30 所示。

.idea	2020/9/21 14:44	文件夹	
checkpoint	2020/9/21 14:43	文件夹	
venv	2020/9/19 16:20	文件夹	
1pre1_embedding_rnn_app.py	2020/9/19 16:22	PY 文件	2 KB
1pre1_embedding_rnn_train.py	2020/9/21 14:39	PY 文件	4 KB

图 9.29　权重路径

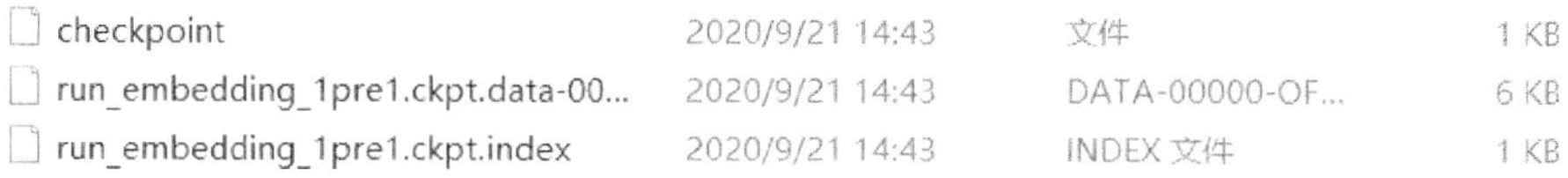

checkpoint	2020/9/21 14:43	文件	1 KB
run_embedding_1pre1.ckpt.data-00...	2020/9/21 14:43	DATA-00000-OF...	6 KB
run_embedding_1pre1.ckpt.index	2020/9/21 14:43	INDEX 文件	1 KB

图 9.30　权重文件

（6）训练程序编写完成后，开始构建预测程序，使用预测程序来预测下一个字母，预测代码部分截图如图 9.31 所示。

1pre1_onehot_rnn_tain.py　　1pre1_onehot_rnn_app.py

```
import numpy as np
import tensorflow as tf
from tensorflow.keras.layers import Dense, SimpleRNN

tf.enable_eager_execution()

input_word = "abcde"

w_to_id = {'a': 0, 'b': 1, 'c': 2, 'd': 3, 'e': 4}

id_to_onehot = {0: [1., 0., 0., 0., 0.], 1: [0., 1., 0., 0., 0.], 2: [0., 0., 1., 0., 0.], 3: [0., 0., 0., 1., 0.],
                4: [0., 0., 0., 0., 1.]}

model = tf.keras.Sequential([
    SimpleRNN(3),
    Dense(5, activation='softmax')
])

model_save_path = "./checkpoint/rnn_onehot_1pre1.ckpt"
model.load_weights(model_save_path)

preNum = int(input("input the number of test alphabet:"))
for i in range(preNum):
    alphabet1 = input("input test alphabet:")
    alphabet = [id_to_onehot[w_to_id[alphabet1]]]
    alphabet = np.reshape(alphabet, (1, 1, 5))
    result = model.predict(alphabet)
    pred = tf.argmax(result, axis=1)

    pred = int(pred)
    tf.print(alphabet1 + '->' + input_word[pred])
```

图 9.31　部分预测代码

（7）点击右键运行程序，在程序的运行过程中，程序会询问需要检测几个字母，即程序需进行几次循环检测，提示窗口如图 9.32 所示，根据提示输入对应数字即可。本次程序在运行的过程中，检测次数设置为 6，也就是循环预测 6 个字母数据。

（8）数字输入完成后，即可输入需要预测的字母，本次程序预测输入字母为 a、b、c、d、e 这 5 个字母。也就是说，在预测过程中，只能预测这 5 个字母，其他字母不能进行预测，输入其他字母程序会报错，如图 9.33 所示。

因此，想要正确预测，需要严格按照程序来设置，预测的字母只能是 a、b、c、d、e

这 5 个字母。输入字母 c，预测结果如图 9.34 所示。程序能成功预测 c 的下一个字母为 d，测试程序运行正常。

```
1pre1_embedding_rnn_app
D:\application\anaconda3\envs\tensorflow-gpu\python.exe C:/Users/HUJIALE/Desktop/人工智能实验测试/字母
2020-09-21 16:02:32.797490: I tensorflow/core/platform/cpu_feature_guard.cc:141] Your CPU supports i
2020-09-21 16:02:33.719282: I tensorflow/core/common_runtime/gpu/gpu_device.cc:1433] Found device 0
name: GeForce GTX 960M major: 5 minor: 0 memoryClockRate(GHz): 1.176
pciBusID: 0000:01:00.0
totalMemory: 2.00GiB freeMemory: 1.64GiB
2020-09-21 16:02:33.719799: I tensorflow/core/common_runtime/gpu/gpu_device.cc:1512] Adding visible
2020-09-21 16:02:35.173967: I tensorflow/core/common_runtime/gpu/gpu_device.cc:984] Device interconn
2020-09-21 16:02:35.174235: I tensorflow/core/common_runtime/gpu/gpu_device.cc:990]      0
2020-09-21 16:02:35.174399: I tensorflow/core/common_runtime/gpu/gpu_device.cc:1003] 0:   N
2020-09-21 16:02:35.174713: I tensorflow/core/common_runtime/gpu/gpu_device.cc:1115] Created TensorF
WARNING:tensorflow:From D:\application\anaconda3\envs\tensorflow-gpu\lib\site-packages\tensorflow\py
Instructions for updating:
Colocations handled automatically by placer.
input the number of test alphabet:6
```

图 9.32　运行程序

```
2020-09-21 16:02:35.174713: I tensorflow/core/common_runtime/gpu/gpu_device.cc:1115] Created TensorFlow device (/job:localhost/replica:0/task:
WARNING:tensorflow:From D:\application\anaconda3\envs\tensorflow-gpu\lib\site-packages\tensorflow\python\ops\embedding_ops.py:132: colocate_wi
Instructions for updating:
Colocations handled automatically by placer.
input the number of test alphabet:6
input test alphabet:k
Traceback (most recent call last):
  File "C:/Users/HUJIALE/Desktop/人工智能实验测试/字母预测onehot编码下1个字母预测下一个字母的案例/1pre1_embedding_rnn_app.py", line 38, in <module>
    alphabet = [w_to_id[alphabet1]]
KeyError: 'k'

进程已结束，退出代码 1
```

图 9.33　程序报错

```
WARNING:tensorflow:From D:\application\anaconda3\envs\tensorflow-gpu\lib\site-packages\tensorflow\python\ops\embedding_ops.py:132: colocate_
Instructions for updating:
Colocations handled automatically by placer.
input the number of test alphabet:6
input test alphabet:c
2020-09-21 16:08:41.833967: I tensorflow/stream_executor/dso_loader.cc:152] successfully opened CUDA library cublas64_100.dll locally
c->d
input test alphabet:
```

图 9.34　测试结果

2. 智能小车端操作步骤

1）训练部分

（1）参考实验原理中关于实验代码的原理介绍，将训练程序完整地编写进 PyCharm 构建的 Python 程序中，代码部分截图如图 9.35 所示。

（2）代码构建完成后，点击右键运行程序，运行过程中显示的部分信息，如图 9.36 所示。

（3）训练程序运行完成后，程序会将记录下来的损失值和准确率以折线图的方式绘制出来，如图 9.37 所示。

1prel_onehot_rnn_tain.py　1prel_onehot_rnn_app.py

```
import numpy as np
import tensorflow as tf
from tensorflow.keras.layers import Dense, SimpleRNN
import matplotlib.pyplot as plt
import os

tf.enable_eager_execution()

w_to_id = {'a': 0, 'b': 1, 'c': 2, 'd': 3, 'e': 4}

id_to_onehot = {0: [1., 0., 0., 0., 0.], 1: [0., 1., 0., 0., 0.],
                2: [0., 0., 1., 0., 0.],3: [0., 0., 0., 1., 0.],
                4: [0., 0., 0., 0., 1.]}

x_train = [id_to_onehot[w_to_id['a']], id_to_onehot[w_to_id['b']], id_to_onehot[w
           id_to_onehot[w_to_id['d']], id_to_onehot[w_to_id['e']]]
y_train = [w_to_id['b'], w_to_id['c'], w_to_id['d'], w_to_id['e'], w_to_id['a']]

np.random.seed(7)
np.random.shuffle(x_train)
np.random.seed(7)
np.random.shuffle(y_train)
tf.random.set_random_seed(7)
```

图 9.35　部分代码

Run: 1prel_onehot_rnn_tain

```
Epoch 100/100
5/5 [==============================] - 0s 4ms/sample - loss: 2.4319e-06 -
 sparse_categorical_accuracy: 1.0000
_________________________________________________________________
Layer (type)                 Output Shape              Param #
=================================================================
simple_rnn (SimpleRNN)       multiple                  27
_________________________________________________________________
dense (Dense)                multiple                  20
=================================================================
Total params: 47
Trainable params: 47
Non-trainable params: 0
_________________________________________________________________
```

图 9.36　训练结果

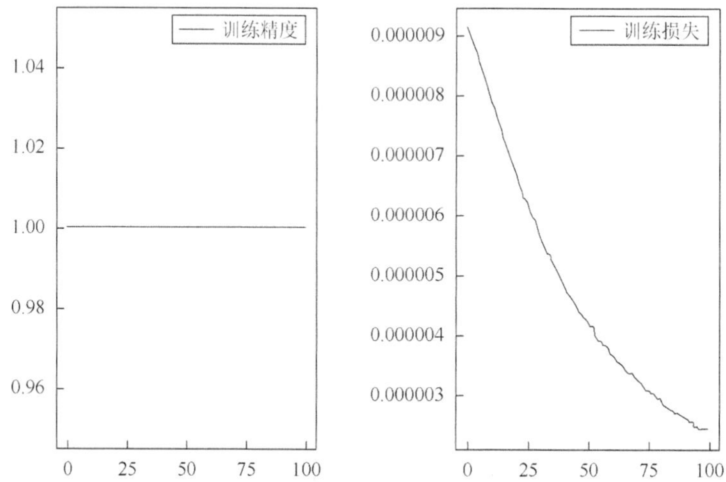

图 9.37　训练准确率和损失函数曲线图

至此，训练部分全部完成，之后开始配置识别程序，识别程序将会调用保存下来的权重文件来构建训练过程中使用的模型。

2）识别部分

（1）根据实验原理部分，将识别代码单独构建一个 Python 程序文件，代码部分截图如图 9.38 所示。

```
1pre1_onehot_rnn_tain.py    1pre1_onehot_rnn_app.py
import numpy as np
import tensorflow as tf
from tensorflow.keras.layers import Dense, SimpleRNN

tf.enable_eager_execution()

input_word = "abcde"

w_to_id = {'a': 0, 'b': 1, 'c': 2, 'd': 3, 'e': 4}
# id编码为one-hot
id_to_onehot = {0: [1., 0., 0., 0., 0.], 1: [0., 1., 0., 0., 0.], 2: [0., 0., 1., 0.
                4: [0., 0., 0., 0., 1.]}

model = tf.keras.Sequential([
    SimpleRNN(3),
    Dense(5, activation='softmax')
])

model_save_path = "./checkpoint/rnn_onehot_1pre1.ckpt"
model.load_weights(model_save_path)

preNum = int(input("input the number of test alphabet:"))
for i in range(preNum):
    alphabet1 = input("input test alphabet:")
    alphabet = [id_to_onehot[w_to_id[alphabet1]]]
    alphabet = np.reshape(alphabet, (1, 1, 5))
```

图 9.38　部分代码

（2）点击右键运行程序，在运行过程中，程序会询问需要运行几次，这里还是选择 6 次，程序将会循环预测 6 次。之后输入需要预测的字母，这里同样需要提醒一下，程序只能预测 a、b、c、d、e 这 5 个英文字母，不可预测其他字母，否则程序会出错，如图 9.39 所示。

```
Run:  1pre1_onehot_rnn_tain    1pre1_onehot_rnn_app
  Device interconnect StreamExecutor with stren
2020-10-22 11:31:54.664168: I tensorflow/core/c
      0
2020-10-22 11:31:54.664200: I tensorflow/core/c
 .cc:1003] 0:   N
2020-10-22 11:31:54.664441: I tensorflow/core/c
 .cc:1115] Created TensorFlow device (/job:loca
 with 72 MB memory) -> physical GPU (device: 0,
 0000:00:00.0, compute capability: 5.3)
input the number of test alphabet:6
input test alphabet:a
```

图 9.39　输入预测数据

（3）最终预测结果如图 9.40 所示。

```
Run:  1pre1_onehot_rnn_tain    1pre1_onehot_rnn_app
input test alphabet:a
WARNING:tensorflow:From /usr/local/lib/p
 .6/dist-packages/tensorflow/python/ops/
 (from tensorflow.python.framework.ops)
 future version.
Instructions for updating:
Colocations handled automatically by pla
2020-10-22 11:32:30.812309: I tensorflow
 successfully opened CUDA library libcuk
a->b
input test alphabet:
```

图 9.40 预测结果

根据循环预测顺序可知，输入为 a 预测为 b，预测结果正确。

（六）实验要求

（1）了解 RNN 的基本框架。

（2）完成对输入字母的下一个字母的简单预测过程。

（七）实验习题

（1）修改 RNN 编码维度和循环时间序列值。

（2）完成单个汉字的简单预测过程，预测长度不要过长，冗长的 One-hot 编码会占用大量内存。

第 10 章　Embedding 编码下通过 4 个字母预测下一个字母的案例

（一）实验目的

（1）熟悉 TensorFlow 相关包的使用。

（2）学会使用 numpy 对数据矩阵进行处理。

（3）学会使用 matplotlib 对数据进行可视化处理。

（二）实验内容

（1）对 26 个字母进行 Embedding 编码。

（2）使用 Layers 中的函数搭建 RNN。

（3）设置断点续训。

（4）保存模型参数，调用模型参数。

（5）绘制准确率和损失函数曲线。

（三）实验设备

（1）PC 机 1 台。

（2）智能小车 1 台。

（四）实验原理

1. Embedding 编码介绍

Embedding 编码是将字母或单词用一个实数向量来表示，这个向量被称为“词向量”（Word Embedding）。词向量可以形象地理解为将词汇表嵌入一个固定维度的实数空间里。将单词编号转化为词向量主要有两个作用：

（1）降低输入数据的维度。如果不使用词向量层，直接将单词以 One-Hot 的形式输入神经网络，那么输入的维度大小将与词汇大小相同，而将单词编号转化为词向量可以大大减小 RNN 的参数数量和计算量。

（2）增加语义信息。简单的单词编号是不包含任何语义信息的，两个单词之间编号相近，并不意味着它们的含义有任何关联，而词向量层将稀疏的编号转化为稠密的向量表示，这使得词向量有可能包含更丰富的信息。

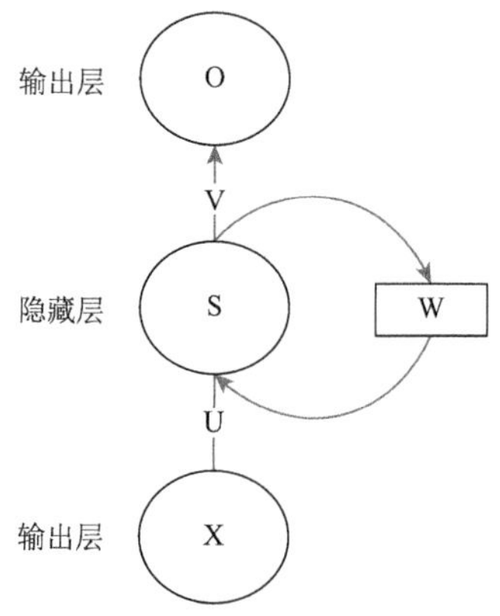

图 10.1 RNN 结构

2. One-Hot 编码介绍

One-Hot 编码，也称为一位有效编码，主要是采用 N 位状态位来对 N 个状态进行编码，每个状态都由它独立的一位决定，并且在任意时候只有一位有效（0 或 1）。One-Hot 编码是分类变量作为二进制向量的表示，这首先要求将分类值映射到整数值，然后每个整数值被表示为二进制向量，除整数的索引被标记为 1 外，其他都是 0。

3. RNN 介绍

RNN 的结构是由输入层、隐藏层、输出层组成，如图 10.1 所示。

将 RNN 的结构按照时间序列展开，如图 10.2 所示。其中，U_{t-1}、U_t、U_{t+1} 三者是同一个值，只是随着时刻不同称呼不同而已，对应的 W 和 V 也是一样。对应的前向传播公式和对应的每个时刻的输出公式为

$$
\begin{aligned}
S_{t-1} &= U_{t-1}X_{t-1} + W_{t-1}S_{t-2} + b_1 y_{t-1} = V_{t-1}S_{t-1} + b_2 S_t = U_t X_t + W_t S_{t-1} + b_1 y_t \\
&= V_t S_t + b_2 S_{t+1} = U_{t+1}X_{t+1} + W_{t+1}S_t + b_1 y_{t+1} = V_{t+1}S_{t+1} + b_2
\end{aligned}
$$

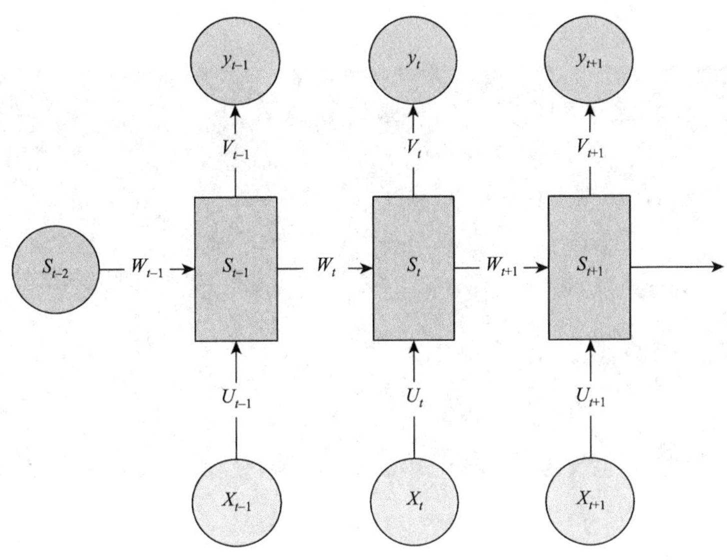

图 10.2　序列展开

4. 断点续训

顾名思义，断点续训的意思就是，当因为某些原因，模型还没有训练完成就被中断，下一次训练可以在上一次训练的基础上继续训练而不用从头开始。这种方式对于那些训练时间很长的模型来说非常友好。

如果要进行断点续训，那么得满足以下两个条件。

（1）本地保存了模型训练中的快照（断点数据保存）。

（2）可以通过读取快照恢复模型训练的现场环境（断点数据恢复）。

这两个操作都用到了 TensorFlow 中的 train.Saver 类。

5. 代码原理介绍

1）训练部分

（1）软件环境搭建完成后，就可以开始编写脚本文件了，第一步就是将一些重要的包文件导入进去。这些重要的包文件都是之前在搭建平台时安装的相关包，如图 10.3 所示。

（2）以词典的方式将单词映射为 0～26 个数字，本次字母预测将预测 26 个字母，以顺序的方式进行预测，首尾相连，构成循环结构，创建字典，并以数字形式保存字母映射信息，如图 10.4 所示。

```
import numpy as np
import tensorflow as tf
from tensorflow.keras.layers import Dense, SimpleRNN, Embedding
import matplotlib.pyplot as plt
import os

#启用动态图机制
```

图 10.3　导包

```
tf.compat.v1.enable_eager_execution()

# 单词映射到数值id的词典
w_to_id = {'a': 0, 'b': 1, 'c': 2, 'd': 3, 'e': 4,
           'f': 5, 'g': 6, 'h': 7, 'i': 8, 'j': 9,
           'k': 10, 'l': 11, 'm': 12, 'n': 13, 'o': 14,
           'p': 15, 'q': 16, 'r': 17, 's': 18, 't': 19,
           'u': 20, 'v': 21, 'w': 22, 'x': 23, 'y': 24, 'z': 25}

training_set_scaled = [0, 1, 2, 3, 4, 5, 6, 7, 8, 9, 10,
                       11, 12, 13, 14, 15, 16, 17, 18, 19, 20,
                       21, 22, 23, 24, 25]
```

图 10.4　字母表

（3）新建两个空列表，分别为 x_train、y_train，将 26 个字母数据通过 for 循环连续依次放入新建的两个列表中，按照输入顺序将数据存放到训练的特征数据中；然后按照需要预测的顺序，存放进训练数据的标签中，这样存放的顺序就是预测的数据值，特征值和标签值的存放代码如图 10.5 所示。

```
                       21, 22, 23, 24, 25]

#设置训练集x_train和y_train
x_train = []
y_train = []

#在26个字母中设置每4个推导后面一个数据
for i in range(4, 26):
    x_train.append(training_set_scaled[i - 4:i])
    y_train.append(training_set_scaled[i])
```

图 10.5　加载数据

（4）数据集是以顺序的方式建立的，因此还需要随机打乱顺序，这里使用 random.seed()函数进行随机打乱，不然会造成特征与标签不对应，如图 10.6 所示。之后让机器自己学习相关知识信息。

（5）使用 np.reshape()函数修改样本特征矩阵，将数据按照矩阵的结构输入，矩阵行向量为特征总体数据；使用 len()函数获取矩阵所有值的长度，矩阵的列向量为 4，原始输入矩阵

```
#随机打乱数据，使用相同的种子，保证输入特征和标签一一对应
np.random.seed(7)
np.random.shuffle(x_train)
np.random.seed(7)
np.random.shuffle(y_train)
tf.random.set_seed(7)
```

图 10.6　数据打乱

为 x_train。x_train 应符合 Embedding 输入要求，也就是送入样本数加循环核时间展开步数，此处将整个数据集送入，送入样本数为 len（x_train）；输入 4 个字母后得出结果，循环核时间展开步数为 4。构建样本的矩阵代码如图 10.7 所示。

```
# 使x_train符合Embedding输入要求：[送入样本数， 循环核时间展开步数] ，
# 此处整个数据集送入所以送入，送入样本数为len(x_train)；输入4个字母出结果，循环核时间展开步数为4。
x_train = np.reshape(x_train, (len(x_train), 4))
y_train = np.array(y_train)
```

图 10.7　数据划分

（6）Keras 中的主要数据结构是 model，它提供定义完整计算图的方法。通过将图层添加到现有模型或计算图，可以构建出复杂的神经网络。Keras 有两种不同的构建模型的方法，即 Sequential 和 Functional API。这里使用 Sequential 模型。

使用 Sequential 构建层级网络结构。Sequential 模型字面上的意思是顺序模型，给人的第一感觉是简单的线性模型；但实际上，Sequential 模型可以构建非常复杂的神经网络，包括 DNN、CNN、RNN 等。Sequential 更准确地理解应该为堆叠，通过堆叠许多层，构建出深度神经网络。

（7）搭建 RNN，RNN 记忆体的个数为 10 个，全连接网络的神经元必须为 26 个，对应 26 个字母的概率，全连接层的激活函数使用 softmax 激活。在 Embedding(26, 2)中，26 表示词汇表长度，2 表示编码维度，编码维度表示一个词语需要的数字个数。

需要注意的是，在构建 RNN 时，Embedding 嵌入层只能为第一层。

（8）RNN 的输出会被反馈到输入，构建循环体系，全连接输出预测的 26 个字母的概率。具体代码如图 10.8 所示。

```
#搭建RNN循环神经网络，RNN记忆体的个数为10个，全连接网络的神经元必须为26个，为26个字母的概率
#Embedding(26, 2) 26表示词汇表长度，2表示编码维度，就是几个数字表示一个词汇
model = tf.keras.Sequential([
    Embedding(26, 2),
    SimpleRNN(10),
    Dense(26, activation='softmax')
])
```

图 10.8　添加网络

（9）在 compile 中配置训练方法，如图 10.9 所示。采用 Adam 优化器，并将学习率设置为 0.01。在之前的训练中直接使用的是默认方式，因此构建 Adam 即可；但如果要设置学习率相关参数，就需要使用原始方式设置，这里使用的是 tf.keras.optimizers.Adam()，同时设置 loss 和性能评估列表。

```
#在compile中配置训练方法。采用adam的优化器，学习率为0.01
#所以loss是sparse_categorical的交叉熵，acc是sparse_categorical
model.compile(optimizer=tf.keras.optimizers.Adam(0.01),
              loss ='sparse_categorical_crossentropy',
              metrics=['sparse_categorical_accuracy'])
```

图 10.9　配置训练方法

（10）在设置完成后，还需要设置训练模型的保存地址，将权重文件保存下来，在进行字母预测的过程中，主要是靠权重文件的对比来完成的。

保存权重文件使用的函数还是 tf.keras.callbacks.ModelCheckpoint()，同时对内在参数进行设置。其中：权重文件地址使用 filepath 来设置；权重信息使用 save_weights_only 参数，并设置为 True；权重文件在训练过程中会不断生成，仅需要保留最佳权重信息，使用 save_best_only 进行设置，设置结果为 Ture 值；使用 monitor 检测信息，主要监测损失值，不需要对其他信息进行监测。主要配置的代码信息如图 10.10 所示。

```
#设置训练模型的保存地址
checkpoint_save_path = "./checkpoint/rnn_embedding_4pre1.ckpt"
if os.path.exists(checkpoint_save_path + '.index'):
    print('-------------load the model-----------------')
    model.load_weights(checkpoint_save_path)

#设置断点续训
#save_weights_only：若设置为True，则只保存模型权重，否则将保存整个模型（包括模型结构，配置信息等）
#save_best_only：当设置为True时，将只保存在验证集上性能最好的模型
cp_callback = tf.keras.callbacks.ModelCheckpoint(filepath=checkpoint_save_path,
                                                 save_weights_only=True,
                                                 save_best_only=True,
                                                 monitor='loss')  # 由于fit没有给出测试集，不计算测试集准确率，根据loss，保存最优模型
```

图 10.10　权重相关参数

（11）在 fit 中执行训练过程，输入训练集参数，包括训练集特征值和标签值，设置每个批次输入 32 个数值，数据集迭代次数为 100 次，如图 10.11 所示。

```
#在fit中执行训练过程，告知x_train和y_train是训练集，每个批次32个数值，数据集迭代100
history = model.fit(x_train, y_train, batch_size=32, epochs=100, callbacks=[cp_callback])

#打印网络的结构和参数统计
model.summary()
```

图 10.11　设置网络结构参数

（12）将训练和验证过程的数据收集起来，本次实验仅包括准确率和损失值，如图 10.12 所示，并不包括验证集数据。

```
###############################    show    ########################

# 显示训练集和验证集的acc和loss曲线
acc = history.history['sparse_categorical_accuracy']
loss = history.history['loss']

plt.subplot(1, 2, 1)
plt.plot(acc, label='Training Accuracy')
plt.title('Training Accuracy')
plt.legend()

plt.subplot(1, 2, 2)
plt.plot(loss, label='Training Loss')
plt.title('Training Loss')
plt.legend()
plt.show()
```

图 10.12　显示训练结果

2）测试部分

新建一个 Python 脚本程序，用来做测试，调用训练出的模型参数，测试程序中的网络模型必须与训练模型一致。运行程序后，输入 4 个字母来预测下一个字母。

（1）将开发包导入程序中，如图 10.13 所示。

```
import numpy as np
import tensorflow as tf
from tensorflow.keras.layers import Dense, SimpleRNN, Embedding
```

图 10.13　导包

（2）启用动态标志，如图 10.14 所示

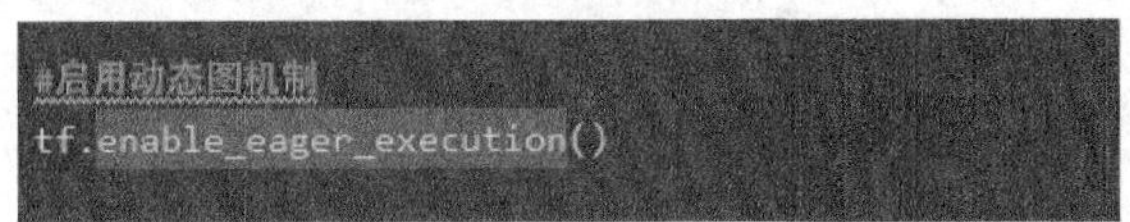

```
#启用动态图机制
tf.enable_eager_execution()
```

图 10.14　启用动态标志

（3）本次实验要循环预测 26 个数据，在运行程序之前，先为程序建立一个字母表，方便后续输入查找，如图 10.15 所示。

```
#字母表查找
input_word = "abcdefghijklmnopqrstuvwxyz"
```

图 10.15　字母表

（4）建立一个字母表词典，存储26个字母数字，并为每一个字母赋予一个数字，在测试的过程中，可以一一对应显示出来，如图10.16所示。

```
# 单词映射到数值id的词典
w_to_id = {'a': 0, 'b': 1, 'c': 2, 'd': 3, 'e': 4,
           'f': 5, 'g': 6, 'h': 7, 'i': 8, 'j': 9,
           'k': 10, 'l': 11, 'm': 12, 'n': 13, 'o': 14,
           'p': 15, 'q': 16, 'r': 17, 's': 18, 't': 19,
           'u': 20, 'v': 21, 'w': 22, 'x': 23, 'y': 24, 'z': 25}
```

图10.16　编码

（5）在进行预测前，还需要搭建一个RNN用来预测。同样使用tf.keras.Sequential()函数搭建RNN，但是在搭建时与CNN会有很多不同。

RNN记忆体的个数为10个，全连接网络的神经元必须为26个，对应26个字母的概率。在Embedding(26, 2)中，26表示词汇表长度，2表示编码维度，编码维度表示一个词语需要的数字个数。神经网络的激活函数为softmax，如图10.17所示。

```
#搭建RNN循环神经网络，RNN记忆体的个数为10个，全连接网络的神经元必须为26个，为26个字母的概率
#Embedding(26, 2) 26表示词汇表长度，2表示编码维度，就是几个数字表示一个词汇
model = tf.keras.Sequential([
    Embedding(26, 2),
    SimpleRNN(10),
    Dense(26, activation='softmax')
])
```

图10.17　添加网络结构

（6）将训练好的权重参数导入预测程序中，如图10.18所示。在检测过程中，将使用权重来判断输入字母的下一个字母是什么。

```
#加载参数
checkpoint_save_path = "./checkpoint/rnn_embedding_4pre1.ckpt"
model.load_weights(checkpoint_save_path)
```

图10.18　加载权重

（7）输入需要预测函数的循环次数，如图10.19所示，即在程序运行过程中需要预测的次数。

```
preNum = int(input("input the number of test alphabet:"))
```

图10.19　测试次数

（8）进入循环程序后，首先要确定预测的前一个字母，并根据前一个字母来预测下一个字母是什么，并将字母值通过字典赋值给相应的 ID 号码。这里通过字典返回的值是字母对应的数字，而不再是字母，后期预测也是以数字为主，然后通过数字反推对应的字母，如图 10.20 所示。

```
for i in range(preNum):
    alphabet1 = input("input test alphabet:")
    alphabet = [w_to_id[a] for a in alphabet1]
```

图 10.20　循环测试

（9）使用 reshape()函数设置输入循环神经网络的部分参数。使 alphabet 符合 Embedding 输入要求，主要包括送入样本数个数和循环核时间展开步数。在此处验证其效果，送入一个样本，送入样本数为 4，输出 1 个字母结果，循环核的时间展开步数为 1，如图 10.21 所示。

```
alphabet = np.reshape(alphabet, (1, 4))
```

图 10.21　数据结构修改

（10）使用模型，如图 10.22 所示。根据输入的 4 个字母，来预测下一个字母具体是什么。这里预测的结果并不是最终的数据，而是一组概率函数，即下一个字母具体是什么的概率，结果是一个 22 行 4 列的矩阵。

```
result = model.predict(alphabet)
pred = tf.argmax(result, axis=1)
pred = int(pred)
tf.print(alphabet1 + '->' + input_word[pred])
```

图 10.22　预测

（11）提取返回中概率最大值的下标作为返回值，这个返回值就是一个数字，根据字典可知，每一个数字的下标就是对应的字母，通过返回的下标数字找到对应的字母，最终完成整个字母的预测。

（五）实验步骤

1. PC 端实验操作步骤

1）训练部分

（1）在进行字母预测训练之前，首先需要搭建字母训练的环境，导入需要的安装包，创建实验平台。在 PyCharm 中创建一个新项目，如图 10.23 所示。

图 10.23　创建新项目

（2）点击“Pure Python”，新建一个工程，给项目命名，这里取名为 test。盘符根据个人情况选定。“Existing interpreter”需要改为在 Anaconda 中创建好的环境文件。这里选中的是 D:\My software\ANACONDA\envs\tf 文件夹下的 python.exe。特别需要注意的是，因环境搭建的不同，文件夹中 TensorFlow 的名字可能会有不同。选择完成后，点击“Create”即可，如图 10.24 所示。

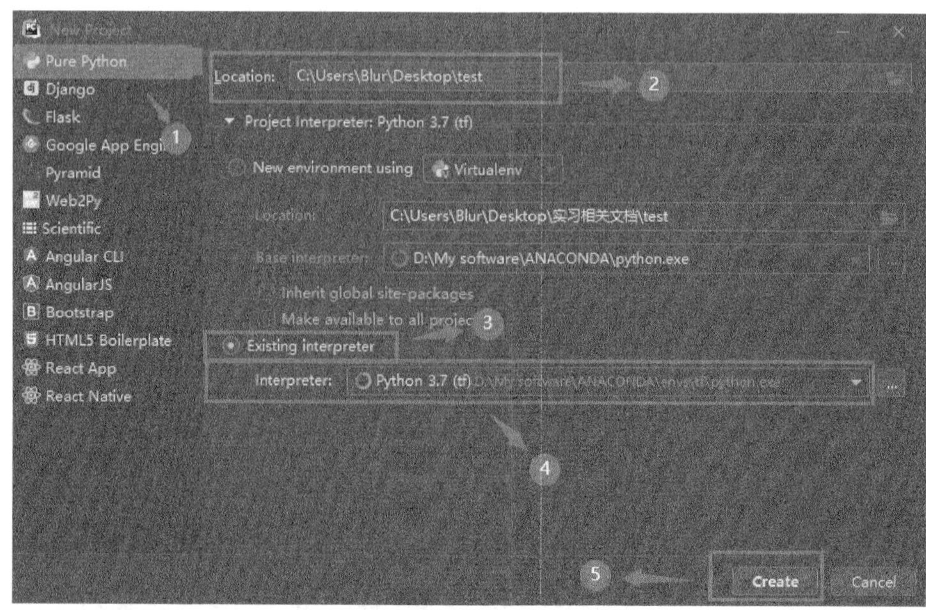

图 10.24　添加项目参数

（3）工程创建完成后，就可以新建脚本文件了。右键点击“test”→“New”→“Python File”，即可创建 Python 脚本文件。也可以通过点击左上方的“File”→“New”→“Python File”，创建一个脚本文件，如图 10.25 所示。

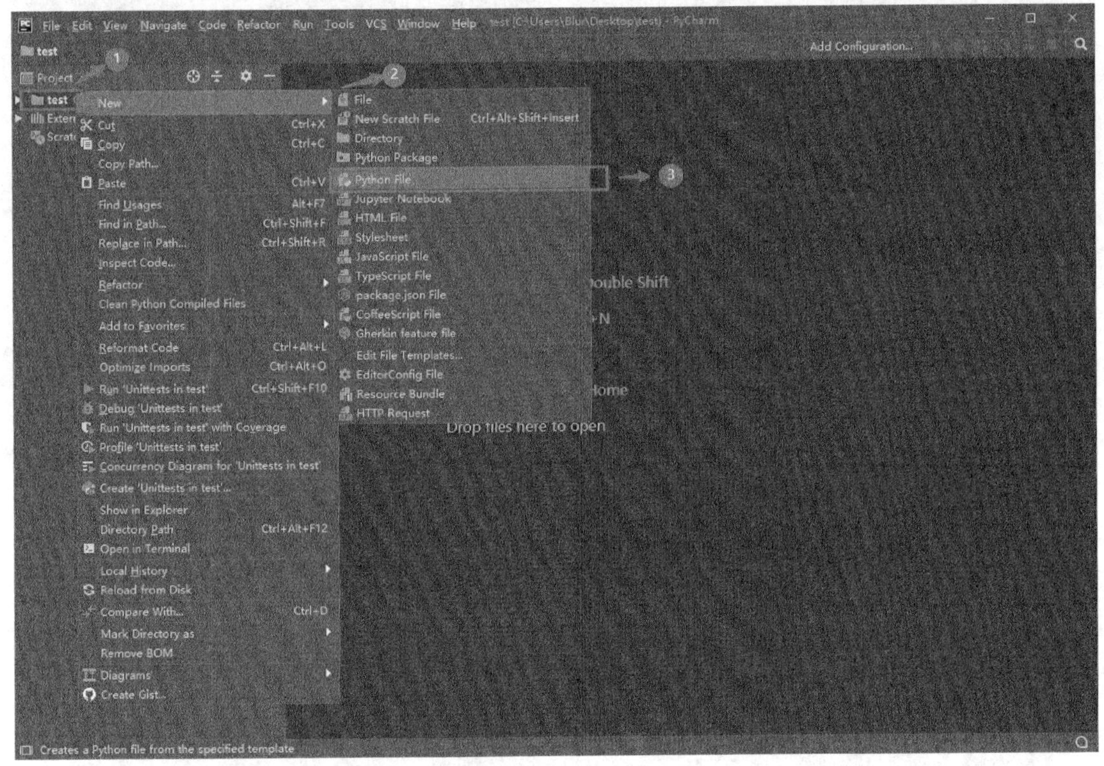

图 10.25　添加 Python 文件

（4）创建脚本文件后，还需要对它进行命名，命名时，不要更改文件选项，直接对文件命名即可。这里创建两个脚本文件，分别取名为 4pre1_embeding_rnn_train 和 4pre1_embeding_rnn_app，如图 10.26 所示。

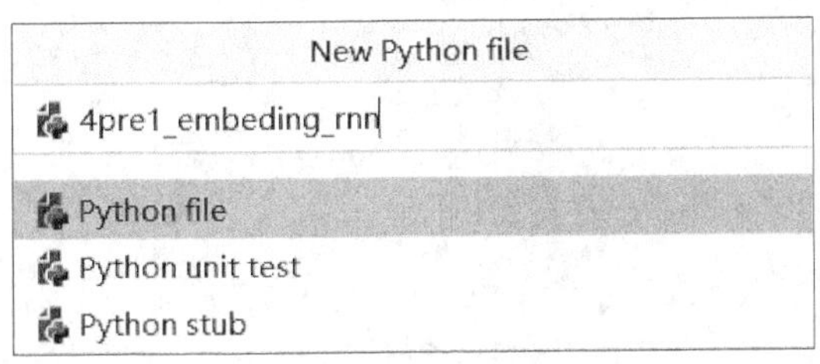

图 10.26　Python 文件命名

（5）选中文件后，还需要再检查一遍 TensorFlow 的 Python.exe 文件是否正常导入。点击“File”→“Settings”，如图 10.27 所示。

打开设置之后，点击“Project：test”→“Project Interpreter”，查看包是否为 TensorFlow 下的 python.exe 文件，如图 10.28 所示，这也就是搭建实验平台的文件位置，这个文件一定是在 Anaconda 目录下。选中之后点击“Apply”→“OK”即可完成。

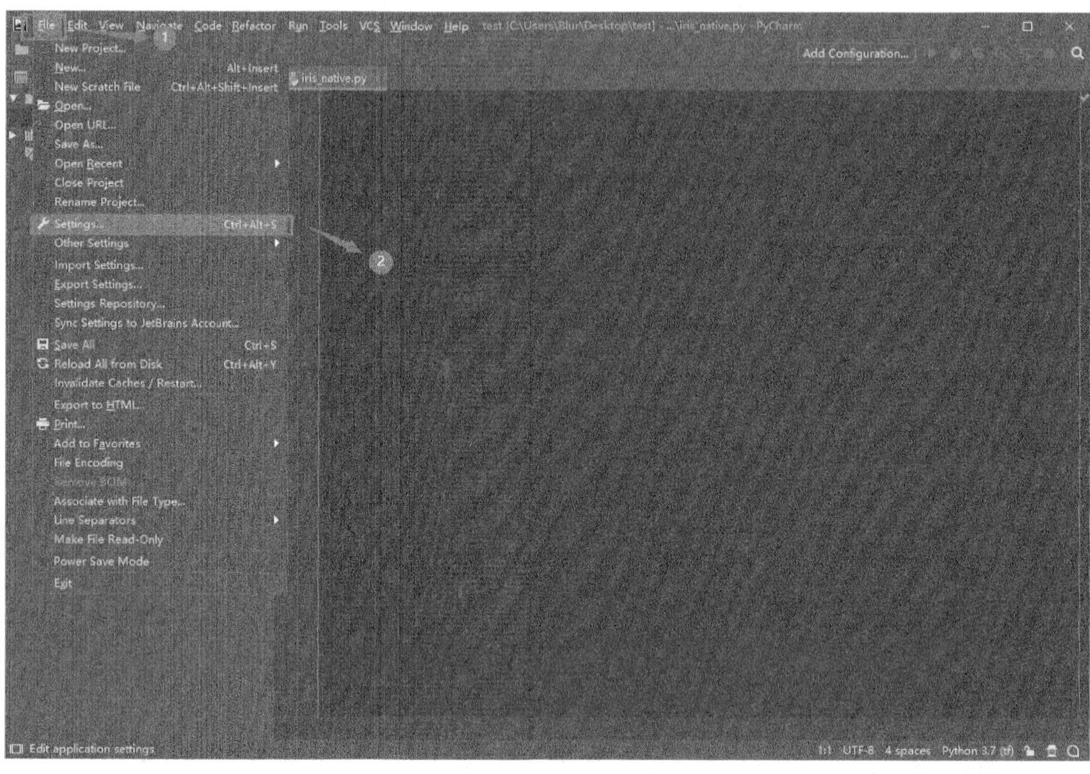

图 10.27 设置按钮

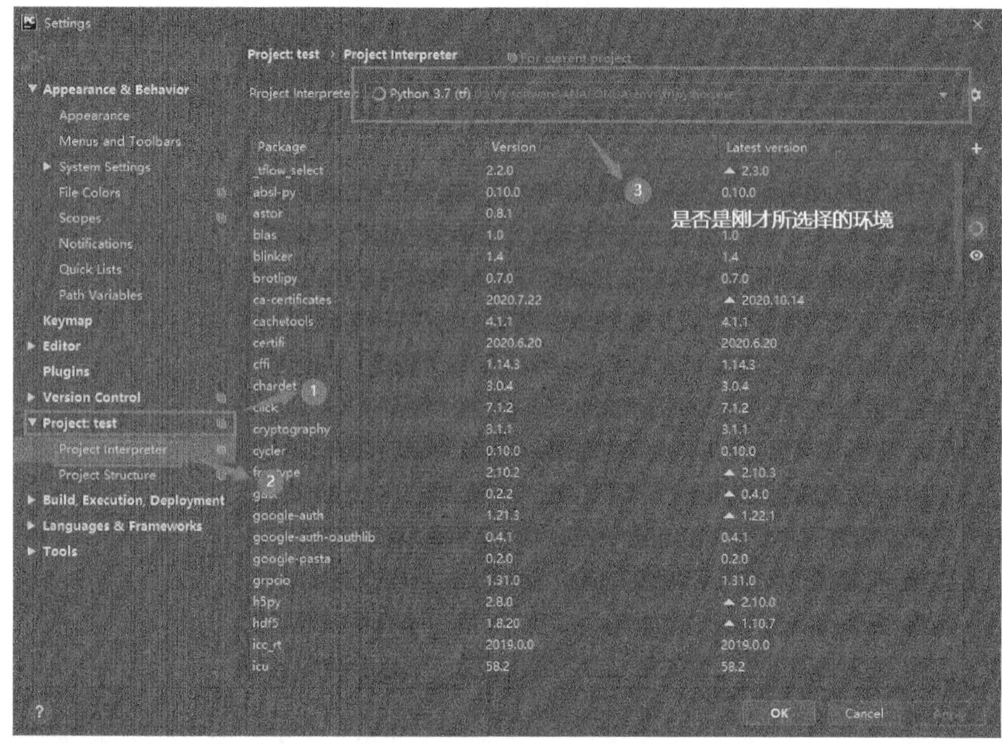

图 10.28 查看环境是否正确

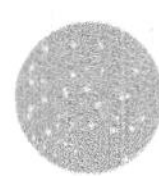

（6）训练代码部分截图如图 10.29 所示。

```
#搭建RNN循环神经网络，RNN记忆体的个数为10个，全连接网络的神经元必须为26个，为26个字母的概率
#Embedding(26, 2) 26表示词汇表长度，2表示编码维度，就是几个数字表示一个词汇
model = tf.keras.Sequential([
    Embedding(26, 2),
    SimpleRNN(10),
    Dense(26, activation='softmax')
])

#在compile中配置训练方法，采用adam的优化器，学习率为0.01
#所以loss是sparse_categorical的交叉熵，acc是sparse_categorical
model.compile(optimizer=tf.keras.optimizers.Adam(0.01),
              loss='sparse_categorical_crossentropy',
              metrics=['sparse_categorical_accuracy'])

#设置训练模型的保存地址
checkpoint_save_path = "./checkpoint/rnn_embedding_4pre1.ckpt"
if os.path.exists(checkpoint_save_path + '.index'):
    print('-------------load the model-----------------')
    model.load_weights(checkpoint_save_path)

#设置断点续训
#save_weights_only: 若设置为True，则只保存模型权重，否则将保存整个模型（包括模型结构，配置信息等）
#save_best_only: 当设置为True时，将只保存在验证集上性能最好的模型
cp_callback = tf.keras.callbacks.ModelCheckpoint(filepath=checkpoint_save_path,
                                                 save_weights_only=True,
                                                 save_best_only=True,
                                                 monitor='loss')  # 由于fit没有给出测试集，不计算测试集准确率，根据loss，保存最

#在fit中执行训练过程，告知x_train和y_train是训练集，每个批次32个数值，数据集迭代100
history = model.fit(x_train, y_train, batch_size=32, epochs=100, callbacks=[cp_callback])

#打印网络的结构和参数统计
model.summary()
```

图 10.29　训练部分代码

（7）训练结果如图 10.30 所示。

```
Epoch 93/100

22/22 [==============================] - 0s 1ms/sample - loss: 2.3655e-04 - sparse_categorical_accuracy: 1.0000
Epoch 94/100

22/22 [==============================] - 0s 1ms/sample - loss: 2.3619e-04 - sparse_categorical_accuracy: 1.0000
Epoch 95/100

22/22 [==============================] - 0s 1ms/sample - loss: 2.3584e-04 - sparse_categorical_accuracy: 1.0000
Epoch 96/100

22/22 [==============================] - 0s 1ms/sample - loss: 2.3549e-04 - sparse_categorical_accuracy: 1.0000
Epoch 97/100

22/22 [==============================] - 0s 1ms/sample - loss: 2.3514e-04 - sparse_categorical_accuracy: 1.0000
Epoch 98/100

22/22 [==============================] - 0s 1ms/sample - loss: 2.3477e-04 - sparse_categorical_accuracy: 1.0000
Epoch 99/100

22/22 [==============================] - 0s 1ms/sample - loss: 2.3443e-04 - sparse_categorical_accuracy: 1.0000
Epoch 100/100

22/22 [==============================] - 0s 1ms/sample - loss: 2.3406e-04 - sparse_categorical_accuracy: 1.0000
Model: "sequential"
_________________________________________________________________
Layer (type)                 Output Shape              Param #
=================================================================
embedding (Embedding)        (None, None, 2)           52
_________________________________________________________________
simple_rnn (SimpleRNN)       (None, 10)                130
_________________________________________________________________
dense (Dense)                (None, 26)                286
=================================================================
Total params: 468
Trainable params: 468
Non-trainable params: 0
_________________________________________________________________

Process finished with exit code 0
```

图 10.30　训练结果

（8）准确率和损失函数曲线图如图 10.31 所示。

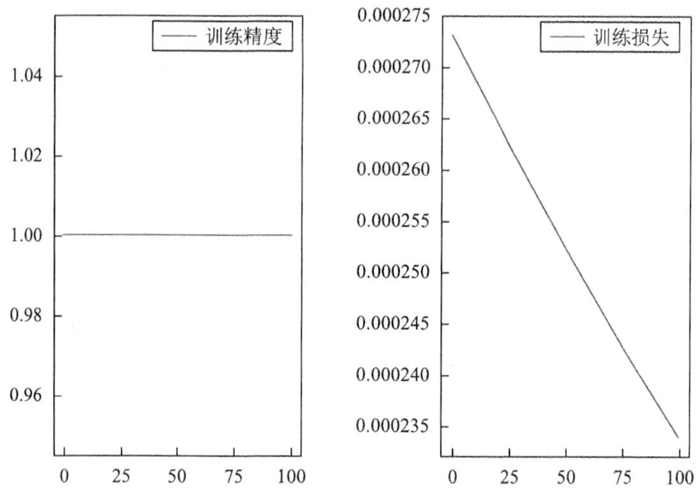

图 10.31　训练准确率和损失函数曲线图

（9）至此，训练代码完成，可以运行这个代码生成权重文件了。程序运行结束后，会在同级目录下面生成一个 checkpoint 文件夹，用来保存权重文件，如图 10.32 所示。

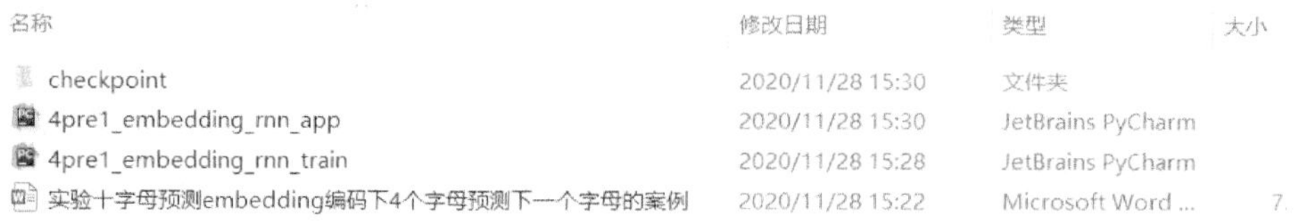

名称	修改日期	类型	大小
checkpoint	2020/11/28 15:30	文件夹	
4pre1_embedding_rnn_app	2020/11/28 15:30	JetBrains PyCharm	
4pre1_embedding_rnn_train	2020/11/28 15:28	JetBrains PyCharm	
实验十字母预测embedding编码下4个字母预测下一个字母的案例	2020/11/28 15:22	Microsoft Word ...	7.

图 10.32　权重路径

（10）打开文件夹就可以看到生成的权重文件了，如图 10.33 所示，在测试过程中将会使用到这个文件。

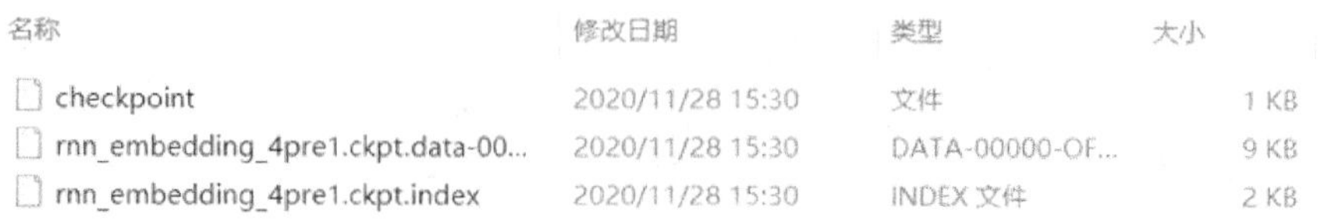

名称	修改日期	类型	大小
checkpoint	2020/11/28 15:30	文件	1 KB
rnn_embedding_4pre1.ckpt.data-00...	2020/11/28 15:30	DATA-00000-OF...	9 KB
rnn_embedding_4pre1.ckpt.index	2020/11/28 15:30	INDEX 文件	2 KB

图 10.33　权重文件

2）测试部分

（1）训练程序书写完成后，开始构建预测程序，使用预测程序来预测下一个字母，预测代码部分截图如图 10.34 所示。

（2）点击右键运行程序。程序在运行的过程中会询问程序需要检测几个字母，也就是程

```
#字母表查找
input_word = "abcdefghijklmnopqrstuvwxyz"
# 单词映射到数值id的词典
w_to_id = {'a': 0, 'b': 1, 'c': 2, 'd': 3, 'e': 4,
           'f': 5, 'g': 6, 'h': 7, 'i': 8, 'j': 9,
           'k': 10, 'l': 11, 'm': 12, 'n': 13, 'o': 14,
           'p': 15, 'q': 16, 'r': 17, 's': 18, 't': 19,
           'u': 20, 'v': 21, 'w': 22, 'x': 23, 'y': 24, 'z': 25}

#搭建RNN循环神经网络，RNN记忆体的个数为10个，全连接网络的神经元必须为26个，为26个字母的概率
#Embedding(26, 2) 26表示词汇表长度，2表示编码维度，就是几个数字表示一个词汇
model = tf.keras.Sequential([
    Embedding(26, 2),
    SimpleRNN(10),
    Dense(26, activation='softmax')
])

#加载参数
checkpoint_save_path = "./checkpoint/rnn_embedding_4pre1.ckpt"
model.load_weights(checkpoint_save_path)

################ predict ##################
#输入预测的次数和预测的字母
preNum = int(input("input the number of test alphabet:"))

for i in range(preNum):
    alphabet1 = input("input test alphabet:")
    alphabet = [w_to_id[a] for a in alphabet1]
    # 使alphabet符合Embedding输入要求：[送入样本数， 时间展开步数]。
    # 此处验证效果送入了1个样本，送入样本数为1；输入4个字母出结果，循环核时间展开步数为4。
    alphabet = np.reshape(alphabet, (1, 4))
    result = model.predict(alphabet)
    pred = tf.argmax(result, axis=1)
    pred = int(pred)
    tf.print(alphabet1 + '->' + input_word[pred])
```

图 10.34　部分预测代码

序进行几次循环来检测结果，提示窗口如图 10.35 所示，根据提示输入对应数字即可。本次程序运行过程中，检测次数设置为 1，也就是循环预测 1 个字母数据。

```
    alphabet1 = input("input test alphabet:")
    alphabet = [w_to_id[a] for a in alphabet1]
    # 使alphabet符合Embedding输入要求：[送入样本数， 时间展开步数]。

4pre1_embedding_rnn_app    4pre1_embedding_rnn_train
"D:\My software\ANACONDA\envs\tf\python.exe" "C:/Users/Blur/Desktop/Internship document/Mycode/LAB10V/4pre1_embedding_rnn/4pre1_embedding_rnn_app.py"
input the number of test alphabet:
input test alphabet:
abcd->e

Process finished with exit code 0
```

图 10.35　输入需要检测字母个数

2. 智能小车端操作步骤

1）编写代码

参照 PC 端，在 Ubuntu 系统下使用 PyCharm 新建一个工程文件，并在工程文件中新建两个 Python 文件。其中一个训练脚本，另外一个应用脚本，并参照实验原理部分，将原理部分中代码原理部分全部编写进新建的 Python 文件中去。

新建训练部分的 Python 代码部分截图如图 10.36 所示。

新建应用部分的 Python 代码部分截图如图 10.37 所示。

```
model.compile(optimizer=tf.keras.optimizers.Adam(0.01),
              loss ='sparse_categorical_crossentropy',
              metrics=['sparse_categorical_accuracy'])

#设置训练模型的保存地址
checkpoint_save_path = "./checkpoint/rnn_embedding_4pre1.ckpt"
if os.path.exists(checkpoint_save_path + '.index'):
    print('-------------load the model-----------------')
    model.load_weights(checkpoint_save_path)

#设置断点续训
#save_weights_only：若设置为True，则只保存模型权重，否则将保存整个模型（包括模型结构，配置信息等）
#save_best_only：当设置为True时，将只保存在验证集上性能最好的模型
cp_callback = tf.keras.callbacks.ModelCheckpoint(filepath=checkpoint_save_path,
                                                 save_weights_only=True,
                                                 save_best_only=True,
                                                 monitor='loss')  # 由于fit没有给出测试集，不

#在fit中执行训练过程，告知x_train和y_train是训练集，每个批次32个数值，数据集迭代100
history = model.fit(x_train, y_train, batch_size=32, epochs=100, callbacks=[cp_callback])

#打印网络的结构和参数统计
model.summary()
```

图 10.36　部分训练代码

```
#搭建RNN循环神经网络，RNN记忆体的个数为10个，全连接网络的神经元必须为26个，为26个字母的概率
#Embedding(26, 2) 26表示词汇表长度，2表示编码维度，就是几个数字表示一个词汇
model = tf.keras.Sequential([
    Embedding(26, 2),
    SimpleRNN(10),
    Dense(26, activation='softmax')
])

#加载参数
checkpoint_save_path = "./checkpoint/rnn_embedding_4pre1.ckpt"
model.load_weights(checkpoint_save_path)

################# predict ##################
#输入预测的次数和预测的字母
preNum = int(input("input the number of test alphabet:"))
for i in range(preNum):
    alphabet1 = input("input test alphabet:")
    alphabet = [w_to_id[a] for a in alphabet1]
    # 使alphabet符合Embedding输入要求：[送入样本数， 时间展开步数]。
    # 此处验证效果送入了1个样本，送入样本数为1；输入4个字母出结果，循环核时间展开步数为4。
    alphabet = np.reshape(alphabet, (1, 4))
    result = model.predict(alphabet)
```

图 10.37　部分预测代码

2）运行程序

（1）模型训练部分。

点击右键运行程序，本次设置运行次数为 100 次，运行过程中，程序会不断输出运行中计算的损失值和准确率。图 10.38 所示为程序在运行计算过程中得到的损失值和准确率的部分结果以及网络结构参数。

```
22/22 [==============================] - 0s 3ms/sample - loss: 0.0103 - sparse_categorical_accuracy: 1.0000
Epoch 100/100
22/22 [==============================] - 0s 4ms/sample - loss: 0.0102 - sparse_categorical_accuracy: 1.0000
Model: "sequential"
_________________________________________________________________
Layer (type)                 Output Shape              Param #
=================================================================
embedding (Embedding)        (None, None, 2)           52
_________________________________________________________________
simple_rnn (SimpleRNN)       (None, 10)                130
_________________________________________________________________
dense (Dense)                (None, 26)                286
=================================================================
Total params: 468
Trainable params: 468
Non-trainable params: 0
```

图 10.38 训练结果

程序在运行结束后，会绘制准确率和损失函数曲线图，如图 10.39 所示。

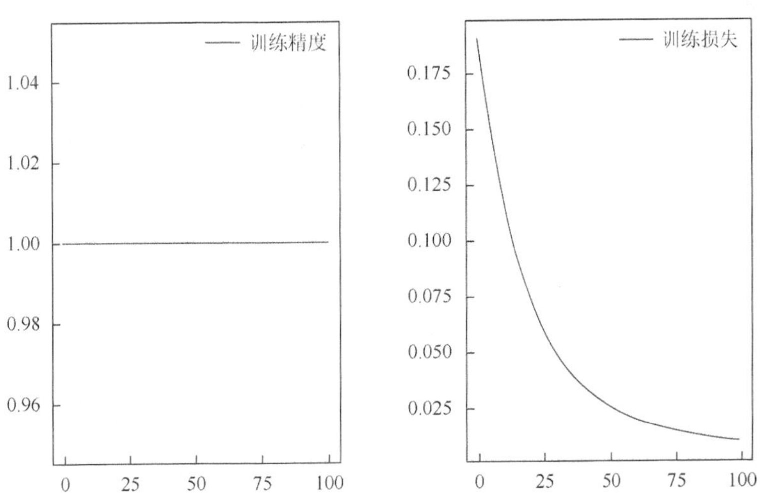

图 10.39 训练准确率和损失函数曲线图

（2）模型应用部分。

按照程序中的要求输入 4 个字母，模型能够正确地预测下一个字母，如图 10.40 所示。

```
2020-11-05 15:42:21.232822: I tensorflow/stream_executor/cuda/cuda_gpu_executor.cc:952] ARM64 does not support NUMA - returning NUMA no
2020-11-05 15:42:21.233179: I tensorflow/stream_executor/cuda/cuda_gpu_executor.cc:952] ARM64 does not support NUMA - returning NUMA no
2020-11-05 15:42:21.233372: I tensorflow/core/common_runtime/gpu/gpu_device.cc:1320] Created TensorFlow device (/job:localhost/replica:
input the number of test alphabet:3
input test alphabet:abcd
2020-11-05 15:42:34.306675: I tensorflow/stream_executor/platform/default/dso_loader.cc:48] Successfully opened dynamic library libcubl
abcd->e
input test alphabet:bcde
input test alphabet:bcde->f
hijk
hijk->l
```

图 10.40 预测结果

（六）实验要求

（1）完成整体代码编写。

（2）运行程序成功绘制损失函数和检测准确率曲线。

（七）实验习题

（1）修改网络中 epochs、batch_size 的值，查看训练结果变化。

（2）修改神经网络的学习率，查看训练结果变化。

第 11 章　股票预测案例（LSTM 网络实现）

（一）实验目的

（1）对股票数据进行处理并使用神经网络进行训练。
（2）熟悉 TensorFlow 相关包的使用。
（3）理解动态图运行的机制。
（4）学会使用 pands 包对数据的预处理。

（二）实验内容

（1）使用 PyCharm 编写 Python 程序。
（2）使用 Keras 中的 API 搭建 LSTM 层及其他层。
（3）完成股票数据的训练。
（4）调用 matplotlib 对训练后的损失值的可视化。

（三）实验设备

（1）PC 机 1 台。
（2）智能小车 1 台。

（四）实验原理

1. LSTM 介绍

RNN 源自 1982 年由萨拉莎·萨塔西瓦姆（Saratha Sathasivam）提出的霍普菲尔德（Hopfield）网络。霍普菲尔德网络因为实现困难，在其提出时并没有被合适地应用，于 1986 年后被 DNN 及一些传统的机器学习算法所取代。然而，传统的机器学习算法非常依赖人工提取特征，使得基于传统的机器学习的图像识别、语音识别和自然语言处理等问题存在特征提取的瓶颈，而基于 DNN 的方法也存在参数太多、无法利用数据中时间序列信息的问题。随着更加有效的 RNN 结构被不断提出，RNN 挖掘数据中的时序信息和语义信息的深度表达能力被充分利用，并在语音识别、语言模型、机器翻译和时序分析等方面实现了突破。

RNN 的主要用途是处理和预测序列数据。在之前介绍的 DNN 或 CNN 模型中，网络结构都是从输入层到隐藏层再到输出层，层与层之间是全连接或部分连接的，但每层之间节点是无连接的。RNN 就是为了刻画一个序列当前的输出与之前信息的关系，从网络结构上，RNN 会记忆之前的信息，并利用之前的信息影响后面节点的输出。也就是说，RNN 的隐藏层之间的节点是有连接的，隐藏层的输入不仅包括输入层的输出，还包括上一时刻隐藏层的输出。原始的 RNN 基本结构如图 11.1 所示。

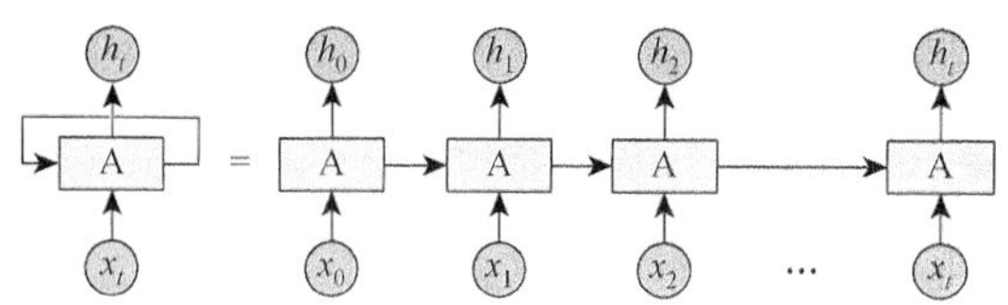

图 11.1 RNN 基本结构

由图 11.1 可知，RNN 展开后由多个相同的单元连续连接。但是，RNN 的实际结构如图 11.1 左边的结构所示，是一个自我不断循环的结构。即随着输入数据的不断增加，上述自我循环的结构将上一次的状态传递给当前输入，一起作为新的输入数据进行当前轮次的训练和学习，一直到输入结束或训练结束，最终得到的输出即为最终的预测结果。

LSTM 是一种特殊的 RNN，两者的区别在于，普通的 RNN 单个循环结构内部只有一个状态，而 LSTM 的单个循环结构（也称为细胞）内部有四个状态。相比于 RNN，LSTM 循环结构之间保持一个持久的单元状态并不断传递下去，用于决定哪些信息遗忘哪些继续传递下去。

包含三个连续循环结构的 RNN 如图 11.2 所示，每个循环结构只有一个输出。

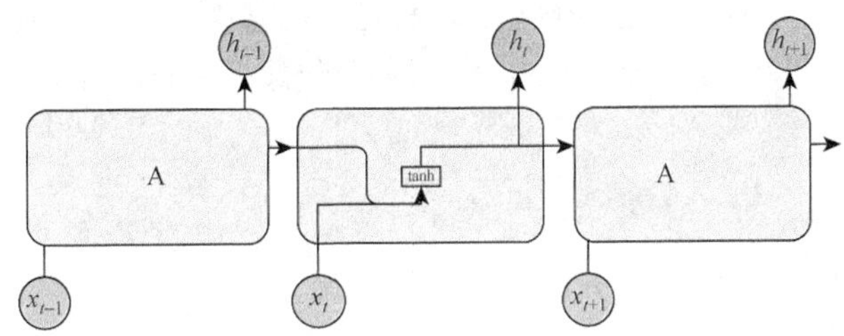

图 11.2　三个循环结构

包含三个连续循环结构的 LSTM 如图 11.3 所示，每个循环结构有两个输出，其中一个即为单元状态。

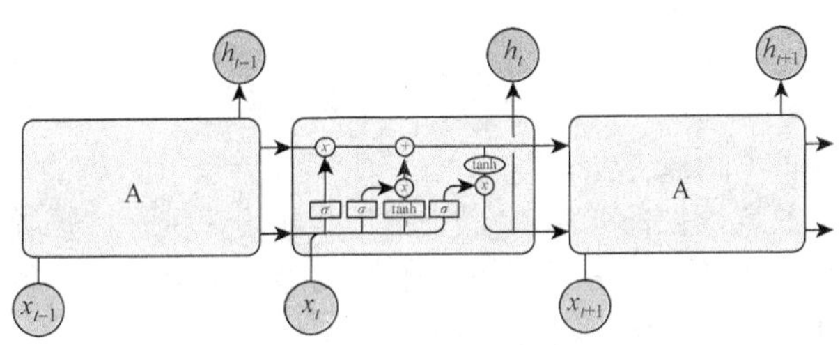

图 11.3　LSTM 结构

一层 LSTM 是由单个循环结构组成的，即由输入数据的维度和循环次数决定单个循环结构需要自我更新几次，而不是由多个单个循环结构连接组成，即当前层 LSTM 的参数总个数只需计算一个循环单元即可，而不需计算多个连续单元的总个数。

下面将由一组图来详细解构 LSTM 细胞的基本组成及实现原理。LSTM 细胞由输入门、遗忘门、输出门和单元状态组成。

（1）输入门，决定当前时刻网络的输入数据有多少需要保存到单元状态。

（2）遗忘门，决定上一时刻的单元状态有多少需要保留到当前时刻。

（3）输出门，控制当前单元状态有多少需要输出到当前的输出值。

图 11.4 所示展示了应用上一个时刻的输出 h_{t-1} 和当前的数据输入 x_t，通过遗忘门得到 f_t 的过程。

图 11.5 所示展示了应用上一个时刻的输出 h_{t-1} 和当前的数据输入 x_t，通过输入门得到 i_t，以及通过单元状态得到当前时刻暂时状态 $\overline{C}_t$ 的过程。

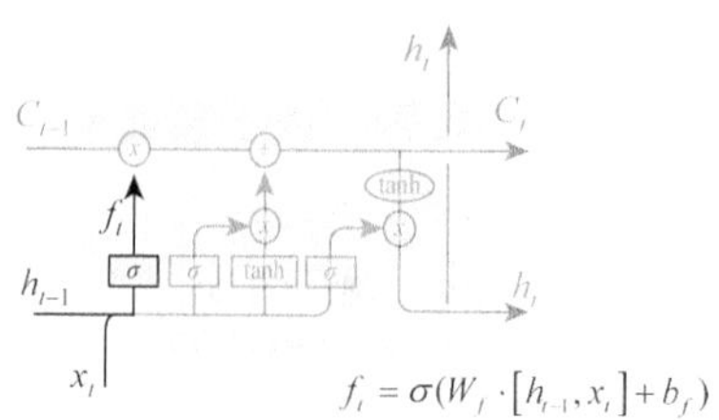

图 11.4　组成结构

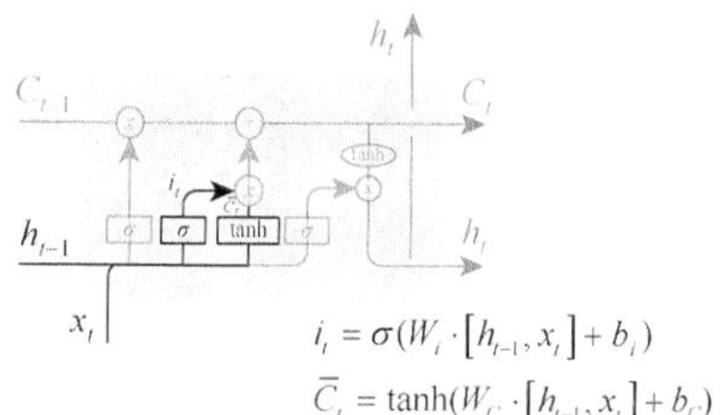

图 11.5　组成结构

图 11.6 展示了应用上一个细胞结构的单元状态 C_{t-1}、遗忘门输出 f_t、输入门输出 i_t 和单元状态的输出 $\bar{C}_t$，得到当前细胞的状态 C_t 的过程。

图 11.7 展示了应用上一个时刻的输出 h_{t-1} 和当前的数据输入 x_t，通过输出门得到 o_t 的过程，以及结合当前细胞的单元状态 C_t 和 o_t 得到最终的输出 h_t 的过程。

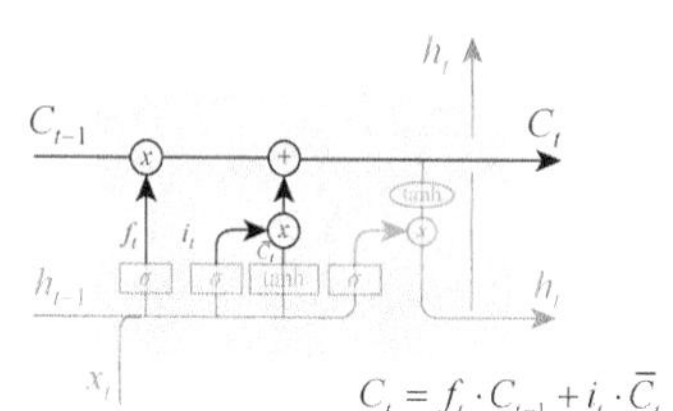

图 11.6　组成结构

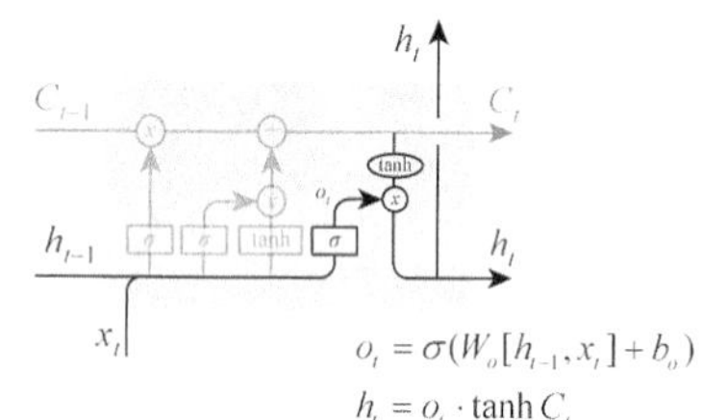

图 11.7　组成结构

2. 归一化

数据标准化（normalization），也称为归一化，就是将需要处理的数据通过某种算法进行处理后，将其限定在一定范围内。

数据标准化处理是数据挖掘的一项基础工作，不同的评价指标往往具有不同的量纲和量纲单位，这样的情况会影响数据的分析结果。为了消除指标之间量纲的影响，需要对数据进行归一化处理，解决数据指标之间的可比性问题。

3. 代码原理介绍

1）训练部分

（1）软件环境搭建完成后，就可以开始编写脚本程序了，将一些重要的包文件导入进去，如图 11.8 所示。

```
import numpy as np
import tensorflow as tf
from tensorflow.keras.layers import Dropout, Dense, LSTM
import matplotlib.pyplot as plt
import os
import pandas as pd
from sklearn.preprocessing import MinMaxScaler
import tensorflow.compat.v1 as tf
tf.disable_v2_behavior()
```

图 11.8　导包

（2）读取下载好的股票数据，如图 11.9 所示。

```
# 读取股票文件
maotai = pd.read_csv('./SH600519.csv')
```

图 11.9　读取数据

（3）模型训练需要训练集和测试集，将前 2 218 天的开盘价格作为训练集，表格从 0 开始计数，2∶3 是指提取[2∶3)列，前闭后开，提取出 C 列开盘价，将后 300 天作为测试集。代码如图 11.10 所示。

```
training_set = maotai.iloc[0:2518 - 300, 2:3].values
# 后300天的开盘价作为测试集
test_set = maotai.iloc[2518 - 300:, 2:3].values
```

图 11.10　数据划分

（4）利用 sklearn 库中的 MinMaxscaler()函数实例化对象 sc，将训练集和测试集数据进行归一化。具体代码如图 11.11 所示。

```
# 归一化
# 定义归一化：归一化到(0, 1)之间
sc = MinMaxScaler(feature_range=(0, 1))
# 求得训练集的最大值，最小值这些训练集固有的属性，并在训练集上进行归一化
training_set_scaled = sc.fit_transform(training_set)
# 利用训练集的属性对测试集进行归一化
test_set = sc.transform(test_set)
```

图 11.11　数据归一化

（5）新建训练集和测试集的数据和标签列表，用于存储训练集和测试集的数据和标签，如图 11.12 所示。

```
#设置训练集x_train和y_train,测试集x_test和y_test
x_train = []
y_train = []

x_test = []
y_test = []
```

图 11.12　新建数据结构

（6）使用 np.reshape()函数修改样本特征矩阵，将数据按照矩阵的结构输入，矩阵行向量为特征总体数据，利用 for 循环，遍历整个测试集，提取测试集中连续 60 天的开盘价作为输入特征 x_train，第 61 天的数据作为标签，for 循环共构建 300–60 = 240 组数据。

（7）将训练集和测试集做相同的数据结构处理，训练集还需要利用随机种子打乱数据。具体代码如图 11.13 所示。

```
# 测试集：csv表格中前2518-300=2218天数据
# 利用for循环，遍历整个训练集，提取训练集中连续60天的开盘价作为输入特征x_train，第61天的数据作为标签，for循环共构建2518-300-60=2158组数据。
for i in range(60, len(training_set_scaled)):
    x_train.append(training_set_scaled[i - 60:i, 0])
    y_train.append(training_set_scaled[i, 0])

# 对训练集进行打乱
np.random.seed(7)
np.random.shuffle(x_train)
np.random.seed(7)
np.random.shuffle(y_train)
tf.random.set_random_seed(7)
# 将训练集由list格式变为array格式
x_train, y_train = np.array(x_train), np.array(y_train)

# 使x_train符合RNN输入要求：[送入样本数， 循环核时间展开步数， 每个时间步输入特征个数]。
# 此处整个数据集送入，送入样本数为x_train.shape[0]即2158组数据；输入60个开盘价，预测出第61天的开盘价，循环核时间展开步数为60；每个时间步送入的特征是某一天的开盘价，
x_train = np.reshape(x_train, (x_train.shape[0], 60, 1))

# 测试集：csv表格中后300天数据
# 利用for循环，遍历整个测试集，提取测试集中连续60天的开盘价作为输入特征x_train，第61天的数据作为标签，for循环共构建300-60=240组数据。
for i in range(60, len(test_set)):
    x_test.append(test_set[i - 60:i, 0])
    y_test.append(test_set[i, 0])
# 测试集变array并reshape为符合RNN输入要求：[送入样本数， 循环核时间展开步数， 每个时间步输入特征个数]
x_test, y_test = np.array(x_test), np.array(y_test)
x_test = np.reshape(x_test, (x_test.shape[0], 60, 1))
```

图 11.13　数据处理代码

（8）使用 Keras 库搭建模型，Sequential 构建层级网络结构。

（9）搭建 RNN，第一层 RNN 记忆体的个数为 80 个，第二层 RNN 记忆体的个数为 100 个，最后一层全连接网络只有一个神经元，只需要预测一天的股票概率，实现短期股票的预测，如图 11.14 所示。

```
model = tf.keras.Sequential([
    LSTM(80, return_sequences=True),
    Dropout(0.2),
    LSTM(100),
    Dropout(0.2),
    Dense(1)
])
```

图 11.14　搭建网络结构

（10）在 compile 中配置训练方法。采用 adam 优化器，将学习率设置为 0.001。之前的训练中直接使用的是默认方式，因此构建 adam 即可，但如果要设置学习率相关参数，就需要使用原始方式设置，这里使用的是 tf.keras.optimizers.Adam()。该应用只观测损失值，不观测准确率，因此删去 metrics 选项，在每个 epoch 迭代显示时只显示损失值，如图 11.15 所示。

```
model.compile(optimizer=tf.keras.optimizers.Adam(0.001),
              loss='mean_squared_error')  # 损失函数用均方误差
```

图 11.15　配置训练方法

（11）还需要设置训练模型的保存地址，如图 11.16 所示，将权重文件保存下来，预测股票数据就是靠权重文件的对比来完成的。

```
#设置训练模型的保存地址
checkpoint_save_path = "./checkpoint/LSTM_stock.ckpt"
if os.path.exists(checkpoint_save_path + '.index'):
    print('-------------load the model-----------------')
    model.load_weights(checkpoint_save_path)
```

图 11.16 权重路径

对权重文件的地址进行设置，在后续的训练过程中读取，重复调用，继续训练，使得损失值下降得更快，不用每次都重新训练。

（12）保存权重文件使用的函数还是 tf.keras.callbacks.ModelCheckpoint()，同时对于内在参数进行设置。其中：权重文件地址使用 filepath；仅保存权重信息，而不是全部模型保存，使用 save_weights_only 参数，并设置为 True；权重文件在训练过程中会不断生成，仅保留最佳权重信息，使用 save_best_only 进行设置，并设置为 Ture；使用 monitor 检测信息，主要监测损失值。主要配置的代码信息如图 11.17 所示。

```
cp_callback = tf.keras.callbacks.ModelCheckpoint(filepath=checkpoint_save_path,
                                                 save_weights_only=True,
                                                 save_best_only=True,
                                                 monitor='val_loss')
```

图 11.17 设置权重参数

（13）在 fit 中执行训练过程，输入训练集参数，包括训练集特征值和标签值，设置每个批次输入 64 个数值，数据集迭代次数为 50 次，如图 11.18 所示。

```
history = model.fit(x_train, y_train, batch_size=64, epochs=50, validation_data=(x_test, y_test),
          callbacks=[cp_callback])
```

图 11.18 训练参数

（14）显示网络结构和参数统计，显示训练和验证相关曲线，如图 11.19 所示。

```
##################################    show    ##########################
# 显示训练集和验证集的loss曲线
loss = history.history['loss']
val_loss = history.history['val_loss']

plt.plot(loss, label='Training Loss')
plt.plot(val_loss, label='Validation Loss')
plt.title('Training and Validation Loss')
plt.legend()
plt.show()
```

图 11.19 显示网络结构

2）测试部分

（1）将模型需要的相关包和库导入 Python 文件中，如图 11.20 所示。

```
import numpy as np
import tensorflow as tf
from tensorflow.keras.layers import Dropout, Dense, LSTM
import matplotlib.pyplot as plt
import pandas as pd
from sklearn.preprocessing import MinMaxScaler
from sklearn.metrics import mean_squared_error, mean_absolute_error
import math
```

图 11.20　导包

（2）启用动态图标志并读取股票文件，如图 11.21 所示，利用 pd.read_csv()函数读取 CSV（逗号分隔）文件、文本类型的文件 text、log 类型到 DataFrame。

```
#启用动态图标志
tf.enable_eager_execution()

# 读取股票文件
maotai = pd.read_csv('./SH600519.csv')
```

图 11.21　读取数据

（3）与处理训练模型相关数据相同，进行数据的归一化，变为数组结构，符合 RNN 输入要求，包括送入样本数、循环核时间展开步数和每个时间步输入特征个数等，具体代码如图 11.22 所示。

```
# 后300天的开盘价作为测试集
test_set = maotai.iloc[2518 - 300:, 2:3].values

# 归一化
# 定义归一化：归一化到(0, 1)之间
sc = MinMaxScaler(feature_range=(0, 1))
#求得测试集的最大值，最小值这些测试集固有的属性，并在测试集上进行归一化
test_set = sc.fit_transform(test_set)

#设置测试集x_test和y_test
x_test = []
y_test = []

# 测试集：csv表格中后300天数据
# 利用for循环，遍历整个测试集，提取测试集中连续60天的开盘价作为输入特征x_train，第61天的数据作为标签，for循环共构建300-60=240组数据。
for i in range(60, len(test_set)):
    x_test.append(test_set[i - 60:i, 0])
    y_test.append(test_set[i, 0])
# 测试集变array并reshape为符合RNN输入要求：[送入样本数， 循环核时间展开步数， 每个时间步输入特征个数]
x_test, y_test = np.array(x_test), np.array(y_test)
x_test = np.reshape(x_test, (x_test.shape[0], 60, 1))
```

图 11.22　部分测试代码

（4）测试模型需要与训练模型相同的网络模型，因为保存的是权重参数，所以读取的也是权重参数，具体代码如图 11.23 所示。

```
model = tf.keras.Sequential([
    LSTM(80, return_sequences=True),
    Dropout(0.2),
    LSTM(100),
    Dropout(0.2),
    Dense(1)
])
```

图 11.23　网络添加

（5）网络搭建完成后就可以读取训练时保存的权重文件了，然后将数据送入测试，将预测的数据与真实的数据进行对比，具体代码如图 11.24 所示。

```
# ################### predict ######################
# 测试集输入模型进行预测
predicted_stock_price = model.predict(x_test)
# 对预测数据还原---从 (0, 1) 反归一化到原始范围
predicted_stock_price = sc.inverse_transform(predicted_stock_price)
# 对真实数据还原---从 (0, 1) 反归一化到原始范围
real_stock_price = sc.inverse_transform(test_set[60:])
# 画出真实数据和预测数据的对比曲线
plt.plot(real_stock_price, color='red', label='MaoTai Stock Price')
plt.plot(predicted_stock_price, color='blue', label='Predicted MaoTai Stock Price')
plt.title('MaoTai Stock Price Prediction')
plt.xlabel('Time')
plt.ylabel('MaoTai Stock Price')
plt.legend()
plt.show()

##########evaluate##############
# calculate MSE 均方误差 ---> E[(预测值-真实值)^2] (预测值减真实值求平方后求均值)
mse = mean_squared_error(predicted_stock_price, real_stock_price)
# calculate RMSE 均方根误差--->sqrt[MSE]    (对均方误差开方)
rmse = math.sqrt(mean_squared_error(predicted_stock_price, real_stock_price))
# calculate MAE 平均绝对误差----->E[|预测值-真实值|](预测值减真实值求绝对值后求均值)
mae = mean_absolute_error(predicted_stock_price, real_stock_price)
print('均方误差: %.6f' % mse)
print('均方根误差: %.6f' % rmse)
print('平均绝对误差: %.6f' % mae)
```

图 11.24　预测代码

（五）实验步骤

1. PC 端实验操作步骤

1）训练部分

（1）在进行股票数据训练之前，需要先搭建股票数据训练的环境，也就是导入需要的安装包，创建实验平台。

本次实验在 PyCharm 程序中实现。打开 PyCharm 程序，创建一个新项目，如图 11.25 所示。

图 11.25　创建新项目

（2）点击“Pure Python”，给项目命名，这里取名 test。“Existing interpreter”改为在 Anaconda 中创建好的环境文件。这里选中的是 D:\My software\ANACONDA\envs\tf 文件夹下的 Python.exe。特别需要注意的是，因环境搭建的不同，文件夹中 TensorFlow 的名字可能会有所不同。选择完成后，点击“Create”即可，如图 11.26 所示。

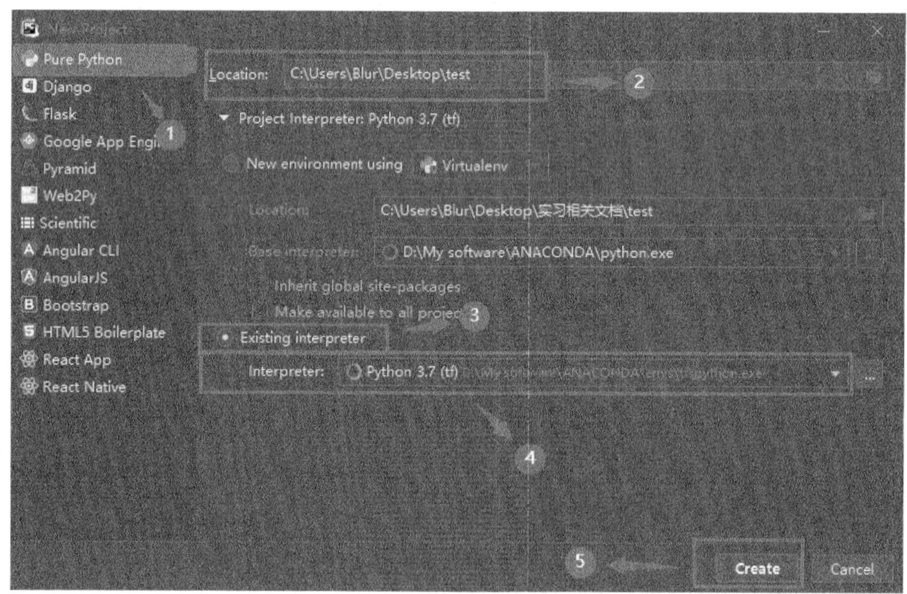

图 11.26　项目参数

（3）工程创建完成后，就可以新建脚本文件了。右键点击“test”→“New”→“Python File”，即可创建 Python 脚本文件。也可以点击左上方“File”→“New”→“Python File”，如图 11.27 所示。

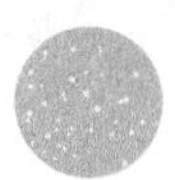

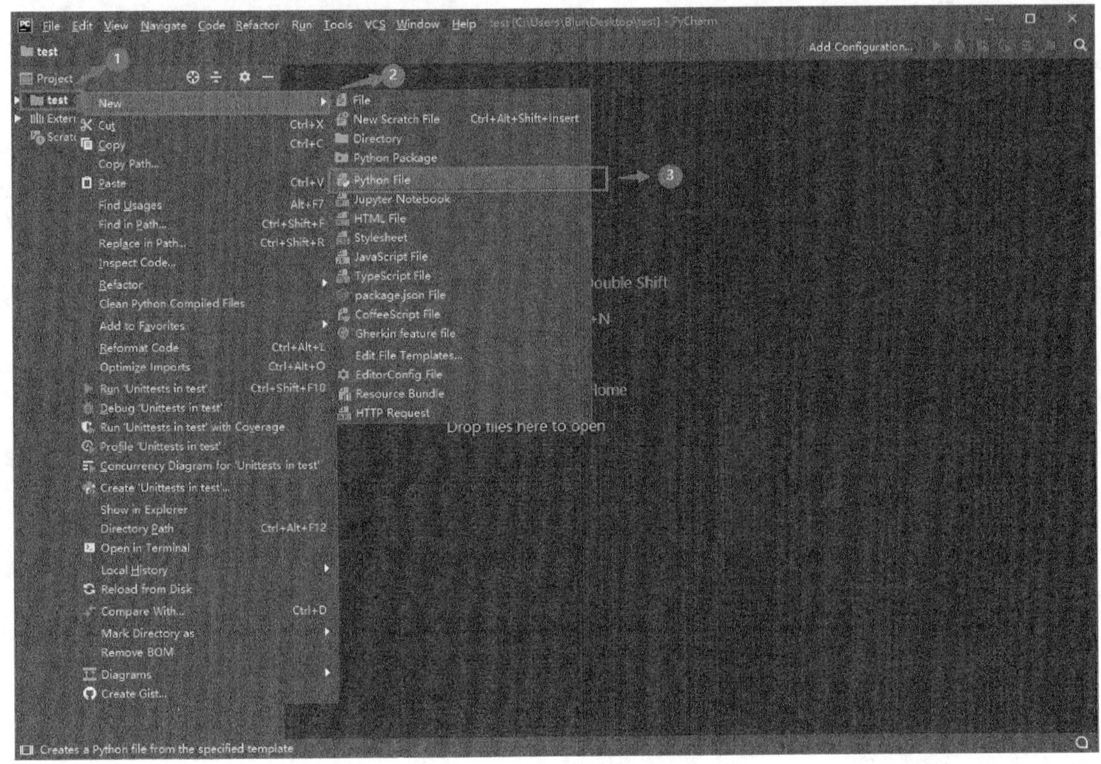

图 11.27　新建 Python 文件

（4）本实验分为两个脚本程序：一个作为训练模型源文件，另一个作为测试模型源文件。创建脚本文件后，还需要对其进行命名，命名时，不要更改文件选项，直接对文件命名即可。这里：训练模型取名 stock_LSTM_train，如图 11.28 所示；测试模型取名 stock_LSTM_app，如图 11.29 所示。

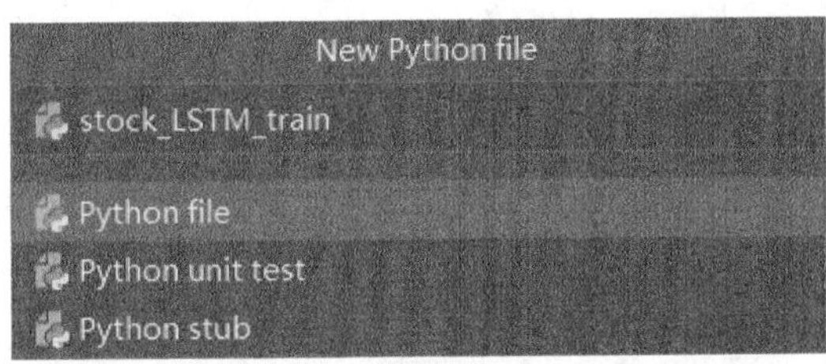

图 11.28　训练模型取名

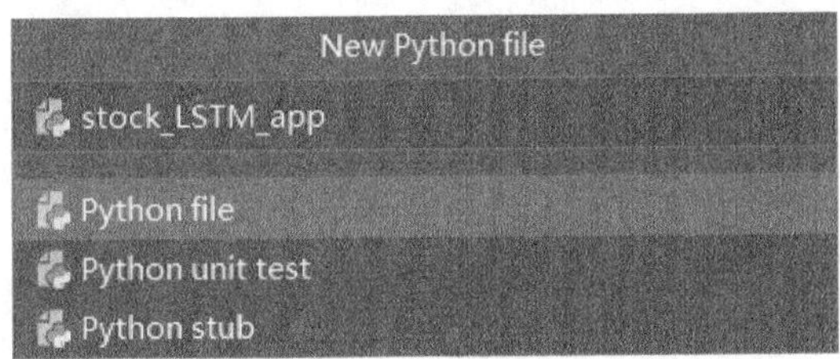

图 11.29　测试模型取名

（5）选中文件后，还需要再检查一遍 TensorFlow 的 Python.exe 文件是否正常导入。点击“File”→“Settings”，如图 11.30 所示。

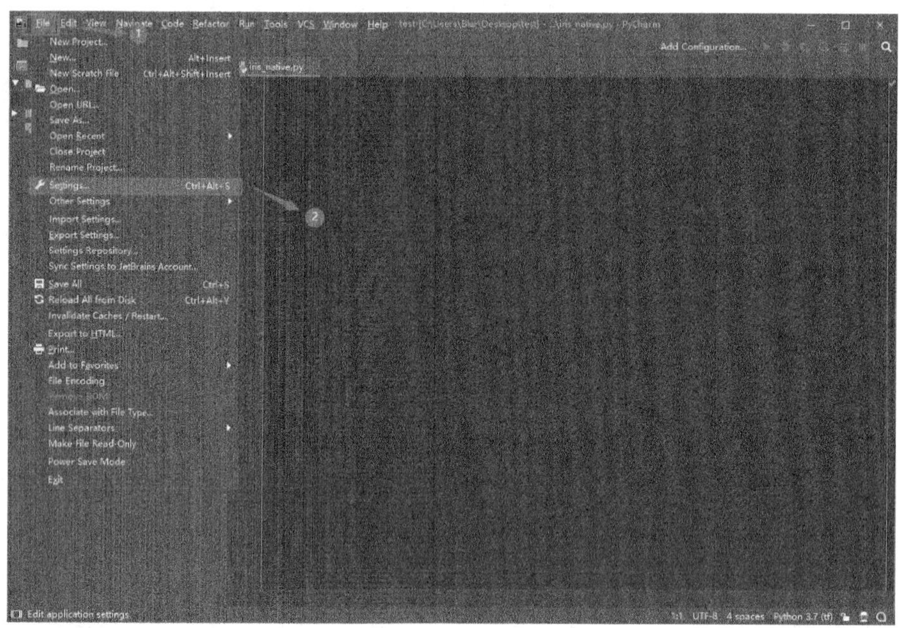

图 11.30　检查文件是否正常导入

（6）打开设置之后，点击“Project：test”→“Project Interpreter”，查看包是否为 TensorFlow 下的 Python.exe 文件，如图 11.31 所示，这也就是搭建实验平台的文件位置。这个文件一定在 Anaconda 目录下。选中之后点击“Apply”→“OK”即可完成。

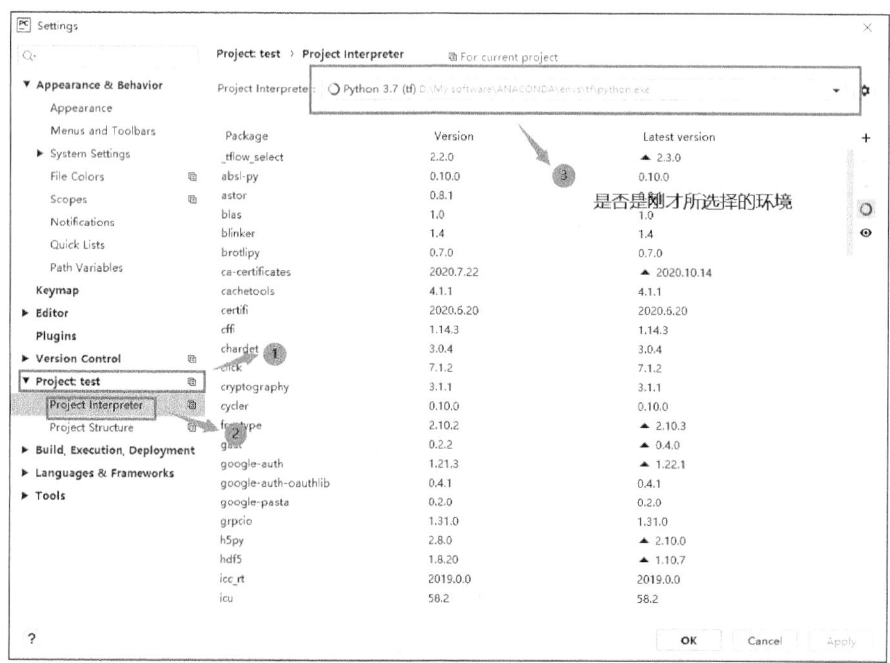

图 11.31　设置环境

（7）代码在重复训练过程中并不一样，这里仅作为参考如图 11.32 所示。需要注意的是，随着后期的运行，曲线会越来越平整。损失函数和准确率会逐渐稳定在某个值附近。

```
#设置测试集x_test和y_test
x_test = []
y_test = []

# 测试集：csv表格中后300天数据
# 利用for循环，遍历整个测试集，提取测试集中连续60天的开盘价作为输入特征x_train，第61天的数据作为标签，for循环共构建300-60=240组数据。
for i in range(60, len(test_set)):
    x_test.append(test_set[i - 60:i, 0])
    y_test.append(test_set[i, 0])
# 测试集变array并reshape为符合RNN输入要求：[送入样本数， 循环核时间展开步数， 每个时间步输入特征个数]
x_test, y_test = np.array(x_test), np.array(y_test)
x_test = np.reshape(x_test, (x_test.shape[0], 60, 1))

#搭建RNN循环神经网络，第一层RNN的记忆体个数为80，第二层RNN的记忆体的个数为100
#最后一层全连接网络只有一个神经元，只需要预测一天的股票概率
#return_sequences=True 表示各个时间同步输出ht
model = tf.keras.Sequential([
    LSTM(80, return_sequences=True),
    Dropout(0.2),
    LSTM(100),
    Dropout(0.2),
    Dense(1)
])


#加载参数
checkpoint_save_path = "./checkpoint/LSTM_stock.ckpt"
model.load_weights(checkpoint_save_path)
```

图 11.32　网络结构

训练结果如图 11.33 所示。

```
1408/2158 [==================>...........] - ETA: 0s - loss: 4.8284e-04
1472/2158 [===================>..........] - ETA: 0s - loss: 4.7542e-04
1536/2158 [====================>.........] - ETA: 0s - loss: 4.7754e-04
1600/2158 [=====================>........] - ETA: 0s - loss: 4.9367e-04
1664/2158 [======================>.......] - ETA: 0s - loss: 4.9602e-04
1728/2158 [=======================>......] - ETA: 0s - loss: 4.9217e-04
1792/2158 [========================>.....] - ETA: 0s - loss: 4.8608e-04
1856/2158 [=========================>....] - ETA: 0s - loss: 4.7501e-04
1920/2158 [==========================>...] - ETA: 0s - loss: 4.7100e-04
1984/2158 [===========================>..] - ETA: 0s - loss: 4.7718e-04
2048/2158 [============================>.] - ETA: 0s - loss: 4.7698e-04
2112/2158 [=============================>] - ETA: 0s - loss: 4.7435e-04
2158/2158 [==============================] - 2s 1ms/sample - loss: 4.6997e-04 - val_loss: 0.0020
Model: "sequential"
_________________________________________________________________
Layer (type)                 Output Shape              Param #
=================================================================
lstm (LSTM)                  multiple                  26240
_________________________________________________________________
dropout (Dropout)            multiple                  0
_________________________________________________________________
lstm_1 (LSTM)                multiple                  72400
_________________________________________________________________
dropout_1 (Dropout)          multiple                  0
_________________________________________________________________
dense (Dense)                multiple                  101
=================================================================
Total params: 98,741
Trainable params: 98,741
Non-trainable params: 0
_________________________________________________________________

Process finished with exit code 0
```

图 11.33　显示训练结果

（8）程序绘制的训练准确率和损失函数曲线图如图 11.34 所示。

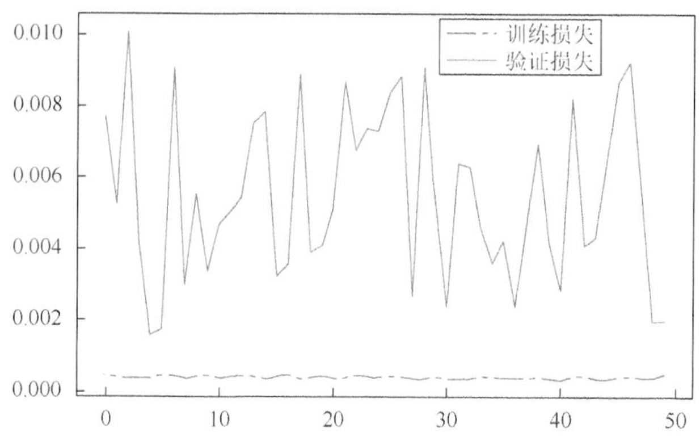

图 11.34　训练准确率和损失函数曲线图

（9）至此，训练代码完成，可以运行这个代码生成权重文件了。程序运行结束后，会在同级目录下面生成一个 checkpoint 文件夹，用来保存权重文件，如图 11.35 所示。

名称	修改日期	类型	大小
checkpoint	2020/11/29 23:14	文件夹	
SH600519	2020/9/9 13:47	Microsoft Excel ...	154 KB
stock_LSTM_app	2020/11/29 22:58	JetBrains PyCharm	4 KB
stock_LSTM_train	2020/11/29 22:34	JetBrains PyCharm	5 KB

图 11.35　权重路径

（10）打开文件夹就可以看到生成的权重文件了，如图 11.36 所示，在测试过程中将会使用到这个文件。

checkpoint	2020/11/29 23:14	文件	1 KB
LSTM_stock.ckpt.data-00000-of-00001	2020/11/29 23:14	DATA-00000-OF...	1,161 KB
LSTM_stock.ckpt.index	2020/11/29 23:14	INDEX 文件	2 KB

图 11.36　权重文件

2）测试部分

（1）训练程序编写完成后，就可以对股票数据进行预测了，预测程序部分代码如图 11.37 所示。

（2）利用该模型进行股票预测结果如图 11.38 所示。

预测结果与真实数据曲线对比如图 11.39 所示。

由图中 11.39 可以看出，预测数据与真实数据有较好的重合，说明该模型能够很好地对股票数据进行预测。

```
# 测试集：csv表格中后300天数据
# 利用for循环，遍历整个测试集，提取测试集中连续60天的开盘价作为输入特征x_train，第61天的数据作为标签，for循环共构建300-60=240
for i in range(60, len(test_set)):
    x_test.append(test_set[i - 60:i, 0])
    y_test.append(test_set[i, 0])
# 测试集变array并reshape为符合RNN输入要求：[送入样本数， 循环核时间展开步数， 每个时间步输入特征个数]
x_test, y_test = np.array(x_test), np.array(y_test)
x_test = np.reshape(x_test, (x_test.shape[0], 60, 1))

#搭建RNN循环神经网络，第一层RNN的记忆体个数为80，第二层RNN的记忆体的个数为100
#最后一层全连接网络只有一个神经元，只需要预测一天的股票概率
#return_sequences=True 表示各个时间同步输出ht
model = tf.keras.Sequential([
    LSTM(80, return_sequences=True),
    Dropout(0.2),
    LSTM(100),
    Dropout(0.2),
    Dense(1)
])


#加载参数
checkpoint_save_path = "./checkpoint/LSTM_stock.ckpt"
model.load_weights(checkpoint_save_path)


# ################### predict ######################
# 测试集输入模型进行预测
predicted_stock_price = model.predict(x_test)
# 对预测数据还原---从 (0, 1) 反归一化到原始范围
predicted_stock_price = sc.inverse_transform(predicted_stock_price)
# 对真实数据还原---从 (0, 1) 反归一化到原始范围
real_stock_price = sc.inverse_transform(test_set[60:])
# 画出真实数据和预测数据的对比曲线
plt.plot(real_stock_price, color='red', label='MaoTai Stock Price')
plt.plot(predicted_stock_price, color='blue', label='Predicted MaoTai Stock Price')
plt.title('MaoTai Stock Price Prediction')
```

图 11.37　部分测试代码

```
2020-12-29 23:23:44.596749: I tensorflow/core/platform/cpu_feature_guard.cc:142] Your CPU supports instructions that this TensorFlow binary was not compiled to use: AVX AVX2
均方误差: 893.207156
均方根误差: 29.886571
平均绝对误差: 22.017254

Process finished with exit code 0
```

图 11.38　预测结果

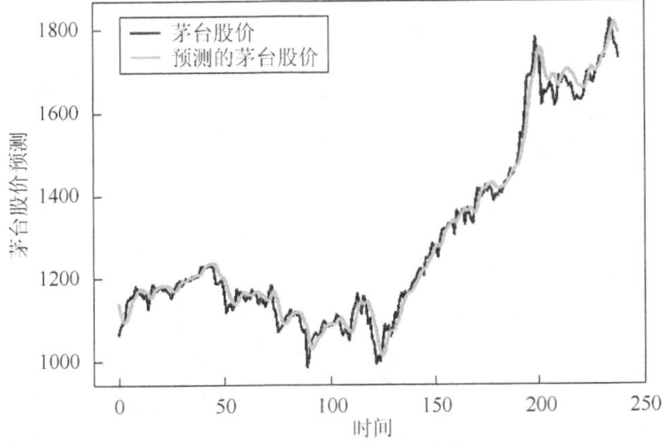

图 11.39　预测结果与真实数据曲线对比

2. 智能小车端操作步骤

（1）参照 PC 端，在 Ubuntu 系统下使用 PyCharm 新建一个工程文件，并在工程文件中新建两个 Python 文件，其中一个是训练脚本文件，另一个是应用脚本文件，参照实验原理部分，将代码全部编写进新建的 Python 文件中。

（2）新建训练部分的 Python 代码部分截图如图 11.40 所示。

```
#搭建RNN循环神经网络，第一层RNN的记忆体个数为80，第二层RNN的记忆体的个数为100
#最后一层全连接网络只有一个神经元，只需要预测一天的股票概率
#return_sequences=True 表示各个时间同步输出ht
model = tf.keras.Sequential([
    LSTM(80, return_sequences=True),
    Dropout(0.2),
    LSTM(100),
    Dropout(0.2),
    Dense(1)
])

#在compile中配置训练方法。采用adam的优化器，学习率为0.001
model.compile(optimizer=tf.keras.optimizers.Adam(0.001),
              loss='mean_squared_error')  # 损失函数用均方误差
# 该应用只观测loss数值，不观测准确率，所以删去metrics选项，一会在每个epoch迭代显示时只显示loss值

#设置训练模型的保存地址
checkpoint_save_path = "./checkpoint/LSTM_stock.ckpt"
if os.path.exists(checkpoint_save_path + '.index'):
    print('-------------load the model----------------')
    model.load_weights(checkpoint_save_path)
```

图 11.40　部分训练代码

（3）点击右键运行程序。本次设置运行次数为 500 次，运行时间约 1 min，运行过程中，程序会不断输出计算的损失值。程序运行结束后，会绘制出损失函数曲线图，如图 11.41 所示。

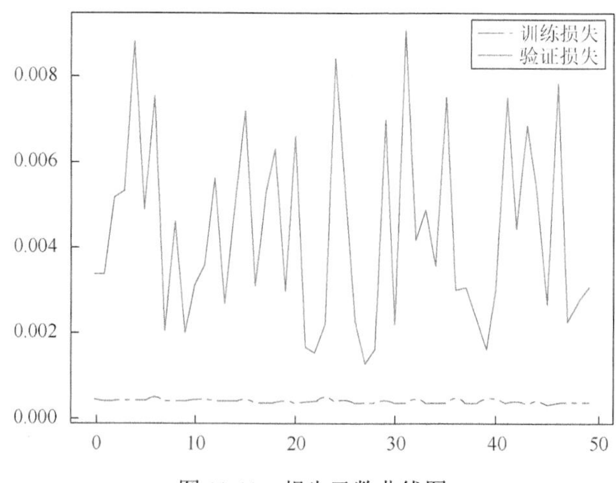

图 11.41　损失函数曲线图

（六）实验要求

（1）完成整体代码编写。

（2）运行程序成功绘制损失函数曲线图，并计算股票数据的均方误差、均方根误差平均绝对误差。

（七）实验习题

（1）改变模型图结构参数，观察训练结果。

（2）将改变参数训练后的模型测试结果绘图。

第 12 章　基于 OpenCV 和 Keras 的人脸识别案例

（一）实验目的

（1）掌握 OpenCV 对图片的处理。
（2）熟悉调用 OS 包对文件存取的操作方法。
（3）掌握搭建 CNN 对图像进行训练的方法。
（4）掌握 Python 运行的基本框架。
（5）掌握 TensorFlow 包中的相关指令。

（二）实验内容

（1）调用 OpenCV 完成对本人图片数据的采集与保存。
（2）调用 OS 包加载已经保存的图片数据文件，并对图片进行统一规格处理。
（3）搭建 CNN 训练模型，保存模型参数。
（4）读取模型权重参数并搭建相同模型进行图像实时检测。
（5）使用 PyCharm 编写 Python 程序。

（三）实验设备

（1）PC 机 1 台。
（2）智能小车 1 台。

（四）实验原理

1. 人脸识别

人脸识别是基于人的脸部特征信息进行身份识别的一种生物识别技术，它是用摄像机或摄像头采集含有人脸的图像或视频流，并自动在图像中检测和跟踪人脸，进而对检测到的人脸进行脸部识别的一系列相关技术，通常也称为人像识别或面部识别。

人脸识别是人工智能领域中重要的一类研究课题，在过去的一段时间里，人脸识别技术得到了飞速发展。其中，由于机器学习这个领域不断受到关注，基于深度学习方法的人脸识别技术是目前最流行的方法，本实验利用深度学习方法，搭建 CNN 对图像进行学习，对不同的人脸进行学习识别训练，最终将模型用于简单的人脸识别。

2. 卷积神经网络

一个图像矩阵经过一个卷积核的卷积操作后，得到了另一个矩阵，这个矩阵称为特征映射（feature mapping）。每一个卷积核都可以提取特定的特征，不同的卷积核提取不同的特征。例如，现在输入一张人脸的图像，使用某一卷积核提取到眼睛的特征，用另一个卷积核提取嘴巴的特征，特征映射就是某张图像经过卷积运算得到的特征矩阵，通过特定的卷积核得到其对应的特征映射。在 CNN 中，称之为卷积层（convolution），卷积核在图像上不断滑动运算，就是卷积层所要做的事情，同时在内积结果上取每一局部的最大值，这就是最大池化层的操作，CNN 用卷积层和池化层实现了图片的特征提取方法。

3. 池化层

池化层需要降低参数，而降低参数的方法只有删除参数。一般池化包括最大池化和平均池化，而最大池化相对较多。需要注意的是，池化层一般放在卷积层后面，因此池化层池化的是卷积层的输出。池化层有两个作用：一是不变性（invariance），包括平移（translation）、旋转（rotation）、尺度（scale）；二是保留主要特征的同时减少参数（降维）和计算量，防止过拟合，提高模型泛化能力。

其中，不变性和降维解释如下。

（1）特征不变性，即在图像处理中经常提到的特征的尺度不变性，池化操作就是图像的resize，平时一张狗的图像被缩小了一倍我们还能认出这是一张狗的照片，这说明这张图像中仍保留着狗最重要的特征，图像压缩时去掉的只是一些无关紧要的信息，而留下的信息具有尺度不变性的特征，最能表达图像的特征。

（2）一幅图像含有的信息是很大的，特征也很多，其中有些信息对于做图像任务没有太多用途或有重复，可以将这类冗余信息去除，将最重要的特征抽取出来，即降维，这也是池化操作的一大作用，如图 12.1 所示。

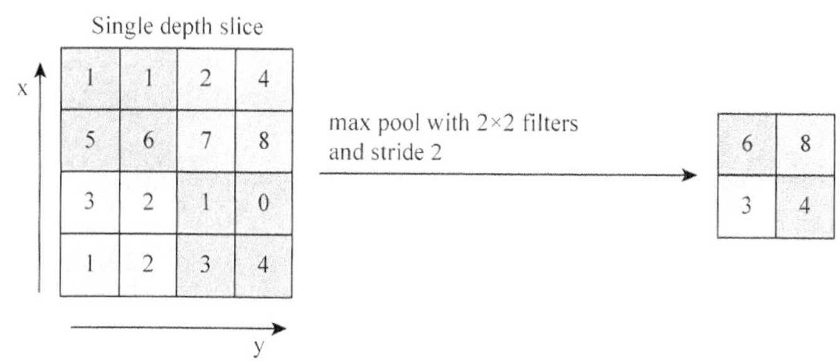

图 12.1　池化

单一深度切片在 2×2 的区域里取最大值（区域间隔为 2）

4. 反向传播算法

前面介绍了 CNN 如何利用卷积层和池化层提取图片的特征，其关键是卷积核表示图片中的局部特征。而在现实中，使用 CNN 进行多分类或目标检测的时候，图像构成要复杂得多，并不知道哪个局部特征是有效的，即使选定局部特征，也会因为太过具体而失去反泛化性。还是以人脸为例，使用一个卷积核检测眼睛位置，不同的人，眼睛的大小、状态是不同的。如果卷积核太过具体化，卷积核代表一个睁开的眼睛特征，那么当图像中的眼睛是闭合时，就很可能检测不出来。应该怎样应对这种问题呢，即如何确定卷积核的值呢？这就引出了反向传播算法。什么是反向传播，以猜数字为例，B 手中有一张数字牌让 A 猜，首先 A 将随意给出一个数字，B 反馈给 A 是大了还是小了，然后 A 经过修改，再给出一个数字，B 再反馈给 A 是否正确以及大小关系……经过数次猜测和反馈，最后得到正确答案（当然，在实际的 CNN 中不可能存在百分之百的正确，只能是最大可能正确）。反向传播，就是对比预测值与真实值，继而返回修改网络参数的过程。一开始随机初始化卷积核的参数，然后以误差为指导，通过反向传播算法，自适应地调整卷积核的值，从而最小化模型的预测值与真实值之间的误差。

5. 数据增加处理

数据增强，也称为数据扩增，即在不实质性地增加数据的情况下，让有限的数据产生等价于更多数据的价值。数据集增强主要是为了减少网络的过拟合现象，通过对训练图片进行变换，可以得到泛化能力更强的网络，更好地适应应用场景。

部分常用的数据增强方法如下。

（1）旋转/反射变换（rotation/reflection），即随机旋转图像一定角度，改变图像内容的朝向。

（2）翻转变换（flip），即沿着水平或垂直方向翻转图像。

（3）缩放变换（zoom），即按照一定的比例放大或缩小图像。

（4）平移变换（shift），即在图像平面上对图像以一定方式进行平移。

可以采用随机或人为定义的方式指定平移范围和平移步长，沿水平或竖直方向进行平移，改变图像内容的位置。

（5）尺度变换（scale），即对图像按照指定的尺度因子进行放大或缩小，或者参照 SIFT 特征提取思想，利用指定的尺度因子对图像滤波构造尺度空间，改变图像内容的大小或模糊程度。

（6）对比度变换（contrast），即在图像的 HSV 颜色空间，改变饱和度 S 和 V 亮度分量，保持色调 H 不变，对每个像素的 S 和 V 分量进行指数运算（指数因子的范围为 0.25～4.00），增加光照变化。

（7）噪声扰动（noise），即对图像的每个像素 RGB 进行随机扰动，常用的噪声模式是椒盐噪声和高斯（Gauss）噪声。

（8）颜色变化，即在图像通道上添加随机扰动。

数据增强是增大数据规模、减轻模型过拟合的有效方法，但是，数据增强不能保证总是有利的。在数据非常有限的域中，这可能导致进一步过度拟合。因此，重要的是要考虑搜索算法来推导增强数据的最佳子集，以便训练深度学习模型。

6. 人脸分类器

人脸的 Haar 特征分类器就是一个 XML 文件，该文件中会描述人脸的 Haar 特征值。当然，Haar 特征不仅可以用来描述人脸，还可以用来描述眼睛、嘴唇等。OpenCV 有自带人脸的 Haar 特征分类器。OpenCV 安装目录中\data\haarcascades 目录下的 haarcascade_frontalface_alt.xml 和 haarcascade_frontalface_alt2.xml 都是用来检测人脸的 Haar 分类器。haarcascades 目录下还有人的全身、眼睛、嘴唇的 Haar 分类器。

7. Dropout

Dropout 是一种在深度学习环境中应用的正规化手段，它是这样运作的：在一次循环中先随机选择神经层中的一些单元并将其临时隐藏，然后进行该次循环中神经网络的训练和优化过程；在下一次循环中，又将隐藏另外一些神经元，如此直至训练结束。训练时，每个神经单元以概率 p 被保留（Dropout 丢弃率为 1−p）；在测试阶段，每个神经单元都是存在的，权重参数 w 要乘以 p，成为 pw，原因是：考虑第一隐藏层的一个神经元在 Dropout 之前的输出是 x，那么 Dropout 之后的期望值是 $E = p*x + (1-p)*0 = p*x$，在测试时该神经元总是激活，

为了保持同样的输出期望值并使下一层也得到同样的结果，需要调整 x→px，其中 p 是伯努利（Bernoulli）分布（0-1 分布）中值为 1 的概率。

8. 人脸识别代码介绍

此次人脸识别代码分为四个部分，包括人脸采集脚本程序、人脸加载脚本程序、人脸训练脚本、人脸识别脚本。接下来分别对这四个部分进行说明。

1）人脸采集

利用 OpenCV 库调用摄像头采集头像，OpenCV 是一个非常强大的开源计算机视觉库，具有非常完备的公开的计算机视觉接口，使用这些接口比重复造轮子更加方便，这些接口可以在前人的基础上更有效地开展工作，OpenCV 正是基于为计算机视觉提供通用接口这一目标而被策划的。

OpenCV 库由 C 语言和 C++语言编写，涵盖计算机视觉各个领域内 500 多个函数，可以在多种操作系统上运行，它提供了一个简洁而又高效的接口，可以帮助开发人员快速地构建视觉应用。OpenCV 更像一个黑盒，让开发人员专注于视觉应用开发，而不必过多地关注基础图像处理的具体细节。

（1）本实验调用了 OpenCV 基于 Python 的库来对人物图片的采集和处理。

OpenCV 规定，调用摄像头时，必须定义一个窗口，使用结束后必须销毁窗口。具体操作见 OpenCV 相关库函数。第一个参数是窗口的命名 Window_name；第二个参数是摄像头调用的 ID，OpenCV 中这个参数用来设定调用电脑上的哪个摄像头，本实验采用笔记本自带的内置摄像头，默认设为 ID 为 0，当要采用外置摄像头时设为 1；第三个参数是图片保存的文件目录地址；第四个参数是该函数所采集的图片数量，如图 12.2 所示。这四个参数都是形参，调用时需要赋予其实际的变量或值。

```
def getTrainingData(window_name, camera_id, path_name, max_num):  # path_name是图片存储目录，max_num是需要捕捉的图片数量
    cv2.namedWindow(window_name)  # 创建窗口
    cap = cv2.VideoCapture(camera_id)  # 打开摄像头
    classifier = cv2.CascadeClassifier('haarcascade_frontalface_alt2.xml')  # 加载分类器
    color = (0, 255, 0)  # 人脸矩形框的颜色
    num = 0  # 记录存储的图片数量
```

图 12.2　加载数据

（2）定义好参数之后就是函数内部的操作。创建一个窗口，打开摄像头。OpenCV 自带人脸分类器，调用相关函数加载人脸分类器，识别时的人脸框，定义一个元组 color 来设置颜色，可以修改参数，颜色格式是 RGB。

（3）判断摄像头是否能够读取，如图 12.3 所示。能够读取继续及进行下一步，不能则暂停。

```
while cap.isOpened():
    ok, frame = cap.read()  # type(frame) <class 'numpy.ndarray'>
    if not ok:
        break
```

图 12.3　判断读取数据

（4）因为本实验只需要对人脸进行分类，所以对图片颜色要求不高，采用灰度图可以减少计算机的计算量，以及后续训练模型的复杂度。调用 CV 库中的函数对图片进行灰度化，如图 12.4 所示。

```
gray = cv2.cvtColor(frame, cv2.COLOR_BGR2GRAY)  # 灰度化
faceRects = classifier.detectMultiScale(gray, scaleFactor=1.2, minNeighbors=3, minSize=(32, 32))
```

图 12.4　灰度化

OpenCV2 中人脸检测使用的是 detectMultiScale()函数。它可以检测出图片中所有的人脸，并用 vector 保存各个人脸的坐标、大小（用矩形表示），函数由分类器对象调用。

（5）通过 CV 中的人脸分类器返回的值，判断是否存在人脸，当存在人脸时，保存图片。保存数量由函数中的 max_num 参数决定，如图 12.5 所示。

```
if len(faceRects) > 0:
    for faceRect in faceRects:
        x, y, w, h = faceRect
        # 捕捉到的图片的名字，这里用到了格式化字符串的输出
        image_name = '%s%d.jpg' % (path_name,
                                   num)  # 注意这里图片名一定要加上扩展名，否则后面imwrite的时候会报错：could not find a writer for the specified extension in function cv::imwrite_
        image = frame[y:y + h, x:x + w]  # 将当前帧含人脸部分保存为图片，注意这里存的还是彩色图片，前面检测时灰度化是为了降低计算量，这里访问的是从y位开始到y+h-1位
        cv2.imwrite(image_name, image)

        num += 1
        # 超过指定最大保存数量则退出循环
        if num > max_num:
            break

        cv2.rectangle(frame, (x, y), (x + w, y + h), color, 2)  # 画出矩形框
        font = cv2.FONT_HERSHEY_SIMPLEX  # 获取内置字体
        cv2.putText(frame, ('%d' % num), (x + 30, y + 30), font, 1, (255, 0, 255),
                    4)  # 调用函数，对人脸坐标位置，添加一个(x+30,y+30)的矩形框用于显示当前捕捉到了多少人脸图片
if num > max_num:
    break
cv2.imshow(window_name, frame)
c = cv2.waitKey(10)
if c & 0xFF == ord('q'):
    break
```

图 12.5　读取人脸并处理

（6）保存完毕销毁窗口，如图 12.6 所示。

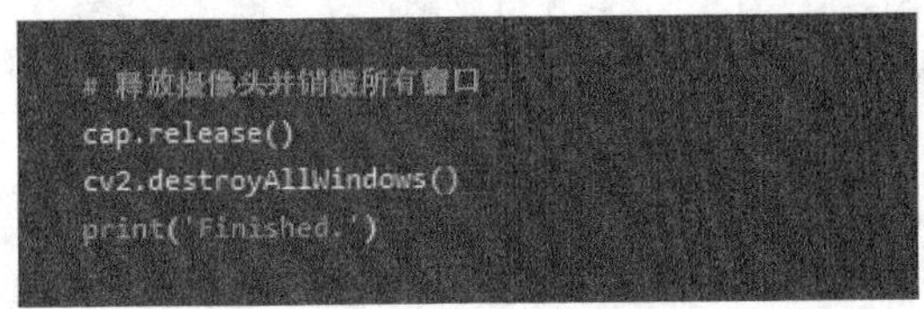

```
# 释放摄像头并销毁所有窗口
cap.release()
cv2.destroyAllWindows()
print('Finished.')
```

图 12.6　读取完成

（7）__name__是当前模块名，当模块被直接运行时模块名为__main__。这句话的意思是：当模块是被直接运行时，如图 12.7 所示，代码块将被运行；当模块是被导入时，代码块不被运行。

```
# 主函数
if __name__ == '__main__':
    print('catching your face and writting into disk...')
    # 注意这里的dataset文件夹就在程序工作目录下，这里的路径文件夹必须先创建好，否则图片存不下来
    getTrainingData('getTrainData', 0, './dataset/train_data_me', 500)
```

图 12.7　主函数

至此，图片采集就完成了。

2）人脸加载

（1）导入相关函数包，图片加载采用 PIL 中的函数，如图 12.8 所示，也可以采用 CV。

```
import os
import numpy as np
import cv2
from PIL import Image
```

图 12.8　导包

（2）定义一个函数，指定图片的高度和宽度，方便后续神经网络训练时的模型输入，对输入数据格式进行统一。其目的是调整图像大小并返回图像，减少计算量和内存占用，提升训练速度。函数入口的第一个参数是图片数据，第二个参数是图片高度，第三个参数是图片宽度。具体代码如图 12.9 所示。

```
IMAGE_SIZE = 64  # 指定图像大小


# 按指定图像大小调整尺寸
def resize_image(image, height=IMAGE_SIZE, width=IMAGE_SIZE):
    top, bottom, left, right = (0, 0, 0, 0)

    # 获取图片尺寸
    h, w, _ = image.shape

    # 对于长宽不等的图片，找到最长的一边
    longest_edge = max(h, w)

    # 计算短边需要增加多少像素宽度才能与长边等长(相当于padding，长边的padding为0，短边才会有padding)
    if h < longest_edge:
        dh = longest_edge - h
        top = dh // 2
        bottom = dh - top
    elif w < longest_edge:
        dw = longest_edge - w
        left = dw // 2
        right = dw - left
    else:
        pass  # pass是空语句，是为了保持程序结构的完整性，pass不做任何事情，一般用做占位语句。

    # RGB颜色
    BLACK = [0, 0, 0]
    # 给图片增加padding，使图片长、宽相等
    # top, bottom, left, right分别是各个边界的宽度，cv2.BORDER_CONSTANT是一种border type，表示用相同的颜色填充
    constant = cv2.copyMakeBorder(image, top, bottom, left, right, cv2.BORDER_CONSTANT, value=BLACK)
    # 调整图像大小并返回图像，目的是减少计算量和内存占用，提升训练速度
    return cv2.resize(constant, (height, width))


# 读取训练数据到内存，这里数据结构是列表
images = []
labels = []
```

图 12.9　加载数据

（3）函数的入口参数是目录地址，它从指定目录一级判断是否存在图片文件，不存在继续向下一级目录查找，最终返回的是图片和图片的目录地址，返回的图片是后续模型训练需要的数据，返回的目录地址是后面做人脸标签的目录，对图片中的某个人进行标识，对模型进行训练，如图 12.10 所示。

```
# path_name是当前工作目录，后面会由os.getcwd()获得
def read_path(path_name):
    for dir_item in os.listdir(path_name):  # os.listdir() 方法用于返回指定的文件夹包含的文件或文件夹的名字的列表
        # 从当前工作目录寻找训练集图片的文件夹
        full_path = os.path.abspath(os.path.join(path_name, dir_item))

        if os.path.isdir(full_path):  # 如果是文件夹，继续递归调用，去读取文件夹里的内容
            read_path(full_path)
        else:  # 如果是文件了
            if dir_item.endswith('.jpg'):

                image = Image.open(full_path)  #调用PIT库中的image.open()得到的数据类型是image对象，不是数组
                image = np.array(image)        #将image对象转换成c2.image()（数组类型）

                # image = cv2.imread(full_path)

                #                print(type(image))
                if image is None:  # 遇到部分数据有点问题，报错'NoneType' object has no attribute 'shape'
                    pass
                else:
                    image = resize_image(image, IMAGE_SIZE, IMAGE_SIZE)

                    images.append(image)
                    labels.append(path_name)  # 这里最终的path_name是递归过后最终包含图片文件的路径
    return images, labels
```

图 12.10　读取数据

（4）load_dataset()的作用是，上面的函数对指定目录中图片做好处理后，对图片做标签如图 12.11 所示，指定哪个文件中的图片是本人头像，哪个文件的图片不是本人，做好标签方便后续模型的训练。

```
# 读取训练数据并完成标注
def load_dataset(path_name):
    images,labels = read_path(path_name)
    # 将lsit转换为numpy array
    images = np.array(images, dtype='float')  # 注意这里要将数据类型设为float，否则后面face_train_keras.py里图像归一化的时候会报错
    # 标注数据，me文件夹下是我，指定为0，其他指定为1，这里的0和1不是logistic regression二分类输出下的0和1，而是softmax下的多分类的类别
    labels = np.array([0 if label.endswith('me') else 1 for label in labels])
    return images, labels
```

图 12.11　加载数据

（5）__name__是当前模块名，当模块被直接运行时模块名为__main__。这句话的意思就是：当模块是被直接运行时，如图 12.12 所示，代码块将被运行；当模块是被导入时，代码块不被运行。此部分相当于一个函数接口提示。

```
if __name__ == '__main__':
    #    path_name = os.getcwd() # 获取当前工作目录
    # path_name = './dataset/'
    path_name = './dataset/'
    images, labels = load_dataset(path_name)

    print(labels)
    print(labels.shape)
```

图 12.12　主函数

3）人脸训练

（1）将需要的开发包导入脚本程序，如图 12.13 所示。

```
import random
import tensorflow.keras as kr
from sklearn.model_selection import train_test_split
from tensorflow.keras.preprocessing.image import ImageDataGenerator
from tensorflow.keras.models import Sequential
from tensorflow.keras.layers import Dense, Dropout, Activation, Flatten, Conv2D, MaxPooling2D
from load_face_dataset import load_dataset, resize_image, IMAGE_SIZE
import os
os.environ['TF_CPP_MIN_LOG_LEVEL'] = '2'
```

图 12.13　导包

（2）定义一个变量，用来保存图片的目录地址。调用 load_dataset()函数，读取图片文件和标签，此时的标签只有 0 和 1，本人的标签是 0，其他人的标签是 1，如图 12.14 所示。

```
images, labels = load_dataset(path_name)

train_images, test_images, train_labels, test_labels = train_test_split(images, labels, test_size=0.3, random_state=random.randint(0, 100))
train_images = train_images.reshape(train_images.shape[0], IMAGE_SIZE, IMAGE_SIZE, 3)
test_images = test_images.reshape(test_images.shape[0], IMAGE_SIZE, IMAGE_SIZE, 3)
#输入模型的类型 (64,64,3) 图片大小是64*64,3通道
```

图 12.14　加载数据

（3）将图片数据和标签处理成模型合适的结构，方便模型训练。将图片数据做归一化处理，因为颜色分为 256 个级别，0～255，除以 255 将数据归一化至 0～1，如图 12.15 所示。对类别标签进行 One-Hot 编码，模型中会使用 categorical_crossentropy 作为损失函数。

（4）机器视觉当然离不开 CNN，本次神经网络采用 4 层卷积网络、2 层 DNN，具体的网络结构如图 12.16 所示。

```
inputtype = (IMAGE_SIZE, IMAGE_SIZE, 3)
print(train_images.shape[0], 'train samples')
print(test_images.shape[0], 'test samples')
#类别标签进行One-hot编码，模型中会使用categorical_crossentropy作为损失函数
train_labels = kr.utils.to_categorical(train_labels, 2)
test_labels = kr.utils.to_categorical(test_labels, 2)
# 图像归一化，将图像的各像素值归一化到0~1区间
train_images /= 255
test_images /= 255
```

图 12.15　归一化

```
#搭建CNN网络，4层卷积神经网络，后面拉平后2层全连接网络
model = Sequential([
    Conv2D(filters=32,kernel_size=(3,3),padding='same',input_shape=inputtype),
    Activation('relu'),
    Conv2D(filters=32, kernel_size=(3, 3)),
    MaxPooling2D(pool_size = (2,2)),
    Conv2D(filters=64, kernel_size=(3, 3), padding = 'same'),
    Activation('relu'),
    Conv2D(filters=64, kernel_size=(3, 3)),
    Activation('relu'),
    MaxPooling2D(pool_size=(2, 2)),
    Dropout(0.25),
    Flatten(),
    Dense(512, activation='relu'),
    Dropout(0.25),
    Dense(2, activation='softmax'),

])
```

图 12.16　搭建神经网络

之前介绍过优化器的选取以及对损失函数的设置，此外不再赘述。

性能评估函数，也就是 metrics()函数的选择，通常为以下几种。

① binary_accuracy，主要应用在二分类问题上，主要是计算所有预测值与实际值相比较的平均正确率。

② categorical_accuracy，主要应用在多分类问题上，这也是与 binary_accuracy 的不同之处。同样地，它也是计算所有预测值的平均正确率。

③ sparse_categorical_accuracy，是 categorical_accuracy 优化版本，主要应用在稀疏的目标值预测。具体方法如图 12.17 所示。

```
#配置训练方法
model.compile(optimizer='SGD',
              loss ='categorical_crossentropy',
              metrics=['accuracy'],

)
```

图 12.17　配置训练方法

（5）数据增强代码如图 12.18 所示。

```
datagen = ImageDataGenerator(rotation_range = 20,
                             width_shift_range  = 0.2,
                             height_shift_range = 0.2,
                             horizontal_flip = True)
```

图 12.18　数据增强

（6）此处的训练不是采用的 model.fit()函数。Keras 中的 fit()函数传入的 x_train 和 y_train 是被完整地加载进内存的，用起来很方便；但是，如果数据量很大，那么不可能将所有数据载入内存，必将导致内存泄漏，这时候可以用 fit_generator()函数来进行训练。具体代码如图 12.19 所示。

```
model.fit_generator(datagen.flow(train_images, train_labels,batch_size=128),epochs=30)
```

图 12.19　配置训练参数

（7）模型训练出来需要进行评估，如图 12.20 所示。输入测试数据、调用相关函数就可以对训练好的模型进行评估，并显示出模型的正确率。

```
#评估训练模型
# evaluate返回的结果是list, 两个元素分别是test loss和test accuracy
score = model.evaluate(test_images, test_labels)
# 注意这里.3f后面的第二个百分号就是百分号, 其余两个百分号则是格式化输出浮点数的语法。
print("%s: %.3f%%" % (model.metrics_names[1], score[1] * 100))
```

图 12.20　训练评估

（8）模型训练完成后还需要对模型进行保存，并指定保存的文件目录位置，如图 12.21 所示，方便后期模型的使用。

```
#保存训练参数
file_path = './model/me.face.model.h5'
model.save_weights(file_path)
```

图 12.21　权重保存路径

至此，训练模型就完成了。

4）模型应用

（1）导包，如图 12.22 所示。

```
import cv2
from tensorflow.keras.models import Sequential
from tensorflow.keras.layers import Dense, Dropout, Activation, Flatten, Conv2D, MaxPooling2D
from load_face_dataset import resize_image
import os
os.environ['TF_CPP_MIN_LOG_LEVEL'] = '2'
```

图 12.22　导包

（2）定义一个函数，方便后期调用摄像头的图像，对摄像头中的图片进行人脸识别，如图 12.23 所示。其中的图片数据需要与训练模型时的结构一致。

```
# 图片进行预测
def face_predict(model, image):
    # 将探测到的人脸reshape为符合输入要求的尺寸
    image = resize_image(image)
    image = image.reshape((1, IMAGE_SIZE, IMAGE_SIZE, 3))
    # 图片浮点化并归一化
    image = image.astype('float32')
    image /= 255
    result = model.predict(image)

    return result.argmax(axis=-1)
```

图 12.23　预测函数

（3）定义一个与训练网络中相同的 CNN，4 层 CNN，2 层 DNN，如图 12.24 所示。

```
IMAGE_SIZE = 64  # 指定图像大小

# 输入模型的类型 (64,64,3) 图片大小是64*64,3通道
inputtype = (IMAGE_SIZE, IMAGE_SIZE, 3)

# 搭建CNN网络, 4层卷积;网络, 后面拉平后2层全连接网络
model = Sequential([
    Conv2D(filters=32, kernel_size=(3, 3), padding='same', input_shape=inputtype),
    Activation('relu'),
    Conv2D(filters=32, kernel_size=(3, 3)),
    MaxPooling2D(pool_size=(2, 2)),
    Conv2D(filters=64, kernel_size=(3, 3), padding='same'),
    Activation('relu'),
    Conv2D(filters=64, kernel_size=(3, 3)),
    Activation('relu'),
    MaxPooling2D(pool_size=(2, 2)),
    Dropout(0.25),
    Flatten(),
    Dense(512, activation='relu'),
    Dropout(0.25),
    Dense(2, activation='softmax')
])
```

图 12.24　搭建网络

（4）将训练好的模型读取过来，如图 12.25 所示，应用将自行载入搭建的模型中，进行人脸识别。

```
# 加载模型参数
model.load_weights('./model/me.face.model.h5')
```

图 12.25　加载权重

（5）初始化摄像头相关操作，创建一个窗口以及 CV 自带的人脸分类器，并用一定颜色矩形框住人脸，捕获视频流，如图 12.26 所示。

```
# 框住人脸的矩形边框颜色
cv2.namedWindow('Detecting your face.')  # 创建窗口
color = (100, 255, 50)
# 加载cv2的分类器
classifier = cv2.CascadeClassifier('haarcascade_frontalface_alt2.xml')
# 捕获指定摄像头的实时视频流
cap = cv2.VideoCapture(0)
```

图 12.26　初始化摄像头

（6）摄像头视频检测如图 12.27 所示，检测是否有视频流入，如图 12.28 所示。

```
while cap.isOpened():
    ok, frame = cap.read()
    if not ok:
        break
```

图 12.27　读取视频

```
    gray = cv2.cvtColor(frame, cv2.COLOR_BGR2GRAY)
    faceRects = classifier.detectMultiScale(gray, scaleFactor=1.2, minNeighbors=3, minSize=(32, 32))
```

图 12.28　灰度化

（7）将视频中指定人脸区域送入训练好模型中，对视频中人脸进行检测，返回 faceID 参数，如图 12.29 所示。

（8）若模型中返回的参数 faceID 返回的是 0，则说明视频中是本人，否则是其他人，如图 12.30 所示。并在方框中标出，本人显示 YK（可修改），其他人显示 Unkown（可修改）。

（9）当有鼠标点击时，程序终止，销毁所有窗口，如图 12.31 所示。

```
    if len(faceRects) > 0:
        for faceRect in faceRects:
            x, y, w, h = faceRect

            # 截取脸部图像提交给模型识别这是谁
            image = frame[y - 10: y + h + 10, x - 10: x + w + 10]
            # 可能人脸探测有问题，会报错 error
            if image is None:
                break
            else:
                faceID = face_predict(model, image)
                #                    #如果是“我”
```

图 12.29　读取人脸

```
                if faceID[0] == 0:
                    cv2.rectangle(frame, (x - 10, y - 10), (x + w + 10, y + h + 10), color, thickness=2)

                    # 文字提示是谁
                    cv2.putText(frame, 'YK',
                                (x + 30, y + 30),  # 坐标
                                cv2.FONT_HERSHEY_SIMPLEX,  # 字体
                                0.8,  # 字号
                                (255, 0, 255),  # 颜色
                                2)  # 字的线宽
                else:
                    cv2.rectangle(frame, (x - 10, y - 10), (x + w + 10, y + h + 10), color, thickness=2)
                    # 文字提示是谁
                    cv2.putText(frame, 'Unknown',
                                (x + 30, y + 30),  # 坐标
                                cv2.FONT_HERSHEY_SIMPLEX,  # 字体
                                0.8,  # 字号
                                (255, 0, 255),  # 颜色
                                2)  # 字的线宽
    cv2.imshow("Detecting your face.", frame)
```

图 12.30　人脸识别并标记

```
    # 等待10毫秒看是否有按键输入
    k = cv2.waitKey(10)
    # 如果输入q则退出循环
    if k & 0xFF == ord('q'):
        break

# 释放摄像头并销毁所有窗口
cap.release()
cv2.destroyAllWindows()
```

图 12.31　退出

（五）实验步骤

1. PC 端实验操作步骤

（1）在进行人脸识别训练之前，先要搭建人脸识别训练的环境，也就是导入需要的安装包，创建实验平台。

（2）本次实验主要在 PyCharm 程序中实现，创建一个新项目，如图 12.32 所示。

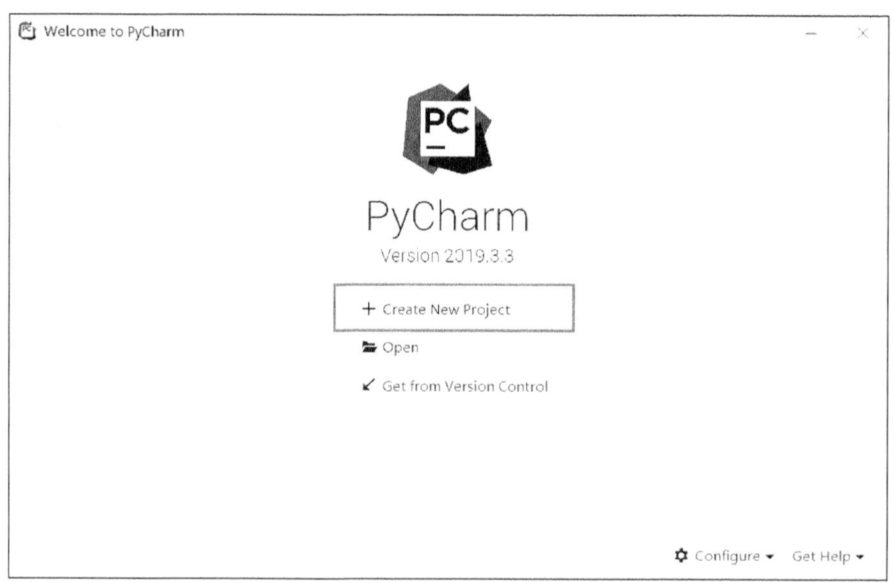

图 12.32　创建新项目

（3）点击“Pure Python”，给项目命名，这里取名 test。Existing Interpreter 改为在 Anaconda 中创建好的环境文件。这里选中的是 D:\My software\ANACONDA\envs\tf 文件夹下的 Python.exe。特别需要注意的是，环境搭建的不同，文件夹中 TensorFlow 的名字可能会有不同。选择完成后，点击“Create”即可，如图 12.33 所示。

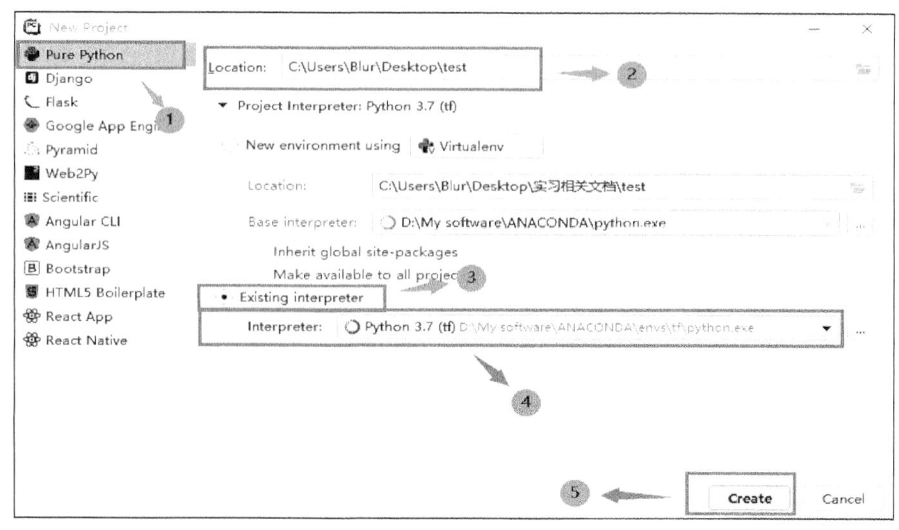

图 12.33　项目参数

（4）工程创建完成后，就可以新建脚本文件了。右键点击“test”→“New”→“Python File”，即可创建 Python 脚本文件，如图 12.34 所示。也可以点击左上方的“File”→“New”→“Python File”创建一个脚本文件。

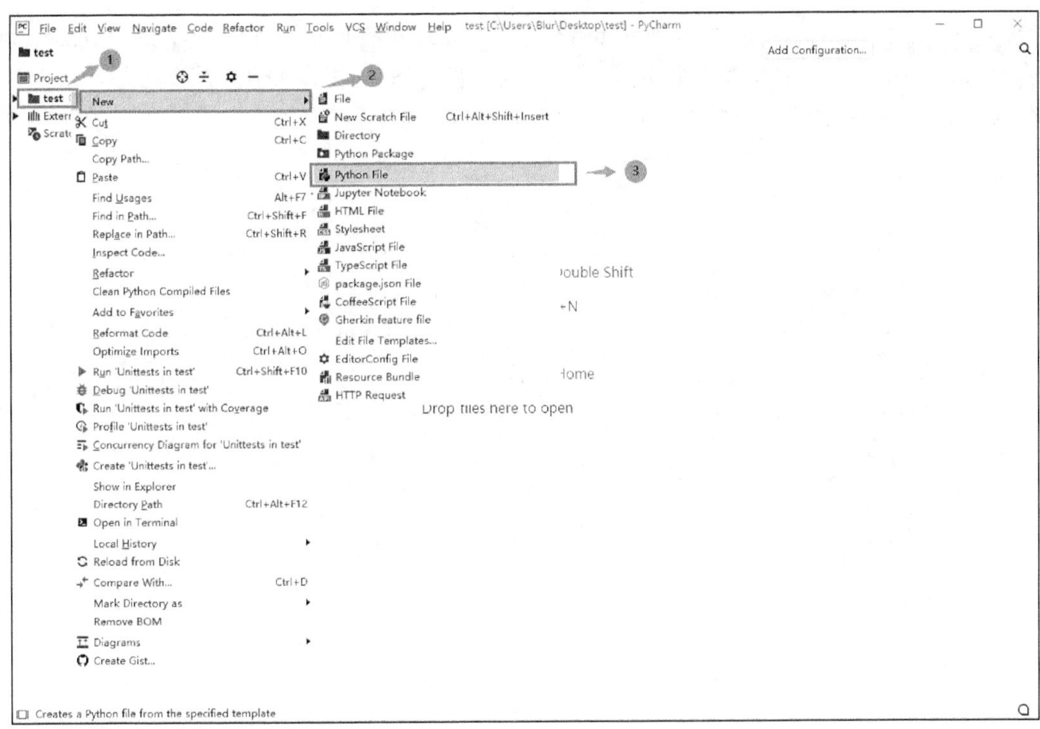

图 12.34　新建 Python 文件

（5）本实验需要创建四个脚本程序，分别对应人脸采集源脚本、人脸模型检测加载脚本、神经网络训练模型脚本、人脸识别应用脚本。创建脚本文件后，还需要对其进行命名，命名时，不要更改文件选项，直接对文件命名即可。这里创建四个脚本文件，分别命名为 facerecognition_app、facerecongnition_keras_train、load_face_dataset、save_face_image。选中文件后，还需要再检查一遍 TensorFlow 的 Python.exe 文件是否正常导入。点击“File”→“Settings”，如图 12.35 所示。

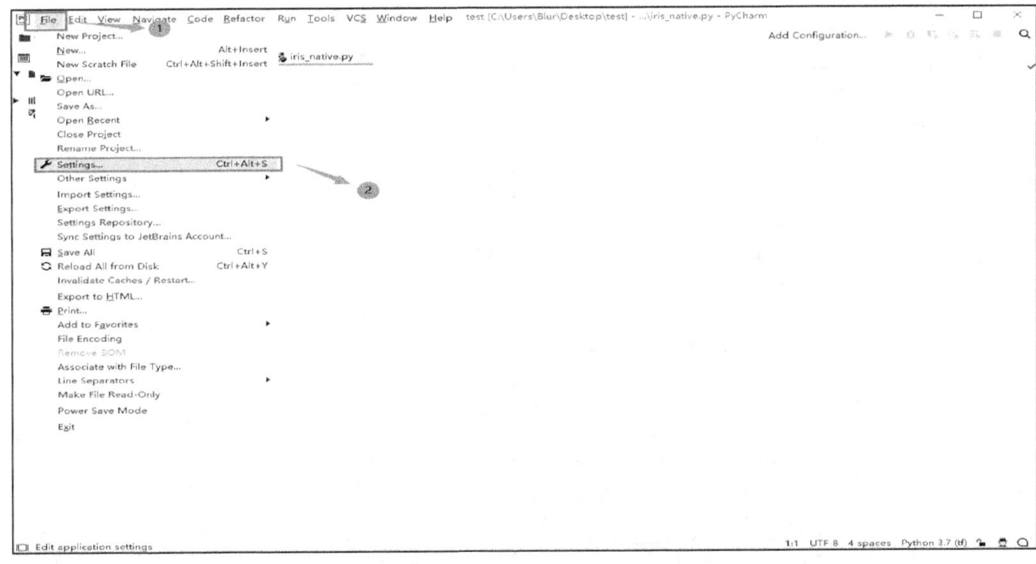

图 12.35　检查文件是否正常导入

（6）打开设置之后，点击“Project：test”→“Project Interpreter”，查看包是否为 TensorFlow 下的 Python.exe 文件，这也就是搭建实验平台的文件位置，如图 12.36 所示。这个文件一定是在 Anaconda 目录下的。选中之后点击“Apply”→“OK”即可。

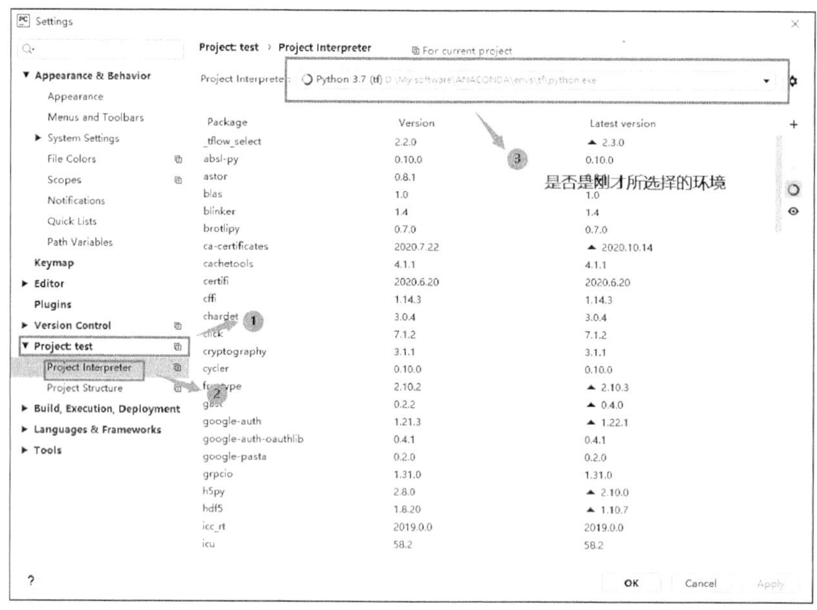

图 12.36　设置环境

（7）录入人脸图片，运行 load_face_dataset.py 程序，代码部分截图如图 12.37 所示。

```
# 读取训练数据并完成标注
def load_dataset(path_name):
    images,labels = read_path(path_name)
    # 将list转换为numpy array
    images = np.array(images, dtype='float')  # 注意这里要将数据类型设为float，否则后面face_train_keras.py里图像归一化的时候会报错
    # 标注数据，me文件夹下是我，指定为0，其他指定为1，这里的0和1不是logistic regression二分类输出下的0和1，而是softmax下的多分类的类别
    labels = np.array([0 if label.endswith('me') else 1 for label in labels])
    return images, labels


if __name__ == '__main__':
    #     path_name = os.getcwd() # 获取当前工作目录
    # path_name = './dataset/'
    path_name = './dataset/'
    images, labels = load_dataset(path_name)

    print(labels)
    print(labels.shape)
```

图 12.37　读取人脸

（8）图片数据将保存在指定的文件夹内，如图 12.38 所示。

.idea	2020/10/31 9:39	文件夹	
__pycache__	2020/10/31 9:35	文件夹	
dataset	2020/10/30 10:47	文件夹	
model	2020/10/8 14:16	文件夹	
facerecognition_app	2020/11/12 13:47	JetBrains PyChar...	4 KB
facerecongnition_keras_train	2020/11/30 12:26	JetBrains PyChar...	4 KB
haarcascade_frontalface_alt2	2019/5/3 5:36	XML 文档	528 KB
load_face_dataset	2020/10/30 17:36	JetBrains PyChar...	4 KB
save_face_image	2020/10/8 14:59	JetBrains PyChar...	3 KB
实验十二基于openCV和keras的人脸识...	2020/11/30 13:35	Microsoft Word ...	1,039 KB

图 12.38　数据路径

（9）新建一个训练模型脚本，训练程序编写完成后就可以进行神经网络的训练了。运行 facerecongnition_keras_train 程序。

（10）训练结果如图 12.39 所示，可以看出训练中损失值不断减小，准确率不断提高，训练结束时，正确率达到近 97.175%。

```
1/7 [===>..........................] - ETA: 4s - loss: 0.1563 - accuracy: 0.9375
2/7 [=======>......................] - ETA: 3s - loss: 0.1809 - accuracy: 0.9336
3/7 [===========>..................] - ETA: 2s - loss: 0.2404 - accuracy: 0.9089
4/7 [================>.............] - ETA: 1s - loss: 0.2643 - accuracy: 0.8906
5/7 [====================>.........] - ETA: 1s - loss: 0.3175 - accuracy: 0.8734
6/7 [========================>.....] - ETA: 0s - loss: 0.3080 - accuracy: 0.8737
7/7 [==============================] - 4s 538ms/step - loss: 0.2882 - accuracy: 0.8848
Epoch 29/30

1/7 [===>..........................] - ETA: 4s - loss: 0.1549 - accuracy: 0.9766
2/7 [=======>......................] - ETA: 3s - loss: 0.1413 - accuracy: 0.9766
3/7 [===========>..................] - ETA: 2s - loss: 0.1676 - accuracy: 0.9649
4/7 [================>.............] - ETA: 1s - loss: 0.1820 - accuracy: 0.9524
5/7 [====================>.........] - ETA: 1s - loss: 0.1977 - accuracy: 0.9402
6/7 [========================>.....] - ETA: 0s - loss: 0.1945 - accuracy: 0.9455
7/7 [==============================] - 4s 536ms/step - loss: 0.1897 - accuracy: 0.9430
Epoch 30/30

1/7 [===>..........................] - ETA: 4s - loss: 0.1263 - accuracy: 0.9609
2/7 [=======>......................] - ETA: 3s - loss: 0.1529 - accuracy: 0.9648
3/7 [===========>..................] - ETA: 2s - loss: 0.1529 - accuracy: 0.9661
4/7 [================>.............] - ETA: 1s - loss: 0.1703 - accuracy: 0.9615
5/7 [====================>.........] - ETA: 1s - loss: 0.1764 - accuracy: 0.9578
6/7 [========================>.....] - ETA: 0s - loss: 0.1642 - accuracy: 0.9613
7/7 [==============================] - 4s 538ms/step - loss: 0.1631 - accuracy: 0.9588

 32/354 [=>............................] - ETA: 1s - loss: 0.1857 - accuracy: 0.9062
 96/354 [=======>......................] - ETA: 0s - loss: 0.1334 - accuracy: 0.9583
160/354 [============>.................] - ETA: 0s - loss: 0.1054 - accuracy: 0.9688
224/354 [=================>............] - ETA: 0s - loss: 0.0972 - accuracy: 0.9688
288/354 [=======================>......] - ETA: 0s - loss: 0.0995 - accuracy: 0.9653
352/354 [============================>.] - ETA: 0s - loss: 0.0925 - accuracy: 0.9716
354/354 [==============================] - 0s 1ms/sample - loss: 0.0923 - accuracy: 0.9718
accuracy: 97.175%

Process finished with exit code 0
```

图 12.39　训练结果显示

（11）使用该模型进行视频实时人脸识别，运行 facerecognition_app 代码，在屏幕中出现一个窗口，当人脸出现在窗口时，就会进行实时人脸检测，当是本人时就会显示相关的信息，部分截图如图 12.40 所示。

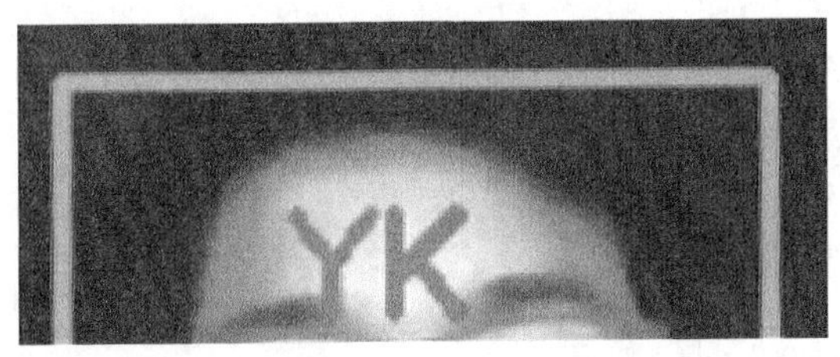

图 12.40　识别结果

2. 智能小车端操作步骤

（1）参照 PC 端，在 Ubuntu 系统下使用 PyCharm 新建一个工程文件，并在工程文件中新建四个 Python 文件，分别对应头像采集代码、图像加载代码、人脸识别训练代码、人脸识别应用代码，并参照实验原理部分，将代码全部编写进新建的 Python 文件中。

（2）新建图像采集 Python 代码部分截图如图 12.41 所示。

```
cv2.namedWindow(window_name) # 创建窗口
cap = cv2.VideoCapture(camera_id,cv2.CAP_DSHOW) # 打开摄像头
classifier = cv2.CascadeClassifier('haarcascade_frontalface_alt2.xml') # 加载分类器
color = (0,255,0) # 人脸矩形框的颜色
num = 0 # 记录存储的图片数量

while cap.isOpened():
    ok, frame = cap.read() # type(frame) <class 'numpy.ndarray'>
    if not ok:
        break

    gray = cv2.cvtColor(frame, cv2.COLOR_BGR2GRAY) # 灰度化
    faceRects=classifier.detectMultiScale(gray,scaleFactor=1.2,minNeighbors=3,minSize=(32,32))

    if len(faceRects) > 0:
        for faceRect in faceRects:
            x,y,w,h = faceRect
            # 捕捉到的图片的名字，这里用到了格式化字符串的输出
            image_name = '%s%d.jpg' % (path_name, num) # 注意这里图片名一定要加上扩展名，否则后面imwrite的
            image = frame[y:y+h, x:x+w] # 将当前帧含人脸部分保存为图片，注意这里存的还是彩色图片，前面检测时灰
            cv2.imwrite(image_name, image)

            num += 1
            # 超过指定最大保存数量则退出循环
            if num > max_num:
```

图 12.41　部分识别代码

（3）图像加载 Python 代码部分截图如图 12.42～12.44 所示。

```
# 按指定图像大小调整尺寸
def resize_image(image, height = IMAGE_SIZE, width = IMAGE_SIZE):
    top, bottom, left, right = (0,0,0,0)

    # 获取图片尺寸
    h, w, _ = image.shape

    # 对于长宽不等的图片，找到最长的一边
    longest_edge = max(h,w)

    # 计算短边需要增加多少像素宽度才能与长边等长(相当于padding，长边的padding为0，短边才会有padding)
    if h < longest_edge:
        dh = longest_edge - h
        top = dh // 2
        bottom = dh - top
    elif w < longest_edge:
        dw = longest_edge - w
        left = dw // 2
        right = dw - left
    else:
        pass # pass是空语句，是为了保持程序结构的完整性。pass不做任何事情，一般用做占位语句。
```

图 12.42　图片加载处理函数

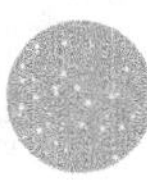

```
# path_name是当前工作目录，后面会由os.getcwd()获得
def read_path(path_name):
    for dir_item in os.listdir(path_name): # os.listdir() 方法用于返回指定的文件夹包含的文件或文件夹的名字的列
        # 从当前工作目录寻找训练集图片的文件夹
        full_path = os.path.abspath(os.path.join(path_name, dir_item))

        if os.path.isdir(full_path): # 如果是文件夹，继续递归调用，去读取文件夹里的内容
            read_path(full_path)
        else: # 如果是文件了
            if dir_item.endswith('.jpg'):
                image = cv2.imread(full_path)
#                print(type(image))
                if image is None: # 遇到部分数据有点问题，报错'NoneType' object has no attribute 'shape'
                    pass
                else:
                    image = resize_image(image, IMAGE_SIZE, IMAGE_SIZE)

                    images.append(image)
                    labels.append(path_name) # 这里最终的path_name是递归过后最终包含图片文件的路径
    return images, labels
# 读取训练数据并完成标注
def load_dataset(path_name):
```

图 12.43　读取图片

```
    return images, labels
# 读取训练数据并完成标注
def load_dataset(path_name):
    images,labels = read_path(path_name)
    # 将lsit转换为numpy array
    images = np.array(images, dtype='float') # 注意这里要将数据类型设为float，否则后面face_train_keras.py里图像
    # 标注数据，me文件夹下是我，指定为0，其他指定为1，这里的0和1不是logistic regression二分类输出下的0和1，而是softma
    labels = np.array([0 if label.endswith('me') else 1 for label in labels])
    return images, labels

if __name__ == '__main__':
#    path_name = os.getcwd() # 获取当前工作目录
    path_name = './dataset/'
    images, labels = load_dataset(path_name)
    print(labels)
    print(labels.shape)
```

图 12.44　识别主函数

（4）人脸识别模型训练部分 Python 代码如图 12.45 和图 12.46 所示。

```
# 图像归一化，将图像的各像素值归一化到0-1区间
train_images /= 255
test_images /= 255

#搭建CNN网络，4层卷积神经网络，后面拉平后2层全连接网络
model = Sequential([
    Conv2D(filters=32,kernel_size=(3,3),padding='same',input_shape=inputtype),
    Activation('relu'),
    Conv2D(filters=32, kernel_size=(3, 3)),
    MaxPooling2D(pool_size
    Conv2D(filters=64, ker
    Activation('relu'),
    Conv2D(filters=64, kernel_size=(3, 3)),
    Activation('relu'),
    MaxPooling2D(pool_size=(2, 2)),
    Dropout(0.25),
    Flatten(),
    Dense(512, activation='relu'),
    Dropout(0.25),
    Dense(2, activation='softmax')
])


#配置训练方法
```

图 12.45　网络结构和参数

```
#配置训练方法
model.compile(optimizer='adam',
              loss ='categorical_crossentropy',
              metrics=['accuracy'])

#数据增加处理
datagen = ImageDataGenerator(rotation_range = 20,
                             width_shift_range  = 0.2,
                             height_shift_range = 0.2,
                             horizontal_flip = True)

#在fit_generator中执行训练过程，分批次的导入数据，train_images训练图片，train_labels训练标签
model.fit_generator(datagen.flow(train_images, train_labels,batch_size=32),epochs=15)

#评估训练模型
# evaluate返回的结果是list，两个元素分别是test loss和test accuracy
score = model.evaluate(test_images, test_labels)
# 注意这里.3f后面的第二个百分号就是百分号，其余两个百分号则是格式化输出浮点数的语法。
print("%s: %.3f%%" % (model.metrics_names[1], score[1] * 100))
```

图 12.46　训练参数

（5）人脸识别模型应用 Python 代码如图 12.47～12.49 所示。

```
#图片进行预测
def face_predict(model,image):
    # 将探测到的人脸reshape为符合输入要求的尺寸
    image = resize_image(image)
    image = image.reshape((1,    Parameter image of AICode.LAB12.facerecognition_app.face_predict
                                 image: Any
    # 图片浮点化并归一化
    image = image.astype('float32')
    image /= 255
    result = model.predict(image)

    return result.argmax(axis=-1)

IMAGE_SIZE = 64 # 指定图像大小

#输入模型的类型（64,64,3）图片大小是64*64,3通道
inputtype = (IMAGE_SIZE, IMAGE_SIZE, 3)
```

图 12.47　预测代码

```
#搭建CNN网络，4层卷积神经网络，后面拉平后2层全连接网络
model = Sequential([
    Conv2D(filters=32,kernel_size=(3,3),padding='same',input_shape=inputtype),
    Activation('relu'),
    Conv2D(filters=32, kernel_size=(3, 3)),
    MaxPooling2D(pool_size = (2,2)),
    Conv2D(filters=64, kernel_size=(3, 3), padding = 'same'),
    Activation('relu'),
    Conv2D(filters=64, kernel_size=(3, 3)),
    Activation('relu'),
    MaxPooling2D(pool_size=(2, 2)),
    Dropout(0.25),
    Flatten(),
    Dense(512, activation='relu'),
    Dropout(0.25),
    Dense(2, activation='softmax')
])

#加载模型参数
model.load_weights('./model/me.face.model.h5')
```

图 12.48　网络结构

```
#框住人脸的矩形边框颜色
cv2.namedWindow('Detecting your face.') # 创建窗口
color = (0, 255, 0)
# 加载CV2的分类器
classifier = cv2.CascadeClassifier('haarcascade_frontalface_alt2.xml')
#捕获指定摄像头的实时视频流
cap = cv2.VideoCapture(0,cv2.CAP_DSHOW)
while cap.isOpened():
        ok, frame = cap.read()
        if not ok:
            break
        # 灰度化
        gray = cv2.cvtColor(frame, cv2.COLOR_BGR2GRAY)
        faceRects=classifier.detectMultiScale(gray,scaleFactor=1.2,minNeighbors=3,minSize=(32,32))
        if len(faceRects) > 0:
            for faceRect in faceRects:
                x, y, w, h = faceRect

                #截取脸部图像提交给模型识别这是谁
                image = frame[y - 10: y + h + 10, x - 10: x + w + 10]
                # 可能人脸探测有问题，会报错 error
                if image is None:
                    break
                else:
```

图 12.49　识别代码

（6）点击右键运行程序，先运行人脸采集程序，对人脸进行采集，然后训练模型，预计需要 1～2 min，再在人脸识别应用程序中运行该模型，识别程序与 PC 端相同，其中训练结果部分截图如图 12.50 所示。由图 12.50 可以看出，损失值不断减小，正确率不断上升。

```
Epoch 9/15
23/23 [==============================] - 2s 92ms/step - loss: 0.2774 - acc: 0.9778
Epoch 10/15
23/23 [==============================] - 2s 90ms/step - loss: 0.5456 - acc: 0.8708
Epoch 11/15
23/23 [==============================] - 2s 90ms/step - loss: 0.3334 - acc: 0.9250
Epoch 12/15
23/23 [==============================] - 2s 91ms/step - loss: 0.1177 - acc: 0.9583
Epoch 13/15
23/23 [==============================] - 2s 94ms/step - loss: 0.0556 - acc: 0.9847
Epoch 14/15
23/23 [==============================] - 2s 90ms/step - loss: 0.0226 - acc: 0.9958
Epoch 15/15
23/23 [==============================] - 2s 92ms/step - loss: 0.0205 - acc: 0.9958
```

图 12.50　训练结果

（六）实验要求

（1）完成整体代码编写。

（2）运行程序成功进行人脸识别。

（七）实验习题

（1）载入自己的人脸，训练模型，并应用该模型识别出自己。

（2）修改网络图结构、增加卷积网络，或者改变卷积核大小，观察人脸识别正确率。

第 13 章　基于 Yolov3_tiny AI 小车的目标检测案例

（一）实验目的

（1）熟悉 Yolov3 网络结构。

（2）掌握简单的 Yolov3 基本运行流程。

（二）实验内容

（1）搭建一个简单的 Yolov3 轻量级检测框架。

（2）使用 Yolov3 检测框架识别一个物体，官方给予的 Yolov3 种类有 20 类，可以任意选择一类做检测。

（三）实验设备

智能小车 1 台。

（四）实验原理

1. Yolov3 简介

Yolov3 于 2018 年推出，主要使用基础框架为 darknet-53 层的网络结构进行学习，其中 52 层的中间结构包含 5 个下采样层。53 层的全卷积神经网络（full convolutional neural network，FCNN），其中并不包括 23 层 res 操作，每一次做下采样操作都是按照卷积层的基本操作完成，所以严格意义上来说并不包括真正的池化层，但却对图片格式大小进行减半操作。在进行 52 层卷积操作后，将会输入格式，Yolov3 会继续进行简单的上采样操作，最小输出的，进行第一次上采样，格式增大一倍，然后经过一次上采样，最后输出最大的格式大小。整体操作将进行 106 层的全卷积操作，最后输入三个尺寸大小的图片，感受也将分为大中小三个区域。下面将对 Yolov3 的基本操作方式进行简单介绍。

对于输入的图片数据而言，Yolov3 是给过参考的，图片数据尽量保证为 416×416 的格式大小，必须是 32 的整数倍，因为 5 层下采样操作，对格式大小进行了 5 次减半操作，可以理解为格式将进行 2^5 整数倍的减少。对于输入图片有一定要求，但并不是说只能输入这么大的图片。这是输入层，以下将以 416×416 的大小为基本进行原理介绍。图片数据输入之后就开始进行池化操作。这里需要特别说明一下，Yolov3 并不包含池化层和全连接层，而是一个全卷积的神经网络，如表 13.1 所示的网络结构。

图片经过输入后，将直接进行卷积操作，其中 padding 为 SAME，使得输入大小和经过一次卷积后的输入大小并不发生改变。卷积核为 32 个 3×3 的卷积核，卷积步进为 1，输出大小为 416×416×32。第一层卷积后，将进行下采样操作，将使用卷积核个数为 64、尺寸大小为 3×3、步进为 2 的卷积操作。此操作过后，图片输出大小将变为 208×208×64。可以将以上操作理解为第一部分操作，这部分没有重复，以下采样划分，此过程为一层卷积一层下采样。

第二部分操作，以 208×208×64 卷积分别经过 2 次卷积核操作，分别是 32 个 1×1 步进为 1 的卷积核，取名为 A 卷积核；进行一次 64 个 3×3 步进为 1 的卷积核，取名为 B 卷积核。这里的卷积核因为设置的 padding 值，并不会更改矩阵尺寸，经过这步操作后，将进行一次

表 13.1 网络结构

重复次数	名称	大小	尺寸	输出
—	conv	32	3×3，步进 1	416×416
—	conv（下采样）	64	3×3，步进 2	208×208
不重复	conv	32	1×1，步进 1	208×208
	conv	64	3×3，步进 1	208×208
	res	—	—	208×208
—	conv（下采样）	128	3×3，步进 2	104×104
重复 2 次	conv	64	1×1，步进 1	104×104
	conv	128	3×3，步进 1	104×104
	res	—	—	104×104
—	conv（下采样）	256	3×3，步进 2	52×52
重复 8 次	conv	128	1×1，步进 1	52×52
	conv	256	3×3，步进 1	52×52
	res	—	—	52×52
—	conv（下采样）	512	3×3，步进 2	26×26
重复 8 次	conv	256	1×1，步进 1	26×26
	conv	512	3×3，步进 1	26×26
	res	—	—	26×26
—	conv（下采样）	1 024	3×3，步进 2	13×13
重复 4 次	conv	512	1×1，步进 1	13×13
	conv	1 024	3×3，步进 1	13×13
	res	—	—	13×13

res 操作，再进行一次下采样操作。至此，第二部分操作完成。此过程有两层卷积和一层 res 层操作，还包括一次下采样层。

第三部分操作将重复 2 次，首先经过 64 个 A 类卷积核操作，然后进行 128 个 B 类卷积核操作，并 res 一次，重复，再进行一次 res 操作，重复 2 次后，进行一次下采样层。这就是第三部分操作，其中包括 4 层卷积，2 层 res 和一层下采样。

第四部分操作将重复 8 次，分别以 128 个 A 类卷积核卷积，送入 256 个 B 类卷积核卷积操作，并进行一次 res 操作。最后经过一次下采样层。这是第四部分操作，它包括 16 层卷积层操作和 8 层 res 操作，以及一次下采样操作。

第五部分操作还是一个重复 8 次的过程，卷积核大小还是以 256 个 A 类卷积核卷积操作，进行 512 个 B 类卷积核操作，经过 AB 卷积核卷积后，在 res 操作一次。最后进行一次下采样操作。这就是第五部分操作，它包括 16 层卷积层操作和 8 层 res 层操作，以及一次下采样层操作。

第六部分操作将重复 4 次，以 512 个 A 类卷积核卷积操作，1 024 个 B 类卷积核卷积操作，并进行一次 res 操作，再进行一次下采样操作。这就是第六部分操作，它包括 8 层卷积层操作和 4 层 res 操作。

以上操作仅计算卷积层次数，即 53 层，不包括 23 层 res 层操作。经过 53 层卷积层操作后，即减少下采样，最后数据将由原始 416×416 大小变为 13×13 大小。由于 Yolov3 输出三类尺寸大小，后面还会进行上采样操作。在 86 层，将 85 层和 61 层的特征进行拼接，进行上采样操作，输出大小将由 13×13 变为 26×26；在 98 层，将 97 层输出与 36 层输出特征再拼接一次，得到 52×52 的格式输出，形成大、中、小三类型输出。

2. 代码原理介绍

本次实验将在智能小车端完成，不在 PC 端做同样操作。这里需要注意的是，本次测试并不进行训练。由于训练代码时间太长，可能长达数天，本次实验将仅使用官方给出的训练好的权重完成训练即可。因此，本次实验原理中，仅对测试识别代码原理进行简单介绍。

（1）导包，如图 13.1 所示。

```
#!/usr/bin/env python3
import sys, os
```

图 13.1　导包

还需要导入 darknet 开发包，由于 darknet 多数情况不存在本文件目录，检索过程中需要配置路径文件，这时就需要 sys.path. append()函数添加路径文件，如图 13.2 所示。

```
sys.path.append(os.path.join(os.getcwd(),'python/'))
```

图 13.2　网络路径

（2）使用 os.getcwd 获取当前路径，并将其与 Python 文件夹拼接在一起。使用 os.path.append()函数将本地路径与 Python 文件拼接，这样就可以在同级文件 Python 中找到 darknet.py 文件了。之后再次导包，将 darknet 包等导入进去，如图 13.3 所示。

```
import darknet as dn
import cv2 as cv
```

图 13.3　导包

（3）设置 GPU 参数值，并加载 yolov3-tiny.cfg 和权重文件，cfg 文件对模型有一定限定，权重文件是训练好的，直接导入模型就可以，如图 13.4 所示。

```
dn.set_gpu(0)
net = dn.load_net(b"cfg/yolov3-tiny.cfg",b"./yolov3-tiny.weights",0)
```

图 13.4　加载权重

（4）加载数据类别，如图 13.5 所示，对于检测分类，就像标签值一样，识别物体，并在已经设置的分类中找到物体。当然，没有加载的数据类别，即使已经训练过，也不会被检测出来。

```
meta = dn.load_meta(b"cfg/voc.data")
```

图 13.5　加载数据类别

（5）训练前，先检测一下 voc.data 文件中检测的类别是否已经训练，检测是否存在，以及对应的 voc.names 文件检测类别，这些都会影响到最后的检测结果。

（6）设置完成以上数据后，打开摄像头，获取实时场景信息，并将实时场景以图片的形式送入检测。获取实时视频场景的图片主要使用 CV 完成，获取代码如图 13.6 所示。

（7）以上操作完成后，开始进行循环检测操作。使用 while True 进行循环操作，如图 13.7 所示，并将摄像头的数据传递出来。

```
cap = cv.VideoCapture(0)
```

图 13.6　新建摄像头对象

```
while True:
    ret,frame = cap.read()
```

图 13.7　读取帧

这里对 read()函数进行简单解释。它将读取 cap 参数，返回两个值：一个值是图片信息，传递给前面一个数据，也就是 frame；另一个是 bool 值，即真假，解释 read()函数是否成功获取图片信息，成功则为真，否则为假。

（8）使用 if 语句来判断 ret 值，对于传递过来的图片做检测。使用 cv.imwrite()函数将 frame 图片值先保存一次，并以图片的方式传递进神经网络，然后进行检测。使用 detect()函数将 CNN 中的参数全部传递过来，并返回检测结果值，这个值将以参数 r 保存。具体代码如图 13.8 所示。

```
while True:
    ret,frame = cap.read()
    if ret:
        cv.imwrite("./a.jpg",frame)
        r = dn.detect(net, meta, b"./a.jpg")
        print(r)
```

图 13.8　读取摄像头并检测

（9）以上返回值 r 就是检测的物体参数信息，还需要将物体参数信息显示在框图中，如图 13.9 所示。首先需要判断 r 参数信息是否存在，也就是是否保存检测的信息；然后将检测出的物体 r 值显示出来，包括上、下、左、右四个边的边界坐标值。使用原点坐标，对边框的宽和高做出一定修正即可。

```
print(r)
if len(r):
    for i in range(len(r)):
        a = int(r[i][2][0] - (r[i][2][2] / 2))
        b = int(r[i][2][1] - (r[i][2][3] / 2))
        c = int(r[i][2][0] + (r[i][2][2] / 2))
        d = int(r[i][2][1] + (r[i][2][3] / 2))
```

图 13.9　设置框坐标

这里对 a、b、c、d 进行简单解释。如图 13.10 所示，a 是指边界框的左侧位置参数值，b 是指边界框上侧位置参数值，c 是指边界框右侧参数值，d 是指边界框下侧位置参数值，通过 a、b、c、d 四个值就可以将边界框显示出来了。

```
c = int(r[i][2][0] + (r[i][2][2] / 2))
d = int(r[i][2][1] + (r[i][2][3] / 2))

cv.rectangle(frame, (a, b), (c, d), (255, 0, 0),thickness=2)
```

图 13.10　设置框的参数

（10）边框设置完成后，开始将边界框图显示出来，如图 13.10 最后一行所示。

这里对 cv.rectangle()函数进行简单介绍。其中：frame 为图片；a、b、c、d 为边框；(255, 0, 0) 为 RGB 颜色值，这里显示为蓝色框图；thickness 设置了边界框的粗细程度。

（11）目标物体显示出来后，还需要将标签值显示出来。首先定位到边界框的左上角，还是使用原点坐标和宽高值设置到标签定位的位置，代码如图 13.11 所示。

```
        n = int(r[i][2][1] - (r[i][2][3] / 2) - 10)
        cv.putText(frame, "%s:%.2f" % (r[i][0].decode(encoding="utf-8"), r[i][1]),
                   (m, n), cv.FONT_HERSHEY_SIMPLEX, 0.7, (0, 0, 255), 2, 0)
else:
    print("nothing")
```

图 13.11　绘框和类别

这里对 putText()函数进行简单介绍。其中：frame 为图片数据；"%s: %.2f" %（r[i][0].decode（encoding = "utf-8"），r[i][1]）为添加的文字参数；（m, n）为左上角坐标，也就是显示标签的位置信息。

（12）cv.FONT_HERSHEY_SIMPLEX 设置字体参数，0.7 设置的是尺寸大小，(0, 0, 255) 设置字体样式，这里将显示红色，后面的数字设置线条和线性。以上就是识别出的边界框，当有数据输出时，边界框图就会显示出来；没有就不输出。程序会显示“nothing”，代码如图 13.12 所示。

```
        n = int(r[i][2][1] - (r[i][2][3] / 2) - 10)
        cv.putText(frame, "%s:%.2f" % (r[i][0].decode(encoding="utf-8"), r[i][1
                   cv.FONT_HERSHEY_SIMPLEX, 0.7, (0, 0, 255), 2, 0)
else:
    print("nothing")
```

图 13.12　显示结果

（13）将图片显示出来，如图 13.13 所示。

（14）使用 waitKey 获取按键值，使用按键的方式跳出循环窗口。按住 Esc 键时，程序结束，如图 13.14 所示。

```
else:
    print("nothing")

cv.imshow("result",frame)

c = cv.waitKey(20)
```

图 13.13 显示图片

```
        cv.imshow("result",frame)

        c = cv.waitKey(20)
        if c==27:
            break
    else:
        break
cap.release()
```

图 13.14 结束

至此，程序编写完成，全部程序构建完毕，可以开始运行程序。再次提醒一下，运行之前一定要确认导入文件的信息是正确的，并且检查一遍文件信息数据流。

（五）实验步骤

（1）构建代码，程序编写代码部分截图如图 13.15 所示。

```
import sys, os
sys.path.append(os.path.join(os.getcwd(),'python/'))

import python.darknet as dn
import cv2 as cv
net = dn.load_net(b"cfg/yolov3-tiny.cfg",b"./yolov3-tiny.weights",0)
meta = dn.load_meta(b"cfg/voc.data")

cap = cv.VideoCapture(0)
while True:
    ret,frame = cap.read()
    if ret:
        cv.imwrite("./a.jpg",frame)
        r = dn.detect(net, meta, b"./a.jpg")
        print(r)
        if len(r):
            for i in range(len(r)):
                a = int(r[i][2][0] - (r[i][2][2] / 2))
                b = int(r[i][2][1] - (r[i][2][3] / 2))
                c = int(r[i][2][0] + (r[i][2][2] / 2))
                d = int(r[i][2][1] + (r[i][2][3] / 2))
                cv.rectangle(frame, (a, b), (c, d), (255, 0, 0),thickness=5)
                m = int(r[i][2][0] - (r[i][2][2] / 2) - 10)
                n = int(r[i][2][1] - (r[i][2][3] / 2) - 10)
```

图 13.15 识别代码

（2）代码构建完成后，点击右键运行程序。运行过程中，程序将首先显示 Yolov3 轻量级网络结构，如图 13.16 所示。

```
detector_real_time
/usr/bin/python3.6 /root/PycharmProjects/darknet-mastertest/detector_real_time.py
layer     filters    size              input                output
    0 conv     16  3 x 3 / 1   416 x 416 x   3   ->   416 x 416 x  16  0.150 BFLOPs
    1 max          2 x 2 / 2   416 x 416 x  16   ->   208 x 208 x  16
    2 conv     32  3 x 3 / 1   208 x 208 x  16   ->   208 x 208 x  32  0.399 BFLOPs
    3 max          2 x 2 / 2   208 x 208 x  32   ->   104 x 104 x  32
    4 conv     64  3 x 3 / 1   104 x 104 x  32   ->   104 x 104 x  64  0.399 BFLOPs
    5 max          2 x 2 / 2   104 x 104 x  64   ->    52 x  52 x  64
    6 conv    128  3 x 3 / 1    52 x  52 x  64   ->    52 x  52 x 128  0.399 BFLOPs
    7 max          2 x 2 / 2    52 x  52 x 128   ->    26 x  26 x 128
    8 conv    256  3 x 3 / 1    26 x  26 x 128   ->    26 x  26 x 256  0.399 BFLOPs
    9 max          2 x 2 / 2    26 x  26 x 256   ->    13 x  13 x 256
   10 conv    512  3 x 3 / 1    13 x  13 x 256   ->    13 x  13 x 512  0.399 BFLOPs
   11 max          2 x 2 / 1    13 x  13 x 512   ->    13 x  13 x 512
   12 conv   1024  3 x 3 / 1    13 x  13 x 512   ->    13 x  13 x1024  1.595 BFLOPs
   13 conv    256  1 x 1 / 1    13 x  13 x1024   ->    13 x  13 x 256  0.089 BFLOPs
   14 conv    512  3 x 3 / 1    13 x  13 x 256   ->    13 x  13 x 512  0.399 BFLOPs
   15 conv    255  1 x 1 / 1    13 x  13 x 512   ->    13 x  13 x 255  0.044 BFLOPs
   16 yolo
   17 route  13
   18 conv    128  1 x 1 / 1    13 x  13 x 256   ->    13 x  13 x 128  0.011 BFLOPs
```

图 13.16　网络结构图

（3）程序会打开摄像头，获取实时场景信息，检测过程如图 13.17 所示。

图 13.17　识别结果

（4）程序还会将数据信息显示出来，如图 13.18 所示。

至此，Yolov3 轻量级检测全部完成。

（六）实验要求

使用 Yolov3 完成对一个物体的识别。

```
[]
nothing
[]
nothing
[(b'person', 0.5364589095115662, (326.34954833984375, 240.642333984375, 373
 .90753173828125, 448.54534912109375))]
[(b'person', 0.5698098540306091, (326.6614074707031, 242.25778198242188, 374
 .45849609375, 445.2760314941406))]
[]
nothing
[(b'person', 0.5497475266456604, (328.063232421875, 243.48973083496094, 370
 .4969787597656, 440.5530090332031))]
[(b'person', 0.5307344794273376, (327.1948547363281, 246.51248168945312, 378
 .4863586425781, 447.45556640625))]
[]
```

图 13.18 识别结果

（七）实验习题

修改配置参数，修改数据检测方式，使检测种类变为多类。

第 14 章　AI 智能小车的斑马线识别案例

（一）实验目的

（1）完成对斑马线的图像识别。

（2）了解如何利用 CV 进行图像处理。

（二）实验内容

（1）使用 PyCharm 编写 Python 程序。

（2）给定一段视频能够识别其中的斑马线。

（三）实验设备

（1）PC 机 1 台。

（2）智能小车 1 台。

（四）实验原理

1. 图像处理

在计算机视觉这一领域诞生的初期，一种普遍的研究范式，是将图像视为二维的数字信号，借用处理数字信号的方法处理图片，这就是数字图像处理（digital image processing）。

传感器获取图像在平面上的连续函数，将连续函数采样（sampling）为 M 行 N 列的矩阵，将每个连续样本量化（quantization）为一个整数值，即图像函数的连续范围被分成了 K 个区间，采样后得到的矩阵构成了离散图像，栅格中无限小的采样点对应于数字图像中的像元，即像素（pixel）。

灰度图像中，最低值对应黑，最高值对应白；黑白之间的亮度值是灰度阶（gray-level），彩色图像则通过矢量函数（三阶张量）描述，可以将一幅彩色图像视为由 RGB 三种基础色堆叠形成，而这三种基础色又对应了三个大小相同的矩阵，矩阵的数值表征这一通道颜色的深浅。有时，除考虑 RGB 三种颜色外，还考虑像素的透明度 A，称为 RGBA 描述。

色彩在人类视觉感知中极其重要，色彩与物体反射不同波长的电磁波的能力相关，一般将红（700 nm）、绿（546.1 nm）、蓝（438.5 nm）这三种颜色（三种不同波长的光）作为三原色。灰度图像的矩阵元素数值与彩色图像之间满足 $Y = 0.299R + 0.587G + 0.114B$；RGB 数字图像中，以（0, 0, 0）表示黑色，（255, 255, 255）表示白色；灰度图像中，以 0 表示黑色，255 表示白色；二值图像中，以 0 表示黑色，1 表示白色。

图像每个位置[i, j]必定对应一个[0, 255]的数值，统计每个数值所对应的像素点个数可以得到图像的亮度直方图（brightness histogram），它给出了图像中各个亮度值出现的概率，一幅 k 阶图像的亮度直方图由 k 个元素的一维数组表示。

直方图均衡化（histogram equlization）的目标是创建一幅在整个亮度范围内具有相同亮度分布的图像。输入直方图 H[p]，输入亮度范围为[p0, pk]，直方图均衡化的目标是找到一个单调的像素亮度变换 q = T(p)，使输出直方图 G[q]在整个输出亮度范围[q0, qk]内是均匀的。它增强了靠近直方图极大值附近亮度的对比度，减小了极小值附近亮度的对比度。在对图像

做进一步处理之前，直方图均衡化通常是对图像灰度值进行归一化的一个非常好的方法，并且可以增强图像的对比度，使原图像灰色区域的细节变得清晰。

2. 斑马线的识别原理

道路斑马线是一种重要的交通标识。在基于图像识别的系统导盲辅助设备中，研究能准确高效地识别道路斑马线的算法，引导盲人沿着斑马线穿越马路，具有重要的应用价值和社会价值。首先，对于该算法的研究，主要从斑马线纹理特征入手，即斑马线的等宽度等间隔特征，并利用其特征着手设计检测和识别算法。其次，由于斑马线具有较强的纹理特征，斑马线黑白线交替的位置具有较大的梯度值，对斑马线的最大梯度施加投影变换，并提取变换曲线上的峰点值系列作为特征量。为了提高识别率，需要建立曲线峰点的筛选准则。本实验选用求取最频值的方法，有效地保证了所选峰点的正确性。最后，以峰点值的大小和方向为特征量，建立一种最小错误率的判别函数。

3. 代码部分

（1）导包，如图 14.1 所示。

（2）划窗处理，如图 14.2 所示。

```
import time
import os
import cv2
import numpy as np
from numpy.linalg import inv
```

图 14.1　导包

```
#进行划窗处理，固定划窗，行间隔为50，获取左上角位置
def sliding_window(img1, img2, patch_size=(100,302), istep=50):

    Ni, Nj = (int(s) for s in patch_size)
    for i in range(0, img1.shape[0] - Ni+1, istep):
        patch = (img1[i:i + Ni, 39:341], img2[i:i + Ni, 39:341])
        yield (i, 39), patch
```

图 14.2　划窗

（3）定义一个斑马线预测函数，用于对视频中斑马线的处理，如图 14.3 所示。

```
#预测斑马线，1为斑马线，0为背景
def predict(patches, DEBUG):
    labels = np.zeros(len(patches))
    index = 0
    for Amplitude, theta in patches:
        #过滤梯度太小的点
        mask = (Amplitude>25).astype(np.float32)
        h, b = np.histogram(theta[mask.astype(np.bool)], bins=range(0,80,5))
        low, high = b[h.argmax()], b[h.argmax()+1]
        #统计直方图峰值方向的点数
        newmask = ((Amplitude>25) * (theta<=high) * (theta>=low)).astype(np.float32)
        value = ((Amplitude*newmask)>0).sum()
```

图 14.3　类别设置

（4）阈值处理，如图 14.4 所示。

```
        #进行阈值设置，根据不同的场景进行调节
        if value > 1500:
            labels[index] = 1
        index += 1
        #调试模式下，打印相关的参数
        if(DEBUG):
            print(h)
            print(low, high)
            print(value)
            cv2.imshow("newAmplitude", Amplitude*newmask)
            cv2.waitKey(0)

    return labels
```

图 14.4　设置阈值

（5）图片做相关预处理，如图 14.5 所示。

```
#图片域处理，获取蓝色通道信息，进行中值滤波、开运算和闭运算
def preprocessing(img):
    kernel1 = np.ones((3,3),np.uint8)
    kernel2 = np.ones((5,5),np.uint8)
    gray = img[:,:,0]
    #中值滤波
    gray = cv2.medianBlur(gray,5)
    #开运算
    gray = cv2.morphologyEx(gray, cv2.MORPH_OPEN, kernel1,iterations=4)
    #闭运算
    gray = cv2.morphologyEx(gray, cv2.MORPH_CLOSE, kernel2,iterations=3)
    return gray
```

图 14.5　数据预处理

（6）计算梯度，方便后面识别斑马线的位置，如图 14.6 所示。

```
#计算x轴和y轴的倒数，来计算梯度和方向
def getGD(canny):
    #计算x轴和y轴的sobel因子
    sobelx=cv2.Sobel(canny,cv2.CV_32F,1,0,ksize=3)
    sobely=cv2.Sobel(canny,cv2.CV_32F,0,1,ksize=3)
    #计算梯度和方向
    theta = np.arctan(np.abs(sobely/(sobelx+1e-10)))*180/np.pi
    Amplitude = np.sqrt(sobelx**2+sobely**2)
    mask = (Amplitude>30).astype(np.float32)
    Amplitude = Amplitude*mask
    return Amplitude, theta
```

图 14.6　计算梯度

（7）计算斑马线的位置，如图 14.7 所示。

（8）主函数的定义，如图 14.8 所示。

（9）通过如图 14.9～14.11 所示的图像处理，能够有效地对图像中的斑马线进行识别。

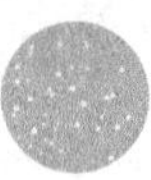

```
#计算斑马线的位置，如果存在斑马线，将合并所有的划窗得到最到最终的斑马线位置
def getlocation(indices, labels, Ni, Nj):
    #判断是否有斑马线
    zc = indices[labels == 1]
    if len(zc) == 0:
        return 0, None
    else:
        #合并所有的划窗得到最终的斑马线位置
        xmin = int(min(zc[:,1]))
        ymin = int(min(zc[:,0]))
        xmax = int(xmin + Nj)
        ymax = int(max(zc[:,0]) + Ni)
        return 1, ((xmin, ymin), (xmax, ymax))
```

图 14.7 计算位置

```
if __name__ == "__main__":
    #调试模式开关
    DEBUG = False
    #划窗的左上角
    Ni, Nj = (100, 302)

    #获取图片一定区间的位置，计算位置
    M = np.array([[-1.86073726e-01, -5.02678929e-01,  4.72322899e+02],
                  [-1.39150388e-02, -1.50260445e+00,  1.00507430e+03],
                  [-1.77785988e-05, -1.65517173e-03,  1.00000000e+00]])
```

图 14.8 主函数

```
    iM = inv(M)
    xy = np.zeros((640,640,2),dtype=np.float32)
    for py in range(640):
        for px in range(640):
            xy[py,px] = np.array([px,py],dtype=np.float32)
    ixy=cv2.perspectiveTransform(xy,iM)
    mpx,mpy = cv2.split(ixy)
    mapx,mapy=cv2.convertMaps(mpx,mpy,cv2.CV_16SC2)
```

图 14.9 预测部分

```
    #导入视频
    cap = cv2.VideoCapture("./ZC2.mp4")
    time.sleep(1)
    NUM_FRAMES = int(cap.get(7))
    for ii in range(NUM_FRAMES):
        print("frame: ", ii)
        ret, frame = cap.read()
        #图片重映射，将原始图片的制定位置映射为新的图片
        img = cv2.remap(frame, mapx, mapy, cv2.INTER_LINEAR)
        # img =frame
        img = cv2.resize(img, (400,400))
        gray = preprocessing(img)
```

图 14.10 视频加载与处理

```
indices, patches = zip(*sliding_window(Amplitude, theta, patch_size=(Ni, Nj)))
labels = predict(patches, DEBUG)
indices = np.array(indices)
ret, location = getlocation(indices, labels, Ni, Nj)
#画图
if ret:
   cv2.rectangle(img, location[0], location[1], (255, 0, 255), 3)
cv2.imshow("img", img)
cv2.waitKey(1)
```

图 14.11　识别代码

（五）实验步骤

1. PC 端实验操作步骤

（1）在进行斑马线识别之前，需要先搭建图像识别的环境，也就是导入需要的安装包，创建实验平台。

（2）本次实验主要在 PyCharm 程序中去实现，创建一个新项目，如图 14.12 所示。

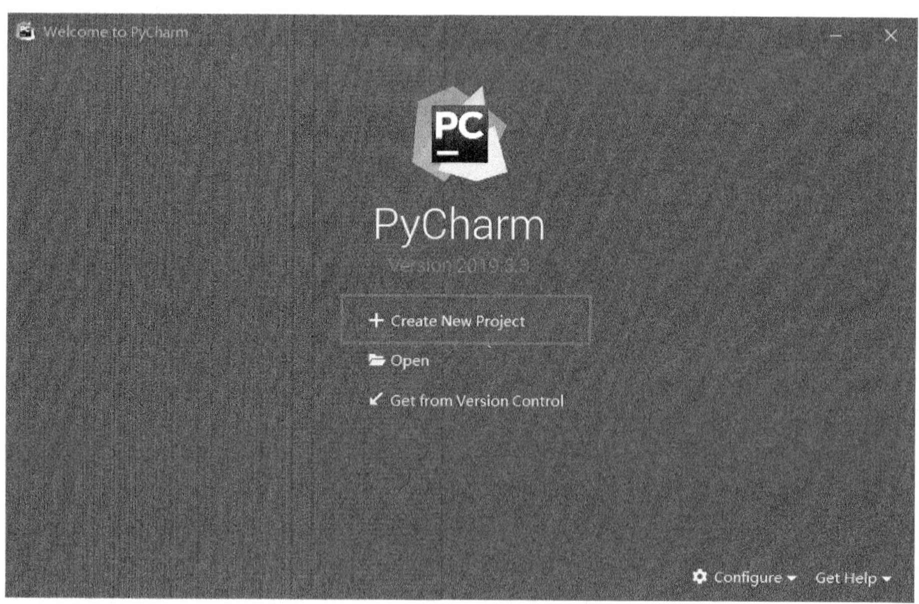

图 14.12　创建新项目

（3）点击“Pure Python”给项目命名，这里取名 test。Existing interpreter 需要改为在 Anaconda 中创建好的环境文件。这里选中的是 D:\My software\ANACONDA\envs\tf 文件夹下的 Python.exe。特别需要注意的是，环境搭建的不同，文件夹中 TensorFlow 的名字可能会有不同。选择完成后，点击“Create”即可，如图 14.13 所示。

（4）工程创建完成后，就可以新建脚本文件了。右键点击“test”→“New”→“Python File”，即可创建 Python 脚本文件，如图 14.14 所示。也可以点击左上方的“File”→“New”→“Python File”创建一个脚本文件。

（5）创建脚本文件后，还需要对它进行命名，命名时，不要更改文件选项，直接对文件命名即可。这里给它取名 ZCdetect。

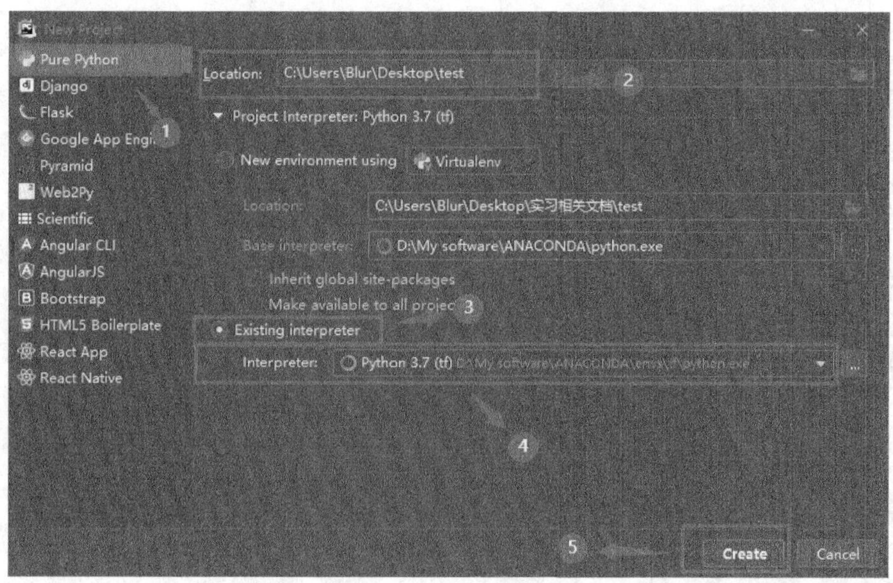

图 14.13　项目参数

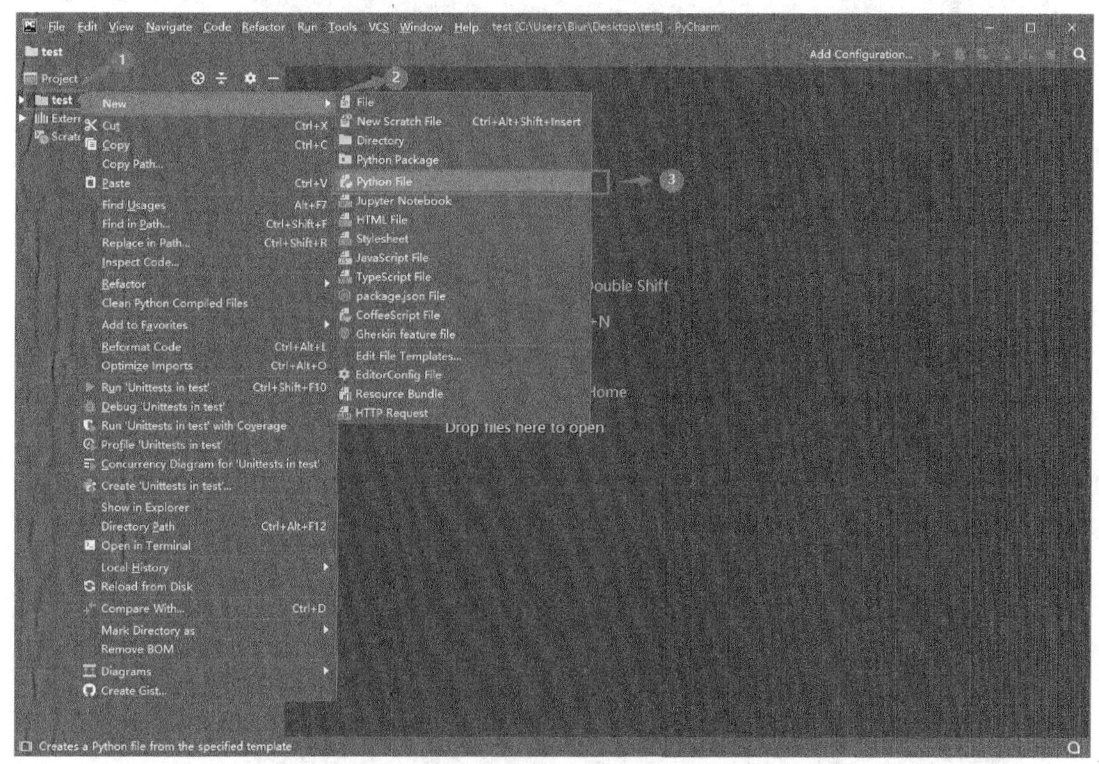

图 14.14　新建 Python 文件

（6）选中文件后，还需要再检查一遍 TensorFlow 的 Python.exe 文件是否正常导入。点击“File”→“Settings”，如图 14.15 所示。

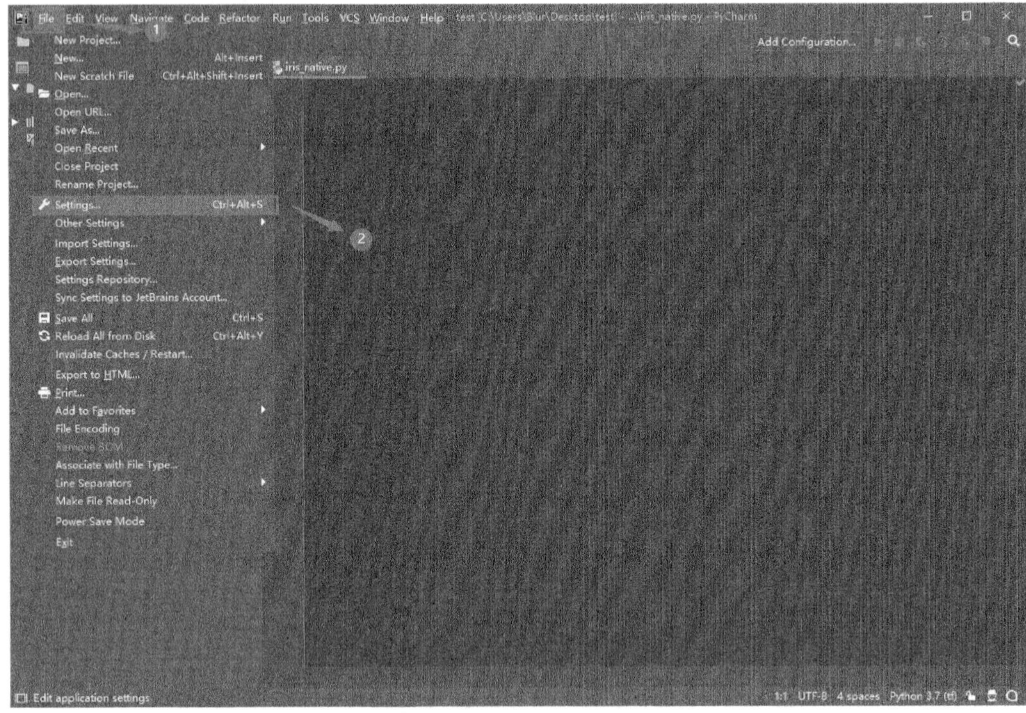

图 14.15 检查文件是否正常导入

（7）打开设置之后，点击“Project：test”→“Project Interpreter”，查看包是否为 TensorFlow 下的 Python.exe 文件，如图 14.16 所示，这也就是搭建实验平台的文件位置。这个文件一定是在 Anaconda 目录下的。

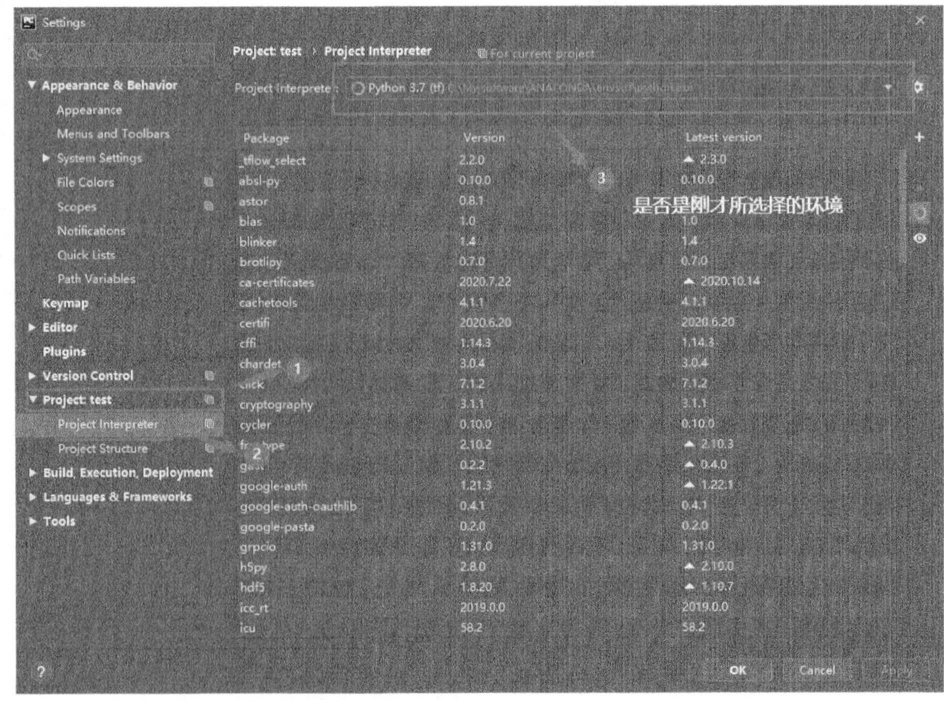

图 14.16 设置环境

（8）点击“Apply”→“OK”即可完成。其中部分 Python 代码截图如图 14.17 所示。

```
#获取图片一定区间的位置，计算位置
M = np.array([[-1.86073726e-01, -5.02678929e-01,  4.72322899e+02],
              [-1.39150388e-02, -1.50260445e+00,  1.00507430e+03],
              [-1.77785988e-05, -1.65517173e-03,  1.00000000e+00]])

iM = inv(M)      #求逆矩阵
xy = np.zeros((640,640,2),dtype=np.float32)
for py in range(640):
    for px in range(640):
        xy[py,px] = np.array([px,py],dtype=np.float32)
ixy=cv2.perspectiveTransform(xy,iM)
mpx,mpy = cv2.split(ixy)
mapx,mapy=cv2.convertMaps(mpx,mpy,cv2.CV_16SC2)

#导入视频
cap = cv2.VideoCapture("./斑马线2.mp4")
time.sleep(1)
NUM_FRAMES = int(cap.get(7))
for ii in range(NUM_FRAMES):
    print("frame: ", ii)
    ret, frame = cap.read()
    #图片重映射，将原始图片的制定位置映射为新的图片
    img = cv2.remap(frame, mapx, mapy, cv2.INTER_LINEAR)
    # img =frame
    img = cv2.resize(img, (400,400))
    gray = preprocessing(img)

    canny = cv2.Canny(gray,30,90,apertureSize = 3)

    Amplitude, theta = getGD(canny)


    indices, patches = zip(*sliding_window(Amplitude, theta, patch_size=(Ni, Nj)))
    labels = predict(patches, DEBUG)
    indices = np.array(indices)
    ret, location = getlocation(indices, labels, Ni, Nj)
    #画图
    if ret:
        cv2.rectangle(img, location[0], location[1], (255, 0, 255), 3)
    cv2.imshow("img", img)
```

图 14.17　部分识别代码

（9）本实验并不是机器学习训练，而是图像处理，测试结果部分截图如图 14.18 所示。

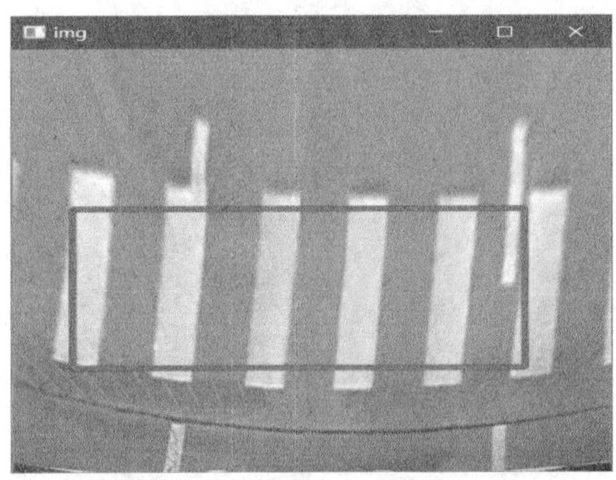

图 14.18　识别结果

由图 14.18 可知，可以很好地对斑马线进行识别。

2. 智能小车端操作步骤

在智能小车上的 PyCharm 中新建脚本，运行该代码，运行结果如下。

（1）当视频中没有斑马线时，没有标记红框，如图 14.19 所示。

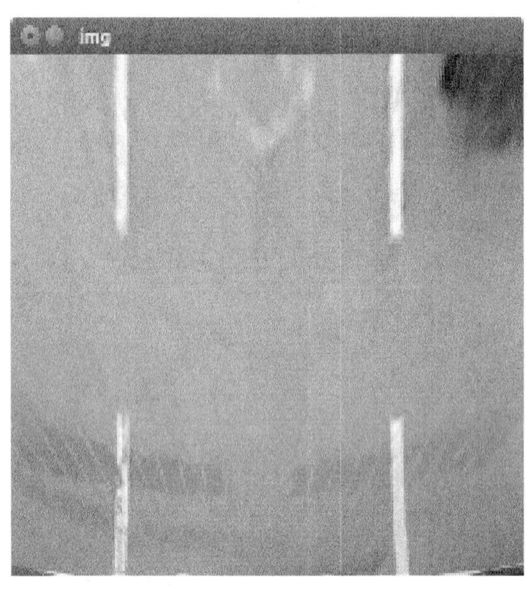

图 14.19　没有斑马线时的识别结果

（2）当出现斑马线时，能够识别出斑马线并且标记出红框，如图 14.20 和 14.21 所示。

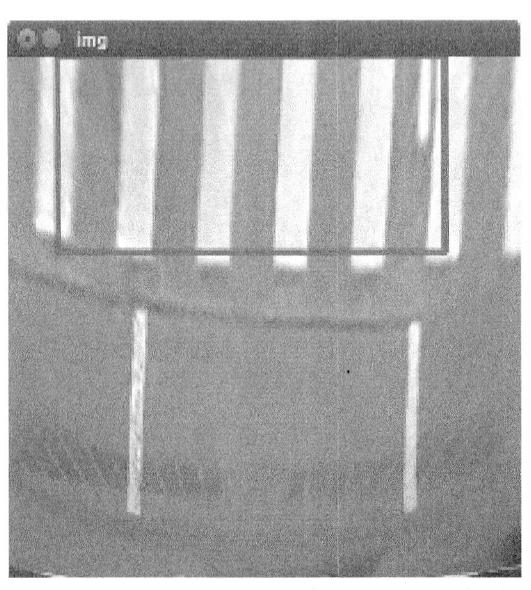

图 14.20　出现斑马线时的识别结果

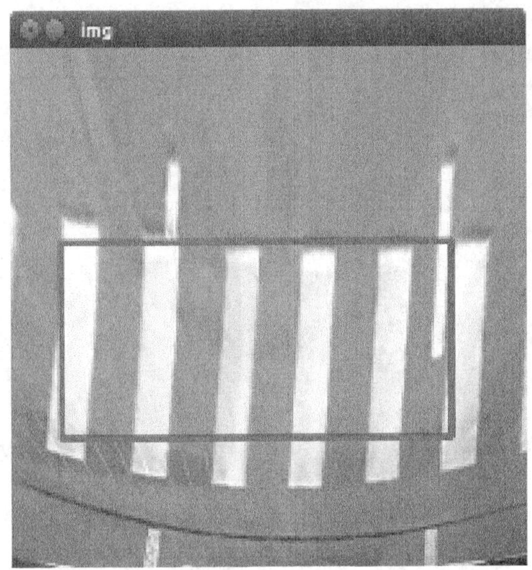

图 14.21　正确识别

至此，智能小车上的斑马线识别就完成了。

（六）实验要求

（1）完成整体代码编写。
（2）对给定的视频能够识别出斑马线。

（七）实验习题

自己找一段视频，用此程序来识别视频中的斑马线。

参 考 文 献

陈亚亚，孟朝晖，2019. 基于目标检测算法的 Fashion AI 服装属性识别[J]. 计算机系统应用，28（8）：6.

邓南沙，苏文，2012. 基于数据挖掘技术的股票市场预测分析实例研究[J]. 科技与企业（18）：3.

冯诀宵，樊玉琦，2019. 基于全连接神经网络的雷达目标航迹识别[J]. 东北师大学报（自然科学版），51（3）：7.

耿西伟，张猛，沈建京，2007. 基于结构特征分类网络的手写数字识别[J]. 计算机技术与发展，17（1）：3.

胡聿文，2021. 基于优化 LSTM 模型的股票预测[J]. 计算机科学，48（S01）：7.

刘辉玲，陶洁，邱磊，2021. 基于 Python 的 One-hot 编码的实现[J]. 武汉船舶职业技术学院学报，20（3）：4.

刘荣荣，2015. 基于卷积神经网络的手写数字识别软件的设计与实现[D]. 呼和浩特：内蒙古大学.

任君，王建华，王传美，等，2018. 基于正则化 LSTM 模型的股票指数预测[J]. 计算机应用与软件，35（4）：6.

苏煜，山世光，陈熙霖，等，2010. 基于全局和局部特征集成的人脸识别[J]. 软件学报（8）：14.

孙亚军，刘志勤，曹磊，2000. 全连接和随机连接神经网络并行实现的性能分析[J]. 计算机科学，27（3）：2.

杨梦卓，郭梦洁，方亮，2019. 基于 keras 的卷积神经网络的图像分类算法研究[J]. 科技风（23）：2.

杨青，王晨蔚，2019. 基于深度学习 LSTM 神经网络的全球股票指数预测研究[J]. 统计研究，36（3）：13.

袁亮，2013. 基于 SVM 的特定人脸识别技术研究[D]. 重庆：重庆交通大学.

张萌岩，2019. 基于深度学习的服装图像属性标签识别与关键点定位研究[D]. 武汉：武汉纺织大学.

张艺凡，刘国华，盛守祥，等，2020. 基于深度学习的服装风格识别问题的研究[J]. 智能计算机与应用，10（5）：5.

朱晓波，2003. 基于 BP 神经网络的手写体数字识别分析与研究[D]. 武汉：武汉科技大学.

BARRON R J，CHEN B，WORNELL G W，2003. The duality between information embedding and source coding with side information and some applications[J]. Information Theory IEEE Transactions on，49（5）：1159-1180.

CHENG R，HE X，ZHENG Z，et al，2021. Multi-scale safety helmet detection based on SAS-YOLOv3-Tiny[J]. Applied Sciences，11（8）：3652.

DE CHOW P M，HUTTON A P，SLOAN R G，1999. An empirical assessment of the residual income valuation model1[J]. Journal of Accounting and Economics，26（1-3）：1-34.

ÉPD NEVES，BRIGATTO A C，PASCHOARELLI L C，2015. Fashion and ergonomic design：aspects that influence the perception of clothing usability[J]. Procedia Manufacturing，3：6133-6139.

HSU K Y，LI H Y，PSALTIS D，1990. Holographic implementation of a fully connected neural network[J]. Proceedings of the IEEE，78（10）：1637-1645.

KAURI A G，2009. Fashion marketing in textile and clothing industry[J]. Trite/market，21（2）：219-234.

LEWENSTEIN M，NOWAK A，1989. Fully connected neural networks with self-control of noise levels[J]. Physical Review Letters，62（2）：225.

PRIYANKA，KUMARI A，SOOD M，2021. Implementation of SimpleRNN and LSTMs based prediction model for coronavirus disease（Covid-19）[J]. IOP Conference Series：Materials Science and Engineering，1022（1）：012015（9pp）.

QIAO L，CHEN S，TAN X，2010. Sparsity preserving projections with applications to face recognition[J]. Pattern Recognition，43（1）：331-341.

YANG A Y，2008. Robust face recognition via sparse representation：A Q&A about the recent advances in face recognition and how to protect your facial identity[J]. IEEE Transactions on Pattern Analysis and Machine Intelligence，31（2）：210-227.

ZHANG W，ZHANG S，et al，2017. A multi-factor and high-order stock forecast model based on Type 2 FTS using cuckoo search and selfadaptive harmony search[J]. Neurocomputing，240（May31）：13-24.